中国石油大学（北京）继续教育系列教材
高等学校“十四五”新形态教材

工业安全技术

（第2版）

段礼祥　主编

中国石油大学出版社
CHINA UNIVERSITY OF PETROLEUM PRESS
山东·青岛

图书在版编目（CIP）数据

工业安全技术 / 段礼祥主编 . -- 2 版 . -- 青岛 ：
中国石油大学出版社，2024. 12. -- ISBN 978-7-5636
-8532-5

Ⅰ. X931

中国国家版本馆 CIP 数据核字第 2024864MF7 号

书　　名： 工业安全技术（第 2 版）
GONGYE ANQUAN JISHU (DI 2 BAN)
主　　编： 段礼祥

责任编辑： 袁超红（电话　0532-86981532）
责任校对： 张晓帆（电话　0532-86983567）
封面设计： 王凌波

出 版 者： 中国石油大学出版社
（地址：山东省青岛市黄岛区长江西路 66 号　邮编：266580）
网　　址： http://cbs.upc.edu.cn
电子邮箱： shiyoujiaoyu@126.com
排 版 者： 三河市聚拓图文制作有限公司
印 刷 者： 青岛北琪精密制造有限公司
发 行 者： 中国石油大学出版社（电话　0532-86981532，86983437）
开　　本： 787 mm×1 092 mm　1/16
印　　张： 13.5
字　　数： 340 千字
版 印 次： 2012 年 7 月第 1 版　2024 年 12 月第 2 版　2024 年 12 月第 1 次印刷
书　　号： ISBN 978-7-5636-8532-5
定　　价： 42.00 元

第 2 版前言

工业安全技术是指工业企业在组织生产的过程中，为防止人身伤亡和财产损失，保障人身安全和设备设施安全而采取的各种技术措施。安全工程专业的学生是未来企业安全生产的管理者和责任者。高等学校工业安全技术课程旨在培养学生扎实的工业安全技术知识和技能、敏锐的风险意识和判断能力、良好的现场安全问题解决能力，以及坚定的责任心和职业道德，为今后在工作岗位上更好地履行职责打下基础。

相较于 2012 年出版的《工业安全技术》，本次改版中将原第 4 章“电气装置安全技术”并入第 3 章“电气安全技术”；将原第 5 章“防火防爆安全技术”部分内容删除，只保留电气防火防爆相关内容，且并入第 3 章“电气安全技术”；将原第 10 章“机械加工安全技术”精简为一节，且并入第 2 章“机械安全技术”；新增“工业通风”和“人工智能下的工业安全”两章。改版后的第 2 版教材具有以下特色：

（1）突出行业通用，兼具石油特色。根据中国石油大学（北京）继续教育教材规划，考虑到学生来自各行各业，教材内容应包含机械安全、电气安全、起重吊运安全、锅炉安全、压力容器安全和工业通风等通用安全技术。同时，作为石油行业院校，还应体现出石油特色，为此教材设置了油气行业安全技术的内容。油气行业涵盖油气开采、油气储运和炼油化工等，考虑到炼化安全技术属于化工安全技术课程的内容，因此在油气行业安全技术方面主要介绍油气开采和储运安全技术。

（2）紧跟工业步伐，融入最新技术。伴随第四次工业革命的加快推进，人工智能正成为引领工业转型升级的重要动力。特别是在我国推进新型工业化、加快建设制造强国等的指引下，人工智能与工业生产体系逐步深度融合，在带来效率红利的同时，也对原有的安全保障机制提出了更高要求。为更系统地识别这些风险，本教材单设一章，聚焦人工智能背景下的智能制造、电力设备和特种设备三个典型工业领域可能存在的安全问题，并提出相应安全风险应对策略。

（3）构建教材新形态，融入思政元素。新版教材结合成人继续教育特点和技能培养的目标及教学要求，在传统教材静态文字和图表形式的基础上，以二维码形式补充了大量案例、动画、视频和彩图等，体现新形态教材特色。同时，融入思政元素，激发学生的爱国之心、报国之志，进而努力学习，提升强国之能。例如，通过对比中美人工智能战略，分析机械高端装备国产化，介绍振华 30 号起重船等国之重器，培养学生树立刻苦钻研的优秀品质和投身国家建设的奉献精神。

本教材参考了相关图书、论文和网络文献等资料，在此向相关作者表示衷心感谢。博士生樊晓萱总结了人工智能背景下工业安全的相关内容，硕士生王璐瑶总结了工业通风的部分内容，硕士生王苗苗、杨斯骞编辑和校对了教材中的文字、图表等，在此一并表示感谢。

限于编者水平，书中难免存在错误和不妥之处，敬请读者提出宝贵意见和建议。

编　者

2024 年 12 月

第 1 版前言

工业安全技术是指工业企业在组织生产的过程中，为防止人身伤亡和财产损失，保障人身安全和设备设施安全而采取的各种技术措施。众所周知，安全生产是企业发展的基础，贯彻“安全第一、预防为主”的方针，促进安全生产工作的落实，是企业生产中的一项重要基础性工作。安全工程专业的学生则是未来企业安全生产的管理者和责任者。

工业安全技术课程的目的是通过该课程的学习，使学习者理解工业安全技术的基本概念和基本理论，掌握工业生产过程安全设计、安全评价和安全防范的技术及方法，培养进行安全生产技术设计、生产系统安全分析与评价和解决工业生产过程安全问题的能力。

根据中国石油大学（北京）远程教育教材规划，考虑到学习者来自各行各业，书中内容需要使在这些行业工作的学习者都能学有所用，因此书中包含了机械安全技术、电气安全技术、防火防爆安全技术、油田安全技术、机械加工安全技术，以及起重吊运设备、锅炉、压力容器等特种装备安全技术的内容。这些内容是众多行业共有的，也体现了本书的通用性。

作为主要用于石油院校的教材，书中内容需要在一定程度上体现石油行业特色，故教材内容应包括石油石化系统的安全技术。石油石化系统涵盖勘探、钻井、采油采气、油气储运、炼油化工等行业，考虑到炼化企业的安全技术属于化工安全技术课程的内容，因此在石油行业特色方面，本书中主要介绍油气开采和油气储运安全技术。

书中各章均设置了预期目标、知识结构框图、学习提示、要点回顾和探索与实践等栏目，以便读者自学。

本书可作为高等学校安全工程专业的教材，也可作为安全工程高起专相关课程的教材，或供相关领域的工程技术人员参考。

限于编者的水平，书中难免存在不足和疏漏之处，敬请读者批评指正。

编　者

2012 年 2 月

目　录

第1章 概 述

内容导读

本章首先介绍工业发展的四个阶段，引出工业生产中的危险与事故，然后提出安全的概念与安全技术的重要性，最后介绍国内外安全技术的发展情况。

本章学习要点包括危险与事故的概念，安全与本质安全的概念，安全技术的概念、研究范畴、研究任务及安全技术的分类。

1.1 工业发展的四个阶段

1）第一阶段："工业 1.0"

18 世纪 60 年代至 19 世纪中期，通过水力和蒸汽机实现的工厂机械化可称为"工业 1.0"，也就是第一次工业革命。这次工业革命的结果是：机械生产代替了手工劳动，经济社会从以农业、手工业为基础转型到以工业和机械制造带动经济发展的模式。这不仅是一次技术改革，更是一场深刻的社会变革：依附于落后生产方式的自耕农阶级消失，工业资产阶级和工业无产阶级形成和壮大起来。

2）第二阶段："工业 2.0"

19 世纪后半期至 20 世纪初，在劳动分工的基础上，采用电力驱动的大规模生产不断发展，工业生产进入"工业 2.0"阶段。19 世纪 70 年代后，随着发电机和电动机的应用，加上远距离输电技术的出现，电气工业迅速发展起来，电力在生产和生活中得到广泛应用，世界由蒸汽时代进入电气时代。工业重心也由轻纺工业转为重工业，出现了电气、化学、石油等新兴工业部门。

化学工业是这一时期新出现的工业部门。从 19 世纪 80 年代起，人们开始从煤炭中提炼氨、苯、人造燃料等化学产品，塑料、绝缘物质、人造纤维、无烟火药也相继发明并投入生产和使用。原有工业部门（如冶金、造船、机械制造及交通运输等）的技术革新加速进行。内燃机的出现及 19 世纪 90 年代后的广泛应用，为汽车和飞机工业的发展提供了可能，也推动了石油工业的发展。

3）第三阶段："工业 3.0"

自 20 世纪 40 年代开始，电子与信息技术的广泛应用使得制造过程不断实现自动化，工业生产进入"工业 3.0"阶段。自此，机器逐步替代人类作业，不仅完成了相当比例的体力劳动，还替代了一些脑力劳动，并在原子能、电子计算机、微电子技术、航天技术、分子生物学和遗传工程等领域取得重大突破，标志着新的科学技术革命的到来。其中，最具划时代意义的是电子计算机的迅速发展和广泛运用，开辟了信息时代。它也带来了一种新型经济——知识经济。知识经济发达程度的高低已成为各国综合国力竞争的关键所在。

这次科技革命被称为第三次科技革命，是人类文明史上继蒸汽技术革命和电力技术革命后在科技领域的又一次重大飞跃。这次科技革命是涉及信息技术、新能源技术、新材料技术、生物技术、空间技术和海洋技术等诸多领域的信息控制技术革命。这次科技革命不仅极大地推动了人类社会经济、政治、文化领域的变革，也影响了人类的生活方式和思维方式，使人类社会生活和人的现代化向更高境界发展。

4）第四阶段："工业 4.0"

继蒸汽时代、电气时代、信息时代三大工业革命之后，全球化分工使生产要素加速流动和配置，市场风向变化和产品个性化的需求对企业反应时间和柔性化能力提出了前所未有的要求，全球进入空前的创新密集和产业变革时代。基于此，以物联网和智能制造为主导的第四次工业革命悄然来袭。

"工业 4.0"不仅是一种技术革新，更是一场生产方式的深刻变革。其基于对大数据、物联网、人工智能等多种先进技术的融合，通过物联网和云计算等技术实现设备、机器、系统和人员之间的高度互联，通过数字孪生技术实现生产过程实时监控、优化和共享，最终构建智能工厂、智能制造和智能物流，从而提高生产效率、降低成本并提升产品质量。

1.2 危险与事故

1）危　险

根据系统安全工程的观点，危险是指系统中存在的导致发生不期望后果的可能性超过了人们的承受程度。从危险的概念可以看出，危险是人们对事物的具体认识，必须指明具体对象，如危险环境、危险条件、危险状态、危险物质、危险场所、危险人员、危险因素等。

一般用危险度表示危险的程度。在安全生产管理中，危险度用生产系统中事故发生的可能性和严重性给出，即

$$R=f(F,C)$$

式中　R——危险度；

　　　F——事故发生的可能性；

C——事故发生的严重性。

2）危险源

从安全生产角度来看，危险源是指可能造成人员伤害、疾病、财产损失、作业环境破坏或其他损失的根源或状态。从这个意义上讲，危险源可以是一次事故、一种环境、一种状态的载体，也可以是可能产生不期望后果的人或物。

液化石油气在生产、储存、运输和使用过程中可能发生泄漏，引起中毒、火灾或爆炸事故，因此充装了液化石油气的储罐是危险源；如原油储罐的呼吸阀已经损坏，当储罐储存原油后，有可能因呼吸阀损坏而发生事故，因此损坏的原油储罐呼吸阀是危险源。

3）重大危险源

为了对危险源进行分级管理，防止重大事故发生，提出了重大危险源的概念。从广义上说，可能导致重大事故发生的危险源就是重大危险源。

根据《中华人民共和国安全生产法》第一百一十七条，重大危险源是指长期地或者临时地生产、搬运、使用或者储存危险物品，且危险物品的数量等于或者超过临界量的单元(包括场所和设施)。当单元中有多种物质时，如果各类物质的量满足下式，就是重大危险源：

$$\sum_{i=1}^{N} \frac{q_i}{Q_i} \geqslant 1$$

式中 q_i——单元中物质 i 的实际存在量；

Q_i——物质 i 的临界量；

N——单元中物质的种类数。

在国家标准《危险化学品重大危险源辨识》(GB 18218—2018)中，举例给出了爆炸性物质、易燃物质、活性化学物质和有毒物质在生产场所和储存区的临界量。不同国家和地区的政府部门对重大危险源的定义、规定的临界量可能有所不同。无论是重大危险源的范围，还是重大危险源临界量，都是为了防止重大事故发生，在综合考虑国家的经济实力、人们对安全与健康的承受水平和安全监督管理的需要后给出的。随着人们生活水平的提高和对事故控制能力的增强，对重大危险源的有关规定也会发生改变。

4）事故隐患

事故隐患泛指生产系统中可导致事故发生的人的不安全行为、物的不安全状态和管理上的缺陷。在生产过程中，凭着对事故发生与预防规律的认识，为了预防事故的发生，可制定生产过程中物的状态、人的行为和环境条件的标准、规章、规定、规程等。如果生产过程中物的状态、人的行为和环境条件不能满足这些标准、规章、规定、规程等，就可能发生事故。

事故隐患分类非常复杂，它与事故分类有密切关系，但又不同于事故分类。本着尽量避免交叉的原则，综合事故性质分类和行业分类，考虑事故起因，可将事故隐患归纳为 21 类，即火灾、爆炸、中毒和窒息、水害、坍塌、滑坡、泄漏、腐蚀、触电、坠落、机械伤害、煤与瓦斯突出、公路设施伤害、公路车辆伤害、铁路设施伤害、铁路车辆伤害、水上运输伤害、港口码头伤害、空中运输伤害、航空港伤害、其他类隐患。

5）事　故

《现代汉语词典》(第 7 版)将“事故”解释为意外的损失或灾祸(多指在生产、工作上发生的)。例如，在企业生产中，如发生有毒有害气体泄漏，引起作业人员急性中毒，即发生了生产事故。

在生产过程中，事故是指造成人员死亡、伤害、职业病、财产损失或其他损失的意外事件。从这个解释可以看出，事故是意外事件，是人们不希望发生的；同时，该事件产生了违背人们意愿的后果。如果事件的后果是人员死亡、受伤或身体的损害就称为人员伤亡事故，如果没有造成人员伤亡就是非人员伤亡事故。

事故的分类方法有多种。我国在工伤事故统计中，按照《企业职工伤亡事故分类》(GB/T 6441—1986)可将企业工伤事故分为 20 类，分别为物体打击、车辆伤害、机械伤害、起重伤害、触电、淹溺、灼烫、火灾、高处坠落、坍塌、冒顶片帮、透水、放炮、火药爆炸、瓦斯爆炸、锅炉爆炸、容器爆炸、其他爆炸、中毒和窒息、其他伤害。

《生产安全事故报告和调查处理条例》根据生产安全事故造成的人员伤亡或直接经济损失，将事故分为特别重大、重大、较大和一般四级。具体划分如下(其中所称的“以上”包括本数，“以下”不包括本数)：

拓展阅读：《生产安全事故报告和调查处理条例》

(1) 特别重大事故，是指造成 30 人以上死亡，或者 100 人以上重伤(包括急性工业中毒，下同)，或者 1 亿元以上直接经济损失的事故。

(2) 重大事故，是指造成 10 人以上 30 人以下死亡，或者 50 人以上 100 人以下重伤，或者 5 000 万元以上 1 亿元以下直接经济损失的事故。

(3) 较大事故，是指造成 3 人以上 10 人以下死亡，或者 10 人以上 50 人以下重伤，或者 1 000 万元以上 5 000 万元以下直接经济损失的事故。

(4) 一般事故，是指造成 3 人以下死亡，或者 10 人以下重伤，或者1 000 万元以下直接经济损失的事故。

需要注意的是，除人员伤亡和直接经济损失外，事故等级的划分还需要考虑事故的影响范围、社会影响等因素。例如，一些虽未造成人员伤亡但影响范围广泛、社会影响恶劣的事故，也应被视为较高等级的事故。

拓展阅读：典型工业安全事故

事故的发生通常可以从四方面查找原因。一是人，人的不安全行为是事故发生的最直接原因；二是机，机器的不安全状态也是事故发生的直接原因；三是环境，不良的生产环境影响人的行为及对设备设施的状态；四是管理，即管理上的缺陷。

为了预防事故及消除有碍健康的问题，必须采取各种安全技术措施，保障环境、设备、人身安全。

1.3 安全与安全技术

安全与危险是相对的概念，它们是人们对生产、生活中是否可能遭受健康损害和人身伤亡等的综合认识。按照系统安全工程的认识论，无论是安全还是危险都是相对的。

1）安 全

安全泛指没有危险、不出事故的状态。汉语中有“无危则安，无损则全”的说法；《现代汉语词典》（第7版）对安全的解释为没有危险、平安。安全的英文为safety，指健康与平安之意；国外韦氏词典中对安全的解释为没有伤害、损伤或危险，不遭受危害或损害的威胁，或免除了危害、伤害或损失的威胁。

生产过程中的安全即生产安全，指的是不发生工伤事故、职业病、设备或财产损失。

在工程中，安全性是用概率表示的近似客观量，用于衡量安全的程度。

在系统工程中，认为世界上没有绝对安全的事物，任何事物中都包含不安全因素，具有一定的危险性。安全是一个相对的概念，是一种模糊数学的概念。危险性是对安全性的隶属度。当危险性低于某种程度时，人们就认为是安全的。安全性（S）与危险性（D）互为补数，即 $S=1-D$。安全工作贯穿系统整个寿命期间。

2）本质安全

本质安全是指设备、设施或技术工艺含有内在的能够从根本上防止发生事故的功能。

本质安全具体包括两方面的内容：

（1）“失误-安全”功能，指操作者即使操作失误也不会发生事故或伤害，或者说设备、设施和技术工艺本身具有自动防止人的不安全行为的功能。

（2）“故障-安全”功能，指设备、设施或生产工艺发生故障或损坏时还能暂时维持正常工作或自动转变为安全状态。

上述两种安全功能应是设备、设施和技术工艺本身固有的，即在其规划设计阶段就被纳入的，而不是事后补偿的。

本质安全是生产中“预防为主”原则的根本体现，也是安全生产的最高境界。实际上，由于技术、资金和人们对事故的认识等原因，目前还很难做到本质安全，只能将其作为追求的目标。

3）安全技术

安全技术是指企业在组织生产过程中，为防止人身伤亡和财产损失、保障人身安全和设备设施安全而采取的各种技术措施。安全技术与生产技术紧密联系。如果生产技术和生产工艺有了改变，就必须重新研究是否可能出现新的安全问题，进而采取措施，消除不安全因素。

一般来说，通过本质安全设计、本质安全技术改造，采取更完善、更安全的操作方法，消除危险的工艺过程，设置安全防护装置、保险装置、信号装置、警示装置，为安全而采用的机械化、自动化技术，以及采取更完善和更安全的操作方法，采用防护用品等，都是安全技术的研究范畴。

通过分析各种事故的原因，采取各种技术措施以消除各种不安全、不卫生因素，减少对职工安全、健康构成威胁的事故隐患，减轻劳动强度，改善劳动条件，就是安全技术的研究任务。

安全技术是劳动保护科学的重要组成部分，是一门涉及范围广、内容丰富的边缘性科学。安全技术是生产技术发展过程中形成的一个分支，与生产技术密切相关。随着工业生产的不断发展，工业安全技术也随之不断充实和提高。安全技术以技术为主，同时涉及有关劳动保护法规和制度、组织管理措施等方面的内容。采取安全技术可以达到劳动保护的目的。因此，安全技术对实现工业安全生产，保护职工的安全和健康发挥着重要作用。具体来说，安全技术的作用在于采取以防止工伤事故和其他各类生产事故为目的的技术措施，消除生产过程中的各种不安全因素，保护劳动者的安全和健康，预防伤亡事故和灾害性事故的发生。

作为生产技术的一部分，安全技术的应用领域和范围非常广泛，目前已深入各行业的生产中和各专业的技术中。安全技术一般有如下两种分类方法。

(1) 按产业性质分，有矿山安全技术、建筑安全技术、冶金安全技术、机械制造安全技术、化工安全技术、交通运输安全技术、轻工安全技术和纺织安全技术等。

(2) 按机电设备的生产工艺特点分，有机械安全技术、电气安全技术、起重吊运安全技术、防火防爆安全技术、焊接作业安全技术、金属冶炼及热加工安全技术、企业内机动车辆安全技术、锅炉安全技术和压力容器安全技术等。

在安全生产管理与安全技术管理中，上述两种分类并没有截然的界限，如化工安全技术主要涉及防火防爆安全技术，而防火防爆安全技术也不局限于化工行业。

在本书中，结合工业生产的特点，所阐述的安全技术内容主要有机械安全技术、电气安全技术、起重吊运安全技术、锅炉安全技术、压力容器安全技术、工业通风和油田生产安全技术。

1.4 安全技术的发展

1) 国外安全技术的发展

20 世纪以来，随着工业技术水平的不断提高和规模的不断扩大，核能、航天等尖端工业以及石油化工、煤炭、电力、冶金等工业迅速发展，工业事故出现得越来越频繁，危害也越来越严重。工业技术的进步所带来的对人类的威胁和损害引起了人们对工业安全的广泛重视。为了消除或减少危害，发达国家在长期实践中努力探寻和创造了诸多工业安全技术方法。安全技术的发展大致可分为两个阶段：

(1) 传统阶段，即 19 世纪中期至 20 世纪 60 年代。19 世纪末期，工业系统的人身伤害事故常常发生，如蒸汽锅炉爆炸频繁，这引起了社会的极大不满，并伴随巨大的经济损失，从而使得安全问题成为工业社会的热点问题。在此之前，主要发达资本主义国家的安全立法已开始萌芽，如 1844 年英国就制定了对机械上的飞轮和传动轴加强防护的安全法。1866 年，美国成立了美国机械工程师协会（American Society of Mechanical Engineers，ASME），

1915 年该协会制定了世界上最早版本的受压容器结构标准；1917 年，日本创立了“安全第一协会”，并发行了《安全第一》杂志，1919 年开展了“安全周活动”。到 20 世纪 40 年代，一些安全管理著作中提出了“企业责无旁贷的责任和义务是保证人员和财物不受损伤”，明确了工业企业的主要责任之一是实施安全生产战略。严重事故的多发及其造成的恶劣后果引起了工业发达国家的普遍重视，也引起了安全技术学术界的关注，广大学者对分散的经验进行系统归纳，从而形成了传统安全技术理论。传统安全技术作为一门新兴的综合性学科，在工业事故分析、事故预防方面发挥了重要作用。

(2) 现代阶段，即 20 世纪 60 年代至今。现代安全科学技术是在传统安全技术已经控制不了工业中大量采用现代科学技术成果所带来的新型危险的前提下产生的。它是在传统安全技术的基础上发展和完善起来的，将传统安全技术中卓有成效的理论和方法保留，并用现代科学技术理论作指导而使之升华，针对现代科学技术带来的潜在危险开展研究，逐步形成了现代安全科学技术理论和方法。20 世纪 60 年代以来，科学技术的发展取得重大突破，如航天技术、现代武器、核能、计算机技术等尖端技术投入使用，大型联合工业企业普遍出现，使得工业系统蕴藏着更大的潜在危险，也对工业安全技术提出了新的要求。传统安全管理总是滞后于生产的发展，安全技术在事故的预防工作上滞后于工业的发展，从而使伤亡事故不断增加。在这种背景下，国外发达工业国家率先将系统工程应用于工业系统的安全领域，形成了安全系统工程技术。安全系统工程技术采用预测事故的方法，总结事故发生的规律，对系统内的危险进行定性和定量评价，在项目立项、可行性研究、设计、施工、运行管理中运用安全技术，采取安全对策，将危险水平降低到最低合理可行(as low as reasonably practically，ALARP)的程度。同时，为降低工业生产中的伤亡事故，发达工业国家相继制定并颁布了职业安全与健康法规。例如，美国于 1970 年颁布了《联邦职业安全与健康法》，日本于 1972 年颁布了《劳动安全卫生法》，英国于 1974 年 10 月、1975 年 1 月、1975 年 4 月分三批颁布了《劳动安全卫生法》，德国、加拿大等也分别制定并颁布了本国的职业安全与健康立法。

以欧盟为例，2015 年欧盟职业安全健康发生死亡事故 3 841 起(28 个成员国数据)，比 2006 年减少了 1 879 起(27 个成员国数据，不包含克罗地亚)，下降了 32.8%。在职业健康方面，职业病问题突出，每年在职员工仅新发癌症患者就达 160 万人。根据《2015 年欧洲工作环境调查》，18%的员工报告称慢性疾病的持续治疗超过半年以上，6%的企业员工报告称存在心理健康问题，因职业病和相关疾病造成缺勤 5 天以上的员工占比达 28%。整体来说，欧盟作业场所生产安全事故得到了有效控制。而在职业健康方面，由于职业病发病是一个长期累积的过程以及新形势下出现的新的职业健康问题凸显等，欧盟职业健康仍将长期面临严峻考验。另外，大多数欧盟成员国每年用于支付工伤和职业病方面的开支已达国民收入的 2.6%～3.8%。工业事故不仅给工人、企业、环境、社会带来了巨大损失，也极大地破坏了欧洲工业的可持续发展。因此，工业事故逐渐受到欧盟委员会、欧盟各成员国及欧洲工业界的高度重视。为了持续推动职业安全健康工作开展，欧盟委员会于 2021 年 6 月 28 日发布了《欧盟工作场所健康与安全战略框架(2021—2027)》，旨在推动欧盟委员会、欧盟成员国和其他利益相关方围绕保护工人安全健康的共同优先事项开展工作。

2）国内安全技术的发展

我国安全技术的发展大致可分为3个阶段：

（1）新中国成立初期至20世纪70年代末。国家把劳动保护作为一项基本政策实施，安全技术作为劳动保护的一部分而得到发展。为了满足我国工业生产发展的需要，这一时期国家成立了劳动部劳动保护研究所、卫生部劳动卫生研究所、冶金部安全技术研究所、煤炭部抚顺煤炭科学研究所和重庆煤炭科学研究所等安全技术专业研究机构，发展了防暑降温技术、工业防尘技术、毒物危害控制技术、噪声控制技术、矿山安全技术、机电安全技术、个体防护用品及安全检测技术等。

（2）20世纪70年代末至90年代初。随着改革开放和现代化建设的发展，安全技术得到了迅猛发展。在此期间，建成了安全技术研究院、所、中心50余个，拥有专业科技人员5 000余名。尤其是1983年9月，中国劳动保护科学技术学会正式成立，安全技术学科体系和专业教育体系建设工作得到了进一步加强。1984年，教育部将安全工程本科专业列入《高等学校工科专业目录》。20世纪80年代初期，安全系统工程引入我国，受到有关研究机构及许多大中型企业和行业管理部门的高度重视。通过消化、吸收国外安全分析方法，我国的机械、化工、航空、航天等部门研究开发了适合本行业特点的安全评价方法或标准。现代管理科学的预测、决策科学和行为科学，以及系统原理、人本原理、动力原理等理论逐步应用到企业安全管理实践中。在人—机—环境系统工程思想指导下开展了安全人机工程学研究。在研究提高设备、设施本质化安全性能，改善作业条件的同时，不断研究预防事故的工程技术措施和防止人为失误的管理及教育措施。

（3）20世纪90年代至今。我国安全科学技术进入新的发展时期，主要表现在：国家标准《学科分类与代码》（GB/T 13745—1992和GB/T 13745—2009）中将安全科学技术列入一级学科；国家科技攻关计划中列入安全科学技术攻关项目；安全工程系列专业技术人员职称评审单列，并发布了《安全工程专业中、高级技术资格评审条件（试行）》；2002年我国开始开展注册安全工程师执业资格制度，2004年首次开展注册安全工程师考试，至2023年，全国注册安全工程师数量已达约21万人。在国家政策方面，原国家安监总局先后制定了安全生产“十二五”和“十三五”规划；2022年4月，国务院安全生产委员会发布了《“十四五”国家安全生产规划》；2024年1月，国务院安全生产委员会发布了《安全生产治本攻坚三年行动方案（2024—2026）》。此外，我国还于2002年6月29日通过了《中华人民共和国安全生产法》，于2002年11月1日实施，最新修正版为2021年6月10日的第三次修正版。

拓展阅读：《“十四五”国家安全生产规划》

拓展阅读：《中华人民共和国安全生产法》

拓展阅读：《安全生产治本攻坚三年行动方案《2024—2026》

3) 我国安全技术展望

可以预见，21 世纪我国安全科学技术将在以下方面继续得到发展：

(1) 形成安全技术理论体系和方法论。几十年来，我国安全科学的基础理论研究表现为分散状态。安全科学技术专家、医学家、心理学家、管理学家、行为学家、社会学家和工程技术专业人员等从各自的研究立场出发，以各自的分析方法进行研究，在安全科学的研究对象、研究起点、研究前提、基本概念等方面缺乏一致性。任何学科都有自己独特的分析方法，在发展过程中还会不断创新分析方法。安全科学作为一门新兴的交叉学科，在 21 世纪将在吸纳其他学科分析方法的同时，不断形成自己的方法体系，从而进一步成熟和完善。

(2) 安全科学技术研究内容继续深化和扩展。21 世纪的安全科学技术一方面将继续发展和完善事故致因理论、事故控制理论和安全工程技术方法，在更大程度上吸收其他学科的最新研究成果和方法；另一方面，为了满足生产和社会发展的需要，还将深入研究信息安全、生态安全、老龄化社会中人的安全，以及人工智能深入应用下的工业安全等内容。

(3) 安全管理基础理论与应用技术研究将以建立和完善我国安全生产监察和管理体系为中心，形成完整的安全管理学、安全法学、安全经济学、安全人机工程学理论和方法。

(4) 安全工程技术研究将以预防和控制工伤事故与职业病为中心，不仅使产业安全工程技术继续得到发展，还将大力发展安全技术产业，满足我国经济发展和人民生活水平大幅度提高的需要。

思考题

1. 试述风险与事故的概念。
2. 试述安全与本质安全的概念。
3. 安全技术的概念、研究范畴和研究任务是什么？
4. 我国安全技术将会在哪些方面得到发展？

第2章 机械安全技术

内容导读

本章首先介绍机械的组成规律与机械的状态，然后分析机械产生的危险及原因，通过典型事故介绍机械安全技术及防护装置，给出安全信息的概念与使用的相关知识，并讲解机械安全标准，介绍机械安全的风险评价和机械加工安全技术等。

本章学习重点包括理解机械产生的危险及原因，掌握常见的机械安全技术、机械安全装置的原理与应用，理解安全信息的使用。

2.1 机械的组成规律与机械的状态

机械通常分为简单机械和复杂机械。前者如杠杆、滑轮，后者如机床、发动机。复杂机械由多种简单机械组合而成，称为机器(或称机械设备)。工业企业生产离不开各种机械设备，如电动机、压缩机和泵等。这些机械设备价格昂贵，如果发生安全事故，将造成巨大的经济损失甚至人员伤亡。

2.1.1 机器的组成规律

机器的种类繁多，形状及大小相差可能很大，应用目的也各不相同。从机器最基本的特征入手，把握机器组成的基本规律后可以发现，从最简单的千斤顶到复杂的现代化机床，机器组成的一般规律是:在控制操纵系统的控制下，由原动机将各种形式的动力能变为机械能输入，经过传动机构转换为适宜的力或速度并传递给执行机构，通过执行机构与物料直接作用，完成作业或服务任务，而组成机械的各部分则借助支承装置连接成一个整体。机器的组成如图 2.1所示。

(1) 原动机。原动机是机器工作和运动的动力源。常用的原动机有电动机、内燃机、人力或畜力(常用于轻小设备或工具，或作为特殊场合的辅助动力)等。

(2) 执行机构。执行机构是通过刀具或其他器具与物料的相对运动或直接作用来改变物料的形状、尺寸、状态或位置的机构。机械的应用目的主要通过执行机构来实现。机器的

拓展阅读：天然气长输管道压缩机国产化

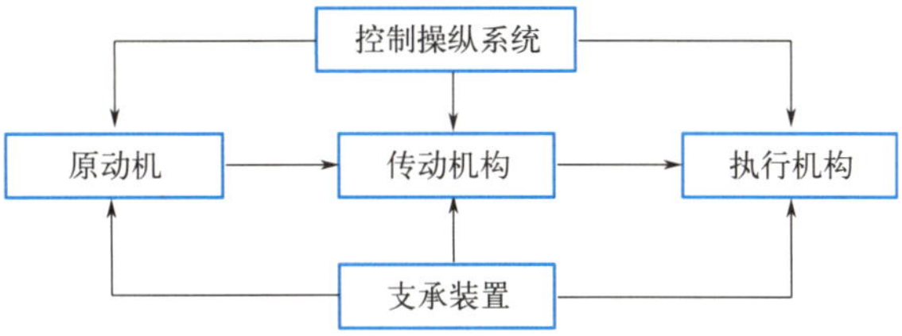

图 2.1 机器的组成

种类不同，其执行机构的结构和工作原理也不同。刀具切削原理可参考视频 2.1 所示。执行机构是一台机器区别于另一台机器最有特性的部分。执行机构及其周围区域是操作者进行作业的主要区域，称为操作区。

(3) 传动机构。传动机构是联系原动机和执行机构，传递运动和力(力矩)或改变运动形式的机构。一般情况下，传动机构将原动机的高转速、小扭矩转换成执行机构需要的较低速度和较大的力(力矩)。常见的传动机构有齿轮传动机构、带传动机构、链传动机构和曲柄连杆机构等。差速器传动机构如动画 2.1 所示。传动机构包括除执行机构外的绝大部分可运动零部件。不同机器的传动机构可以相同或类似，也就是说，传动机构是不同机器具有共性的部分。

视频 2.1 执行机构——刀具切削原理

动画 2.1 传动机构——差速器

(4) 控制操纵系统。控制操纵系统是用于操纵机器的启动、制动、换向、调速等运动，控制机器的压力、温度、速度等工作状态的机构系统。控制操纵系统包括各种操纵器和显示器。用户可通过操纵器来控制机器；显示器可将机器的运行情况适时反馈给用户，以便及时、准确地控制和调整机器的状态，保证作业任务的顺利进行并防止事故发生。控制操纵系统是人机接口，安全人机工程学的要求将在这里得到集中体现。

(5) 支承装置。支承装置是用于连接、支承机器的各组成部分，承受工作外载荷和整个机器重量的装置。支承装置是机器的基础部分，分固定式和移动式两类。固定式支承装置与地基(如机床的基座、床身、导轨、立柱等)相连；移动式支承装置可带动整个机器相对地面(如可移动机械的金属结构、机架等)运动。支承装置的变形、振动和稳定性不仅影响加工质量，还直接关系作业的安全。

2.1.2 机器在各种状态的安全问题

机器在规定的使用条件下执行其功能的过程中，以及在运输、安装、调整、维修、拆卸和处理时，可能对人员造成损伤或对健康造成危害。这种伤害在机器使用的任何阶段和各种状态下都有可能发生。

1）机器在正常工作状态的安全问题

在机器完好的情况下，机器完成预定功能的正常运转过程中存在各种不可避免但却是执行预定功能所必须具备的运动要素，有些可能产生危害后果。例如，大量形状各异的零部件的相互运动、刀具锋刃的切削、起吊重物、机械运转的噪声等，在机械正常工作状态下存在碰撞、切割、重物坠落、使环境恶化等对人身安全不利的危险因素。这些在机器正常工作时产生危险的某种功能称为机器的危险功能。

2）机器在非正常工作状态的安全问题

非正常工作状态是在机器运转过程中，由于各种原因（可能是人员的操作失误，也可能是动力突然丧失或来自外界的干扰等）引起的意外状态。例如，意外启动，运动或速度变化失控，外界磁场干扰使信号失灵，瞬时大风造成起重机倾覆倒地等。机械的非正常工作状态往往没有先兆，会直接导致或轻或重的事故。

3）机器在故障状态的安全问题

故障状态是指机械设备（系统）或零部件丧失了规定功能的状态。设备的故障，哪怕只是局部故障，有时也会造成整个设备的停转，甚至整个流水线或整个自动化车间的停产，给企业带来经济损失。故障对安全的影响可能有两种结果。有些故障的出现对所涉及的安全功能影响很小，不会出现大的危险。例如，当机器的动力源或某零部件发生故障时，机器停止运转，处于故障保护状态。而有些故障的出现会导致某种危险状态。例如，电气开关故障会产生不能停机的危险，砂轮轴的断裂会导致砂轮飞甩的危险，速度或压力控制系统出现故障会导致速度或压力失控的危险等。

4）机器在非工作状态的安全问题

机器停止运转而处于静止状态时，在正常情况下基本上是安全的，但也不排除由于环境照度不够而导致人员与悬凸结构的碰撞、结构垮塌、室外机器在风力作用下的滑移或倾覆、堆放的易燃易爆原材料的燃烧爆炸等情况。

5）机器在检修保养状态的安全问题

检修保养状态是指对机器进行维护和修理作业（包括保养、修理、改装、翻建、检查、状态监控和防腐润滑等）时机器的状态。检修保养虽一般在停机状态下进行，但其作业的特殊性往往迫使检修人员采用一些超常规的做法（如攀高、钻坑、将安全装置短路、进入正常操作不允许进入的危险区等），从而使得维护或修理中容易出现在正常操作条件下不存在的危险。

2.2 机械的危险与伤害

由于危险是引起或增加伤害的条件，因此常将其称为危险因素。危险通常与其他词组合使用，或具体限定其起源的特定性质(如机械危险、电危险、噪声危险等)，或预测对人员造成伤害的作用方式(如打击危险、挤压危险、中毒危险等)。危险还有其他表述形式，在此不一一列举。

机械在使用过程中产生的危险可能对人的身心健康造成损伤或危害。机械的危险可能来自机械自身、机械的作用对象、人对机器的操作及机械所在的场所等。有些危险是显现的，而有些危险是潜在的；有些危险是单一的，而有些危险则交错在一起，表现为复杂、动态、随机的特点。因此，必须将人、机、环境作为整体研究对象，用安全系统的观点及方法识别和描述机械在使用过程中可能产生的各种危险、危险状态以及预测可能发生的危险事件，从而为机器的安全设计、机械安全标准的制定和对机械系统进行安全风险评价提供依据。

2.2.1 危险有害因素的分类

1) 按客体对人体的不利影响分类

根据客体对人体的不利影响，危险有害因素可分为危险因素和有害因素。这是我国劳动安全卫生学领域长期沿用的分类方法。

(1) 危险因素是导致人员伤亡的因素。该因素强调危险事件的突发性和瞬间作用，如物体打击、切割、电击、爆炸等。例如，图 2.2(彩图 2.1)所示切割中的飞溅火花易引发火灾及爆炸。

图 2.2 危险因素——切割

彩图 2.1 危险因素——切割

(2) 有害因素是导致人员患病的因素。该因素强调在一定时间和范围内危险因素的累积作用效果，如粉尘、振动、有毒物等。

2）按不利因素的性质分类

根据不利因素的性质，危险有害因素可分为物理性、化学性、生物性和生理心理性等危险有害因素。

（1）物理性危险有害因素。例如，运转的机器，机械设备的可动部分，能移动的零件、毛坯和材料，破裂结构，作业环境中的粉尘，有害气体，噪声，振动，电的危害等。

（2）化学性危险有害因素。按对人的肌体作用特征不同，可分为有毒的、刺激的、致癌的、器官病变的化学性危险有害因素；按进入人体的渠道不同，可分为通过呼吸道、肠胃消化道、皮肤和黏膜等的化学性危险有害因素。

（3）生物性危险有害因素。该因素主要包括细菌、病毒、螺旋体、真菌等致病性微生物及其生命活动产物，植物和动物等有机体。

（4）生理心理性危险有害因素。例如，体力负荷过大（长期静态型或动态型的体力超负荷）或神经心理负荷过重（脑力过度紧张、个别器官过度紧张、劳动单调或感情负担过重）等。

3）按诱发事故的危险源分类

根据诱发事故的危险源，危险有害因素可分为机械能、化学能、电能、热能、放射能等危险有害因素。

4）按机械设备自身的特点、能量形式及作用方式分类

这是根据国际标准化组织（International Organization for Standardization，ISO）的标准，参考工业发达国家的普遍做法，我国现行国家标准采用的分类方法。机械产生的危险可分为机械危险和非机械危险两大类。其中，非机械危险又可分为电气危险、温度危险、噪声危险、振动危险、辐射危险、材料和物质产生的危险、未履行安全人机工程学原则产生的危险等。

对机械设备及其生产过程中的不利因素，一般不再细分为危险因素和有害因素，而一律称为危险因素。实际上在很多情况下，同一危险因素由于物理量不同、作用的时间和空间不同，有时导致人身伤害，有时引起职业病，有时甚至二者兼有。若人为地将同一危险因素时而视为危险因素，时而视为有害因素，反而会造成认识混乱，不利于危险因素的识别和风险的分析评价。

2.2.2 机械产生的危险

1）机械危险

机械危险是由于机械设备及其附属设施的构件、零件、工具、工件或飞溅的固体和流体物质等的机械能（动能和势能）作用，可能产生伤害的各种物理因素以及与机械设备有关的滑绊、倾倒和跌落危险。

2）电气危险

电气危险的主要形式是电击、燃烧和爆炸。其产生条件可以是人体与带电体的直接接触，人体接近高压带电体，带电体绝缘不充分而产生漏电、静电现象，短路或过载引起的熔化粒子喷射热辐射和化学效应。

3）温度危险

一般将 29 ℃以上的温度称为高温，将−18 ℃以下的温度称为低温。温度危险主要表现为：

（1）高温对人体的影响，即高温烧伤、烫伤，高温生理反应等。

（2）低温冻伤和低温生理反应。

（3）高温引起的燃烧或爆炸。

温度危险产生的条件是环境温度、热源辐射或接触高温物（材料、火焰或爆炸物）等。

4）噪声危险

根据产生的原因，噪声主要有机械噪声、电磁噪声和空气动力噪声。其造成的危险主要是：

（1）对听觉的影响。根据噪声的强弱和作用时间不同，噪声可造成耳鸣、听力下降、永久性听力损失，甚至爆震性耳聋等。

（2）对生理、心理的影响。通常 90 dB(A)以上的噪声对神经系统、心血管系统等都有明显影响，而低噪声会使人产生厌烦、精神压抑等不良心理反应。

（3）干扰语言通信和听觉信号而引发其他危险。

5）振动危险

振动对人体可造成生理和心理的影响，造成损伤和病变。严重的振动（或长时间不太严重的振动）可能产生生理严重失调（血脉失调、神经失调、骨关节失调、腰痛和坐骨神经痛等）。图 2.3（彩图 2.2）所示为长期从事振动作业（如操作凿岩机、空气锤、筛选机等）而引起的手臂振动病。

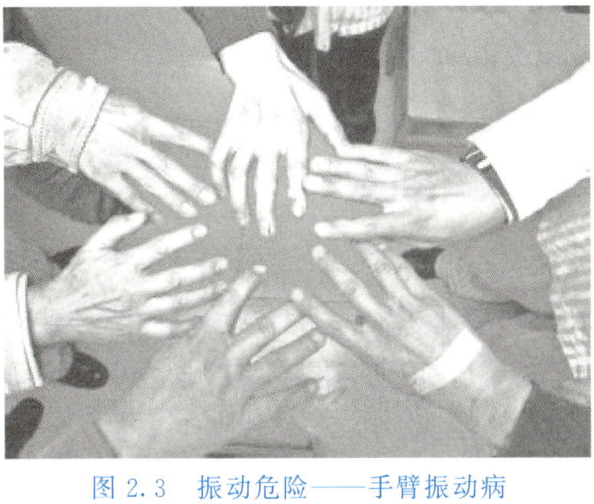

图 2.3　振动危险——手臂振动病

彩图 2.2　振动危险——手臂振动病

6）辐射危险

可将产生辐射危险的各种辐射源（离子化或非离子化）归为以下方面：

（1）电波辐射，即低频辐射、无线电射频辐射和微波辐射。

（2）光波辐射，主要有红外线辐射、可见光辐射和紫外线辐射。

（3）射线辐射，主要有 X 射线和 γ 射线辐射。

（4）粒子辐射，主要有 α 粒子、β 粒子射线辐射，电子束辐射，离子束辐射和中子辐射等。

（5）激光。

辐射危险表现为杀伤人体细胞和机体内部的组织，轻者引起各种病变，重者导致死亡。

7）材料和物质产生的危险

材料和物质产生的危险有：

（1）接触或吸入有害物（如有毒、腐蚀性或刺激性的液、气、雾、烟和粉尘）所导致的危险。

（2）火灾与爆炸危险。

（3）生物（如霉菌）和微生物（如病毒或细菌）危险。

机械加工过程中使用的所有材料和物质都应考虑在内。例如，构成机械设备、设施自身（包括装饰装修）的各种物料；加工使用、处理的物料（包括原材料、燃料、辅料、催化剂、半成品和产成品）；剩余和排出物料，即生产过程中产生、排放和废弃的物料（包括气、液、固态物）。

8）未履行安全人机工程学原则产生的危险

如机械设计或环境条件不符合安全人机工程学原则的要求，存在与人的生理或心理特征、能力不协调之处，则可能产生以下危险：

（1）对生理的影响。负荷（体力负荷、听力负荷、视力负荷、其他负荷等）超过人的生理范围，长期处于静态型或动态型操作姿势，劳动强度过大或过分用力所导致的危险。

（2）对心理的影响。对机械进行操作、监视或维护而造成精神负担过重或准备不足、紧张等产生的危险。

（3）对人操作的影响。表现为操作偏差或失误而导致的危险等。

2.2.3 机械危险的主要伤害形式和机理

机械危险的伤害实质是机械能（动能和势能）的非正常做功、流动或转化，导致对人员的接触性伤害。机械危险的主要伤害形式有夹挤、碾压、剪切、切割、缠绕或卷入、戳扎或刺伤、摩擦或磨损、飞出物打击、高压流体喷射、碰撞和跌落等。

1）机器零件产生机械危险的条件

机器零件产生机械危险的条件主要是：

（1）形状和表面性能，如切割部位，锐边、棱角部分，过于粗糙或光滑部分。

（2）相对位置，如相向运动、运动与静止物的相对距离小。

（3）质量和稳定性，如在重力的影响下可能运动的零部件的势能。

（4）质量和速度（加速度），如可控或不可控运动中的零部件的动能。

（5）机械强度不够，如零件、构件的断裂或垮塌。

（6）弹性元件（弹簧）的势能，在压力或真空下的液体或气体的能量。

2）机械伤害的基本类型

机械伤害的基本类型主要是：

（1）绞缠。引起这类伤害的主要危险是作回转运动的机械部件（如轴类零件），包括联轴节、主轴、丝杠等，或回转件上的凸出物和开口，如轴上的凸出键、调整螺栓或销、圆轮形状零件（链轮、齿轮、皮带轮）的轮辐、手轮上的手柄等，在运动情况下可能绞缠人的头发、饰物（如项链）、肥大衣袖或下摆。

（2）卷入。引起这类伤害的主要危险是相互配合的运动副引发的卷入（如相互啮合的齿轮之间以及齿轮与齿条之间，皮带与皮带轮、链与链轮进入啮合部位的夹紧点，两个作相对回转运动的辊子之间的夹口），以及滚动的旋转件引发的碾压（如轮子与轨道、车轮与路面等）。

（3）挤压。引起这类伤害的主要危险是作往复直线运动的零部件，如相对运动的两部件之间、运动部件与静止部件之间由于安全距离不够而产生的夹挤，作直线运动部件的冲撞等。直线运动包括横向运动（如大型机床的移动工作台、牛头刨床的滑枕、运转中的带链等部件的运动）和垂直运动（如剪切机的压料装置和刀片、压力机的滑块、大型机床的升降台等部件的运动）。

（4）割伤。引起这类伤害的主要危险是切削刀具的锋刃、零件表面的毛刺、工件或废屑的锋利飞边、机械设备的锋利棱角、粗糙的表面（如砂轮、毛坯）等。无论物体是运动的还是静止的，这些与形状相关而产生的危险都可能构成伤害。

（5）碰撞。引起这类伤害的主要危险是机械结构上的凸出、悬挂部分（如起重机的支腿、吊杆，机床的手柄等），长、大加工件伸出机床的部分等。这些物体即使是静止的，人通过时也可能与之发生碰撞，从而产生危险。

（6）跌落。地面堆物无序或地面凸凹不平可能导致磕绊跌伤，接触面摩擦力过小（接触面光滑，存在油污或冰雪等）可能造成打滑、跌倒。假如由于跌倒而引起二次伤害，后果将更严重。人从高处失足坠落，或误踏入坑井而坠落会造成伤害；电梯悬挂装置破坏后轿厢可能超速下行，撞击坑底而对人员造成伤害。

（7）飞出物打击。这主要是由于发生断裂、松动、脱落或弹性势能等机械能释放，使失控的物件飞甩或反弹出去而对人造成伤害。例如，轴的破坏引起装配在其上的皮带轮、飞轮、齿轮或其他运动零部件坠落或飞出；螺栓的松动或脱落引起被其紧固的运动零部件脱落或飞出；高速运动的零件破裂，碎块甩出；切削废屑的崩甩等。另外，弹性元件的势能引起的弹射也是原因之一。例如，弹簧、皮带等的断裂，以及在压力或真空下的液体或气体引起的高压流体喷射等。

(8) 物体坠落打击。处于高位置的物体具有势能，当它们意外坠落时势能转化为动能，从而可能造成伤害。例如，高处掉下的零件、工具或其他物体（即使是很小的物体）；悬挂物体的吊挂零件破坏或夹具夹持不牢而引起物体坠落；由于质量分布不均衡，重心不稳，在外力作用下发生倾翻、滚落；运动部件因运行超行程脱轨而导致的伤害等。

机械危险大量表现为人与可运动物件的接触伤害。各种形式的机械危险、机械危险与其他非机械危险往往交织在一起。在进行危险识别时，应从机械系统整体出发，考虑机器的不同状态、同一危险的不同表现方式、不同危险因素之间的联系和作用，以及显现或潜在的不同形态等。

2.2.4 事故原因分析

安全隐患可存在于机器的设计、制造、运输、安装、使用、报废、拆卸及处理等各个环节。机械事故的发生往往是多种因素综合作用的结果，可以从物的不安全状态、人的不安全行为、环境的不利影响和安全管理缺陷中找到原因。

1）物的不安全状态

物的不安全状态是引发事故的直接原因，物的安全状态是保证机械安全的重要前提和物质基础。这里的物包括机械设备、工具、原材料、中间与最终产成品、排出物和废料等。物的不安全状态构成生产中的客观安全隐患和风险。例如，机械设计不合理、未满足安全人机工程要求、计算错误、安全系数不够、对使用条件估计不足等，制造时零件加工超差、以次充好、偷工减料等，运输和安装中的野蛮作业使机械及其零部件受到损伤而埋下隐患等。近年来，大量境外机械设备进入国内，其中有些设备由于不符合中国人的人体测量参数而引发伤害，有些已被淘汰的设备存在非法进入我国的情况。国内也存在没有生产许可证的企业生产的缺少安全装置的不合格机械产品的情况。这些有严重安全问题的机械设备流入市场，成为安全隐患的源头。加上使用中的问题，如报废零件未及时更换、缺乏必要的安全防护、润滑保养不良等，造成在使用环节出现大量机械伤害事故。此外，超过安全极限的作业条件或卫生标准的不良作业环境会直接影响人的操作水平，使身体健康受到损伤，造成机械系统功能降低甚至失效。

2）人的不安全行为

在机械使用过程中，人的不安全行为是引发事故的另一重要直接原因。人的行为受生理、心理等各种因素的影响，表现多种多样。缺乏安全意识和安全技能差（即安全素质低下）是引发事故的主要的人的原因。例如，不了解所使用机械存在的危险，不按安全规程操作，缺乏自我保护和处理意外情况的能力等。指挥失误（或违章指挥）、操作失误（操作差错及在发生意外情况时的反射行为或违章作业)、监护失误等是人的不安全行为的常见表现。在日常工作中,人的不安全行为大量表现在不安全的工作习惯上。例如,工具或量具随手乱放;测量工件不停机;站在工作台上装卡工件;越过运转刀具取送物料;攀越大型设备,不走安全通道等。

3) 环境的不利影响

在生产作业环境中,温度、湿度、照明、振动、噪声、粉尘、有毒有害物质等会影响人在工作中的情绪,而恶劣的作业环境还会导致职业性伤害。

4) 安全管理缺陷

安全管理水平包括领导的安全意识水平、对设备(特别是危险设备)的监管、对人员的安全教育和培训、安全规章制度的建立和执行等。安全管理缺陷是事故发生的间接原因。

2.3 机械本质安全技术

2.3.1 实现机械安全的措施

机械设备安全应考虑其"寿命"的各阶段,包括设计、制造、安装、调整、使用(设定、示教、编程或过程转换、运转、清理)、查找故障和维修、拆卸及处理,还应考虑机器的各种状态,包括正常作业状态、非正常状态和其他可能的状态。决定机械产品安全性的关键是设计(机械产品设计和制造工艺设计)阶段采用安全措施,并通过使用阶段采用安全措施来最大限度地减小风险。不同阶段的安全措施可用图 2.4 表示。

由设计者采取的安全措施

本质安全技术(直接安全技术措施) 安全装置(间接安全技术措施) 使用信息(指示性安全技术措施) 附加预防措施

由用户采取的安全措施

个人劳动防护用品 作业场地与工作环境的安全性 安全管理措施

图 2.4 实现机械安全的阶段和安全措施

2.3.1.1 由设计者采取的安全措施

1）本质安全技术

本质安全技术是指在机械的功能设计中采用的、不需要额外的安全装置就能直接将安全问题解决的措施，因此也称为直接安全技术措施。本质安全技术是机械设计中应优先考虑的措施。

2）安全装置

当本质安全技术不能或不完全能实现安全时，必须在生产设备总体设计阶段设计一种或多种专门用于保证人员安全的装置。这也称为间接安全技术措施。

3）使用信息

当本质安全技术和安全装置对某些风险都无效或不完全有效时，可通过使用文字、标记、信号、符号或图表等信息向人们进行说明、提出警告，并将遗留风险通知用户。这也称为指示性（说明性）安全技术措施。

4）附加预防措施

附加预防措施主要包括：

（1）紧急状态的预防措施，如急停装置、陷入危险时的躲避和援救保护措施。

（2）附加措施，如机器的可维修性、断开机器动力源和能量泄放措施、机器及其重型零部件搬运的安全措施、安全进入机器的措施、机器及其零部件的稳定性措施等。

2.3.1.2 由用户采取的安全措施

1）个人劳动防护用品

个人劳动防护用品是保护劳动者在机器的使用过程中人身安全与健康所必备的一种防御性装备，在意外事故发生时对避免伤害或减轻伤害程度能起到一定的作用。按防护部位不同，劳动防护用品可分为安全帽（头部防护）、呼吸护具（呼吸防护）、眼防护具（眼部防护）、听力护具（听力防护）、防护鞋（足部防护）、防护手套（手部防护）、防护服（身体防护）、防坠落护具（跌落防护）（俗称安全防护 8 件宝，如图 2.5 和彩图 2.3 所示）和护肤用品九大类。

使用个人劳动防护用品时应注意：

（1）根据接触危险能量的作业类别和可能出现的伤害按规定正确选配。该用的一定要坚持使用，不该用的坚决不用，否则不仅没有保护作用，还可能造成不应有的危害。

（2）防护用品一定要达到保护功能的要求并符合使用条件的技术指标。使用中应注意有效使用期，及时检查是否已过期，否则会起不到应有的防护作用。

（3）个人劳动防护用品既不是安全装置也不可取代安全装置。它不具有避免或减少面临危险的功能，只是当危险来临时起一定的防御作用，必要时可与安全装置配合使用。

图 2.5 劳动防护用品——安全防护 8 件宝

彩图 2.3 劳动防护用品——安全防护 8 件宝

2) 作业场地与工作环境的安全性

作业场地是指利用机械进行作业活动的地点、周围区域及通道。作业场地与工作环境的安全要求主要为:

(1) 机器布局应方便操作,机器之间、机器与固定建筑物之间应保持安全距离;通道宽敞无阻,充分考虑人和物的合理流向,满足物料输送的需要并有利于安全。

(2) 作业场地不得过于狭小,工具、夹具、量具应按规定摆放,原材料、成品、半成品应堆放整齐、平稳,防止坍塌或滑落。

(3) 地面平整,无坑凹,无油垢水污,废屑应及时清理;室外作业场地应有必要的防雨雪遮盖;对有障碍物或悬挂突出物的位置以及机械可移动的范围,应设防护或加醒目标志。

(4) 保证足够的作业照明度,满足通风、温度、湿度要求,严格控制粉尘、毒物、噪声、振动、辐射等有害物,使其不得超过规定的卫生标准。

3) 安全管理措施

安全管理措施包括对人员的安全教育和培训,建立安全规章制度,对设备(特别是重大、危险设备)的安全监察等。

由用户采取的安全措施对减小设计的遗留风险非常重要,但与技术措施相比,这些措施的可靠性相对较低,都不能用来代替在设计阶段用于消除危险、减小风险的措施。

2.3.2 通过设计减小危险

通过设计减小危险是指在机器的设计阶段，从零件材料到零部件的合理形状和相对位置，从限制操纵力、运动件的质量与速度到减少噪声和振动，采用本质安全技术，应用零部件间的强制机械作用原理，履行安全人机工程学原则等多项措施，通过选用适当的设计结构，尽可能避免或减小危险；也可以通过提高设备的可靠性、操作机械化或自动化，以及实行在危险区之外的调整、维修等措施来尽可能避免或减小危险。总之，应通过采用使机器达到本质安全的措施来减少或限制操作者涉入危险区的可能性，降低人们面临危险的概率；应通过机器的设计和制造将实现机器的预定功能与实现机器使用安全的目标结合起来，以达到机械本质安全的目的。

2.3.2.1 采用本质安全技术

本质安全技术是在机器预定功能的设计和制造中采用的技术。采用本质安全技术，不需要再采用其他安全防护措施就可以在预定条件下执行机器的预定功能，满足机器自身安全的要求。本质安全技术主要包括：

1）避免锐边、尖角和凸出部分

在不影响预定使用功能前提下，机械设备及其零部件应尽量避免设计成会引起损伤的锐边、尖角、粗糙及凸凹不平的表面和较突出的部分。金属薄片的棱边应倒钝、折边或修圆，可能引起刮伤的开口端应包覆。

2）遵循安全距离的原则

利用安全距离防止人体触及危险部位或进入危险区是减小或消除机械风险的一种方法。在规定安全距离时，必须考虑使用机器时可能出现的各种状态及与人体有关的测量数据、技术和应用等因素。机械的安全距离包括如下两类距离要求：

（1）防止可及危险部位的最小安全距离。这是指作为机械组成部分的有形障碍物与危险区的最小距离，用于限制人体或人体某部位的运动范围。当人体某部位可能越过障碍物或通过机械的开口触及危险区时，足够大的安全距离可使人不可能触碰到机械的危险部位，从而避免危险。

（2）避免受挤压或剪切危险的安全距离。当两移动件相向运动或移动件向固定件运动时，人体或人体的某部位在其中可能受到挤压或剪切。这时可以增大运动件间最小距离，使人的身体安全地进入或通过，也可以减小运动件间的最小距离，使人的身体部位进不去，从而避免危险。

3）限制有关因素的物理量

这是指在不影响使用功能的情况下，根据各类机械的特点，限制某些可能引起危险的物理量的值来减小危险。例如，将操纵力限制到最低值，使操作件不会因破坏而产生机械危险；限制运动件的质量或速度，以减小运动件的动能；限制噪声和振动等。

4）使用本质安全工艺过程和动力源

对预定在爆炸气氛中使用的机器，应采用全气动或全液压控制系统和操纵机构，或本质安全的电气装置，也可采用电压低于“功能特低电压”的电源，以及在机器的液压装置中使用阻燃和无毒液体。

2.3.2.2 限制机械应力

所选用的材料性能数据、设计规程、计算方法和试验规则都应符合机械设计与制造的专业标准或规范的要求，以使零件的机械应力不超过许用值，保证安全系数，防止由于零件应力过大而被破坏或失效，避免故障或事故的发生。同时，还可通过控制连接、受力和运动状态来限制应力。

（1）注意连接应力。采用可靠的紧固方法，如对螺栓连接、焊接等，可通过采用正确计算、结构设计和紧固方法来限制应力，防止运转状态下连接松动、破坏或紧固失效。

（2）防止超载应力。通过在传动链预先采用“薄弱环节”来预防超载（如采用易熔塞、限压阀、断路器等限制应力），避免主要受力件因超载而破坏。

（3）避免交变应力。避免在可变应力（主要是周期应力）下零件产生疲劳。例如，钢丝绳滑轮组的钢丝绳在缠绕时应尽量避免反向弯折导致的疲劳破坏。

（4）注意回转件的平衡。设计时，对材料的均匀性和回转精度应予以规定，并在使用前经过静平衡或动平衡试验，防止在高速旋转时引起振动，并避免使回转件的应力加大，甚至造成碎裂（如砂轮）。

2.3.2.3 提高材料和物质的安全性

用于制造机器的材料、燃料等在使用期间不得危及人员的安全或健康。

（1）承载能力。材料的力学特性，如抗拉强度、抗剪强度、冲击韧性、屈服极限等，应能满足执行预定功能的载荷作用的要求。

（2）对环境的适应性。材料应有良好的环境适应性，机械在预定的环境条件下工作时应有抗腐蚀、耐老化和磨损的能力，不因受物理性、化学性、生物性的影响而失效，以避免事故的发生。

（3）材料的均匀性。根据零件的功能，保证材料的均匀性，防止由于工艺设计不合理导致材料的金相组织不均匀而产生残余应力，防止因内部缺陷（如夹渣、气孔、异物、裂纹）而给安全埋下隐患。

（4）避免材料的危险。在设计和制造选材时，应避免采用有毒性的材料或物质；应能避免机器自身或由于使用某种材料而产生的气体、液体、粉尘、蒸气或其他物质造成的火灾和爆炸风险；对可燃、易爆的液体及气体材料，在设计中应使其在填充、使用、回收或排放时减小危险或无危险。

2.3.2.4 履行安全人机工程学原则

在机械设计中，可通过合理分配人机功能、适应人体特性、进行人机界面设计和作业空间布置等履行安全人机工程学原则，提高机器的操作性能和可靠性，使操作者的体力消耗和心理压力尽量降到最低，从而减小操作差错。

2.3.2.5 遵循控制系统设计的安全原则

在机械使用过程中的典型危险工况有意外启动、速度变化失控、运动不能停止、运动机器零件或工件掉下飞出、安全装置的功能受阻等。控制系统的设计应考虑各种作业的操作模式或采用故障显示装置，以及使操作者可以安全进行干预的措施，并遵循以下原则和方法：

(1) 机器启动及变速的实现方式。机器的启动或加速运动应通过施加或增加电压或流体压力来实现，若采用二进制逻辑元件，应通过由“0”状态到“1”状态来实现；反之，停机或降速应通过去除或降低电压或流体压力来实现，若采用二进制逻辑元件，应通过由“1”状态到“0”状态来实现。

(2) 重新启动的原则。动力中断后重新接通时，如机器自行启动会产生危险，为此应采取措施，使动力重新接通时机器不会自行启动，只有再次操作启动装置，机器才能运转。

(3) 零部件的可靠性。这应作为安全功能完备性的基础。使用的零部件应能承受在预定使用条件下的各种干扰和应力，不会因失效而使机器产生危险的误动作。

(4) 定向失效模式。这是指部件或系统主要失效模式是预先已知的，而且只要失效，总是这些部件或系统。这样就可以事先针对其失效模式采取相应的预防措施。

(5) “关键”件的加倍(或冗余)。对控制系统的关键零部件，可以采取备份的方法，即当一个零部件失效时，用备份件接替以实现预定功能。当与自动监控相结合时，自动监控应采用不同的设计工艺，以避免出现共因失效。

(6) 自动监控。自动监控的功能是保证当部件或元件执行其功能的能力减弱或加工条件变化而产生危险时，相关安全措施开始起作用：停止危险过程，防止故障停机后自行再启动，触发报警器。

(7) 可重编程序控制系统中安全功能的保护。在关键的安全控制系统中，应注意采取可靠措施以防止储存程序被有意或无意改变。如果可能，应采用故障检验系统来检查由于改变程序而引起的差错。

(8) 有关手动控制的原则：

① 手动操纵器应根据人机工程学原则进行设计和配置。

② 停机操纵器应位于对应的每个启动操纵器附近。

③ 除某些必须位于危险区的操纵器(如急停装置、吊挂式操纵器等)外，一般操纵器都应配置在危险区外。

④ 如果同一危险元件可由几个操纵器控制，则应通过操纵器线路的设计，使其在给定时间内只有一个操纵器有效。但这一原则不能用于双手操纵装置。

⑤ 在有风险的地方，操纵器的设计或防护应做到不是有意识的操作不会动作。

⑥ 操作模式的选择。如果机械允许使用几种操作模式以代表不同的安全水平（如允许调整、维修、检验等），则这些操作模式应装备能锁定在每个位置的模式选择器。选择器的每个位置都应相应于单一操作或控制模式。

（9）特定操作的控制模式。对必须移开或拆除防护装置，或使安全装置的功能受到抑制才能进行的操作（如设定、示教、过程转换、查找故障、清理或维修等），为保证操作者的安全，必须使自动控制模式无效，采用操作者伸手可达的手动控制模式（如止动、点动或双手操纵装置），或在加强安全的条件下（如降低速度、减小动力或其他适当措施）才允许危险元件运转，并尽可能限制接近危险区。

2.3.2.6 防止气动和液压系统的危险

当采用气动、液压、热能等装置时，必须通过设计来避免与这些能量形式有关的各种潜在危险。

（1）借助限压装置控制管路中最大压力不超过允许值，不因压力损失、压力降低或真空度降低而导致危险。

（2）所有元件（尤其是管子和软管）及其连接应密封，要针对各种有害的外部影响加以防护，不因泄漏或元件失效而导致流体喷射。

（3）当机器与其动力源断开时，储存器、蓄能器及类似容器应尽可能自动卸压。若难以实现，则应提供隔离措施或局部卸压及压力指示措施，以防剩余压力造成危险。

（4）机器与其能源断开后，所有可能保持压力的元件都应提供可明显识别排空的装置和含有注意事项的警告牌，提示对机器进行任何调整或维修前必须对这些元件卸压。

2.3.2.7 预防电的危险

电的安全是机械安全的重要组成部分。机器中的电气部分应符合有关电气安全标准的要求。预防电的危险尤其应注意防止电击、短路、过载和静电。

2.3.3 减少操作者涉入危险区的措施

2.3.3.1 提高设备的可靠性

可靠性是指机器或其零部件在规定的使用条件下和规定的期限内执行规定的功能而不出现故障的能力。

规定的使用条件是指机械设计时考虑的空间限制，包括环境条件（如温度、压力、湿度、振动、大气腐蚀等）、负荷条件（载荷、电压、电流等）、工作方式（连续工作或断续工作）、运输条件、存储条件及使用维护条件等。

规定的期限是指机械设备在设计时所规定产品的时间性指标，如使用期、有效期、行驶里程、作用次数等。

规定的功能是指机械设备的性能指标，是该机械全部功能的总和，而不是其中一个元件或一部分功能。

可靠性应作为安全功能完备性的基础，提高设备可靠性的原则适用于机器的零部件及机械各组成部分。提高机器的可靠性可以降低危险故障率，减少需要查找故障和检修的次数，不因为失效使机器产生危险的误动作，从而减少操作者面临危险的概率。

2.3.3.2 采用机械化和自动化技术

在生产过程中，常用机械设备来补充、扩大、减轻或代替人的劳动，该过程称为机械化过程。自动化则更进一步，即机械具有自动处理数据的功能。机械化和自动化技术可以使人的操作岗位远离危险或有害现场，从而减少工伤事故，防止职业病，但也对操作人员提出了较全面的素质要求。

(1) 操作自动化。对比较危险的岗位或被迫以机器特定的节奏连续参与的生产过程，可使用机器人或机械手代替人的操作，以使工作条件不断改善。

视频 2.2 减少涉入危险区——机械手

(2) 装卸搬运机械化。装卸的机械化可通过设置工件的送进滑道、手动分度工作台等实现；搬运的自动化可通过采用工业机器人、机械手、自动送料装置等实现。这样可以限制由搬运操作产生的风险，减少重物坠落、磕碰、撞击等接触伤害。减少涉入危险区的机械手可参考视频 2.2 所示。装卸时应注意防止因装置与机器零件或被加工物料之间阻挡而产生的危险，以及检修故障时产生的危险。

2.3.3.3 调整及维修的安全

在设计机器时，应尽量考虑将一些易损且需经常更换的零部件设计得便于拆装和更换；提供安全接近或站立措施(梯子、平台、通道)；锁定切断的动力；将机器的调整、润滑、一般维修等操作点配置在危险区外，以减少操作者进入危险区的需要，降低操作者面临危险的概率。

2.4 机械安全装置

2.4.1 安全装置的类别和要求

安全装置是通过采用安全防护、安全控制或其他手段，对一些机械危险进行预防的安全技术措施。其目的是防止机器在运行时产生各种对人员的接触伤害。安全预防的重点是机械的传动部分、操作区、高处作业区、机械的其他运动部分、移动机械的移动区域，以及某些机器由于具有特殊危险形式而需要采取的特殊防护措施等。采用何种预防手段,应根据对具体机器进行风险评价的结果来决定。

2.4.1.1 安全装置的类别

安全装置通常分为安全防护装置和安全控制装置。

安全防护装置是通过设置物体障碍方式将人与危险隔离的专门用于安全防护的装置。图 2.6(彩图 2.4)所示为机械设备中常见的安全防护装置,用黄色以示警示。

安全控制装置是用于消除或减小机械伤害风险的单一装置或与防护装置联用的保护装置。

图 2.6 机械安全防护装置

彩图 2.4 机械安全防护装置

2.4.1.2 安全装置的一般要求

安全功能是安全装置的基本功能。也就是说,安全装置出现故障会立即增加损伤或危害健康的风险。安全装置在人和危险之间构成安全保护屏障,在减轻操作者精神压力的同时,也使操作者形成心理依赖。安全装置达不到相应的安全技术要求就不可能安全,即使配备了这样的安全装置也是形同虚设,甚至可能比不设置安全装置更危险。为此,安全装置必须满足与其保护功能相适应的安全技术要求。

安全装置的基本安全要求为:

(1) 结构形式和布局设计合理,具有切实的保护功能,以确保人体不受到伤害。

(2) 结构坚固耐用,不易损坏,且安装可靠,不易拆卸。

(3) 装置表面应光滑、无锋利棱角,不增加任何附加危险,不应成为新的危险源。

(4) 装置不容易被绕过或避开,不应出现漏保护区。

(5) 满足安全距离的要求,使人体各部位(特别是手或脚)无法接触危险。

(6) 不影响正常操作,不得与机械的任何可动零部件接触,对人的视线障碍最小。

(7) 便于检查和修理。

需要说明的是，采取的安全措施必须不影响机器的预定使用功能且使用方便。否则，就可能出现为了追求达到机器的最大效用而避开安全措施的行为。

2.4.1.3 采用安全装置可能带来的附加危险

在设计安全装置时，应注意以下因素带来的附加危险并采取措施予以避免。

(1) 安全装置的自身结构(如尖角、锐边、凸出部分、材料等)的危险。

(2) 由动力驱动的安全装置的运动零部件产生的危险。

(3) 安全装置与机器运动部分的安全距离不符合要求导致的危险。

在设计安全装置时必须保证装置的可靠性，其功能除能防止机械危险外，还能防止由机械产生的其他各种非机械危险。安全装置应与机器的工作环境相适应且不易损坏，并对机器使用期间的各种操作模式(如设定、示教、查找故障、维修、清理等)产生的干扰最小。

2.4.1.4 安全装置的设置原则

安全装置的设置原则主要是：

(1) 以操作人员所站立的平面为基准，高度在 2 m 以内的各种运动零部件应设置防护。

(2) 以操作人员所站立的平面为基准，高度在 2 m 以上，存在物料传输装置、皮带传动装置及在施工机械施工处的下方时，应设置防护。

(3) 在坠落高度基准面 2 m 以上的作业位置应设置防护。

(4) 为避免挤压伤害，直线运动部件之间或直线运动部件与静止部件之间的间距应符合安全距离的要求。

(5) 运动部件有行程距离要求的，应设置可靠的限位装置，防止因超行程运动而造成伤害。

(6) 对可能因超负荷发生部件损坏而造成伤害的，应设置负荷限制装置。

(7) 有惯性冲撞运动部件的必须采取可靠的缓冲装置，防止因惯性而造成伤害事故。

(8) 运动中可能松脱的零部件必须采取有效措施加以紧固，防止由于启动、制动、冲击、振动而引起松动。

(9) 每台机械都应设置紧急停机装置，使已有的或即将发生的危险得以避开。紧急停机装置的标志必须清晰、易识别并可迅速接近，使危险过程立即停止且不产生附加风险。

2.4.2 安全防护装置

通常采用壳、罩、屏、门、盖、栅栏、封闭式装置等作为物体障碍，将人与危险隔离。例如，用金属铸造或金属板焊接的防护箱罩一般用于齿轮传动或传输距离不大的传动装置的防护；金属骨架和金属网制成的防护网常用于皮带传动装置的防护；栅栏式防护适用于防护范围比较大的场合或作为移动机械临时作业的现场防护。

2.4.2.1 安全防护装置的功能

安全防护装置的功能主要是：

(1) 防止人体任何部位因进入机械的危险区而触及各种运动零部件。

(2) 防止飞出物的打击、高压液体的意外喷射，或防止人体灼烫、腐蚀伤害等。

(3) 容纳、接收可能由机械抛出、掉下、发射的零件及其破坏后的碎片等。

在有特殊要求的场合，防护装置还应对电、高温、火、爆炸物、振动、放射物、粉尘、烟雾、噪声等具有特别阻挡、隔绝、密封、吸收或屏蔽作用。

2.4.2.2 安全防护装置的类型

安全防护装置可分为单独使用的防护装置(只有当防护装置处于关闭状态才能起防护作用)和与联锁装置联合使用的防护装置(无论防护装置处于何种状态都能起防护作用)。按使用方式，安全防护装置又可分为固定式和活动式两种。

1) 固定式安全防护装置

固定式安全防护装置是保持在所需位置关闭或固定不动的防护装置，不用工具不能将其打开或拆除。常见的固定式安全防护装置有封闭式、固定间距式和固定距离式安全防护装置。

封闭式安全防护装置可将危险区全部封闭，人员从任何地方都无法进入危险区。固定间距式和固定距离式安全防护装置不完全封闭危险区，而是凭借其物理尺寸和离危险区的安全距离来防止或减少人员进入危险区的机会。

2) 活动式安全防护装置

活动式安全防护装置是通过机械方法(如铁链、滑道等)与机器的构架或邻近的固定元件相连接，不用工具就可以打开的安全防护装置。常见的活动式安全防护装置有可调式和联锁式安全防护装置。

可调式安全防护装置的整个装置可调或装置的某组成部分可调，在特定操作期间调整件保持固定不动。联锁式安全防护装置的开闭状态直接与防护的危险状态联锁。只要防护装置不关闭，被其“抑制”的危险机器功能就不能执行；只有当防护装置关闭时，被其“抑制”的危险机器功能才有可能执行。在危险机器功能执行过程中，只要防护装置被打开，就给出停机指令。

2.4.2.3 安全防护装置的安全技术要求

安全防护装置的安全技术要求主要是：

(1) 固定式安全防护装置应采用永久固定方式(焊接等)或借助紧固件(螺钉、螺栓、螺母等)固定方式将其固定在所需的地方，若不用工具就不能使其移动或打开。

(2) 进出料的开口部分应尽可能小，并应满足安全距离的要求，使人不可能从开口处接触危险。

(3) 活动式安全防护装置或防护装置的活动体打开时，尽可能与防护的机械借助铰链或导链保持连接，防止挪开的防护装置或活动体丢失或难以复原。

(4) 活动式安全防护装置出现丧失安全功能的故障时，被其“抑制”的危险机器功能不可能执行或停止执行；联锁装置失效不得导致意外启动。

(5) 防护装置应是进入危险区的唯一通道。

(6) 防护装置应能有效防止飞出物的危险。

2.4.3 安全控制装置

安全控制装置通过自身的结构功能限制或防止机器的某种危险，或限制运动速度、压力等危险因素。

2.4.3.1 安全控制装置的技术特征

安全控制装置的技术特征主要是：

(1) 安全控制装置零部件的可靠性应作为其安全功能的基础，在一定使用期限内不会因零部件失效而使安全控制装置丧失主要安全功能。

(2) 安全控制装置应能在危险事件即将发生时停止危险过程。

(3) 安全控制装置应具有重新启动的功能，即当安全控制装置动作，第一次停机后，只有再次启动，机器才能开始工作。

(4) 光电式、感应式安全控制装置应具有自检功能，当安全控制装置出现故障时，应使危险的机器功能不能执行或停止执行，并触发报警器。

(5) 安全控制装置必须与控制系统一起操作并与其形成一个整体。安全控制装置的性能水平应与之相适应。

(6) 安全控制装置的部件或系统的设计应采用“定向失效模式”，考虑关键件的加倍或冗余，必要时还应采用自动监控措施。

2.4.3.2 安全控制装置的种类

常见的安全控制装置有联锁装置、双手操纵装置、自动停机装置、限制装置和排除装置等。

(1) 联锁装置。这是防止机器零部件在特定条件下(一般只要防护装置不关闭)运转的装置。它可以是机械的、电动的、液压的或气动的。

(2) 双手操纵装置。这是两个手动操纵器同时动作的止-动操纵装置。只有两手同时作用于操纵器，才能启动并保持机器或机器的一部分运转。

(3) 自动停机装置。这是当人或人体的某部分超越安全限度时，就使机器或其零部件停止运转(或保证其他安全状态)的装置。自动停机装置可以是机械驱动的(如触发线、可伸缩探头、压敏装置等),也可以是非机械驱动的(如光电装置、电容装置、超声装置等)。

(4) 限制装置。这是防止机器或机器要素超过设计限度(如空间限度、速度限度、压力限度、行程限度等)的装置。在该控制装置有下一个分离动作前,机器零部件不能进一步运动。

(5) 排除装置。这是通过机械方式,在机器的危险行程期间将处于危险中的人体部分从危险区排除的装置。

2.4.4 安全装置的选择

选择安全装置应考虑所涉及的机械危险和其他非机械危险,根据运动件的性质和人员进入危险区的需要决定。对特定机器的安全防护,应根据对该机器的风险评价结果进行选择。

(1) 机械正常运行期间操作者不需要进入危险区的场合。对操作者不需要进入危险区的场合,应优先考虑选用固定式安全防护装置,包括进料、取料装置,辅助工作台,适当高度的栅栏及通道防护装置等。

(2) 机械正常运行期间操作者需要进入危险区的场合。当操作者需要进入危险区的次数较多、经常开启固定式安全防护装置会带来不便时,可考虑采用联锁装置、双手操纵装置、自动停机装置、可调防护装置、自动关闭防护装置、可控防护装置等。

(3) 非运行状态等其他作业期间操作者需进入危险区的场合。对机器的设定、示教、过程转换、查找故障、清理或维修等作业,防护装置必须移开或拆除,或安全控制装置功能受到抑制,为此可采用手动控制模式等。

在有些情况下,可能需要联合使用多种安全装置。

2.5 机械安全信息

2.5.1 使用信息

使用信息由文字、标记、信号、符号或图表组成,以单独或联合使用的形式向使用者传递信息,用以指导使用者(专业或非专业)安全、合理、正确地使用机器。使用信息是机器的组成部分之一。

2.5.1.1 使用信息的一般要求

使用信息的一般要求主要是:

(1) 明确机器的预定用途。使用信息应具备保证安全和正确使用机器所需的各项说明。

(2) 规定和说明机器的合理使用方法。使用信息中应要求使用者按规定方法合理地使用机器,说明安全使用的程序和操作模式。对不按要求而采用其他方式操作机器的潜在风险，应提出适当的警告。

（3）通知和警告遗留风险。遗留风险是指通过设计和采用安全防护技术都无效或不完全有效的风险。应通过使用信息来通知和警告使用者，以便在使用阶段采用补救安全措施。

（4）使用信息应贯穿机械使用的全过程。该过程包括运输、交付试验运转（装配、安装和调整）、使用（设定、示教或过程转换、运转、清理、查找故障和机器维修）。如果需要，还应包括解除指令、拆卸和报废处理在内的所有过程。这些过程都应提供必要的信息。这些使用信息在各阶段可以分开使用，也可以联合使用。

（5）使用信息不可用于弥补设计缺陷，不能代替应由设计来解决的安全问题。使用信息只起提醒和警告的作用，不能在实质意义上避免风险。

2.5.1.2　使用信息的类别

使用信息的类别包括：

（1）信号和警告装置。

（2）标志、符号、安全色和文字警告。

（3）随机文件。

2.5.1.3　信息的使用依据

信息的使用依据主要包括：

（1）风险的大小和危险的性质。根据风险大小，可依次采用安全色、安全标志、警告信号和警报器。

（2）需要信息的时间。提示操作要求的信息应采用简洁形式并长期固定在所需的机器部位附近；显示状态的信息应与机器运行同步出现；警告超载的信息应在接近额定值时提前发出；危险紧急状态的信息应及时，持续的时间应与危险存在的时间一致，信号的消失应随危险状态而定。

（3）机器结构和操作的复杂程度。对简单机器，一般只需提供有关标志和使用操作说明书；对结构复杂的机器，特别是一些有危险性的大型设备，除各种安全标志和使用说明书（或操作手册）外，还应配备有关负载安全的图表、运行状态信号，必要时应提供报警装置等。

（4）视觉颜色与信息内容。红色表示禁止和停止，以及危险警报和要求立即处理的情况，其中红色闪光警告操作者状况紧急，应迅速采取行动；黄色表示注意和警告；绿色表示正常工作状态；蓝色表示需要执行的指令或必须遵守的规定。

2.5.1.4　使用信息的位置和形式

使用信息的位置和形式主要是：

（1）在机身上，可配置各种标志、信号、文字警告等。

（2）随机文件，如可配置操作手册、说明书等。

（3）其他方式，可根据需要以适当的信息形式配置。

对重要信息(如应给出的各种警告信息),应采用标准化用语。

2.5.2 标 志

标志也称标识、标记,是用于说明机械或零部件的性能、规格和型号、技术参数或表达安全信息的标牌。

2.5.2.1 性能参数标志

性能参数标志主要包括:

(1) 机器标志(标牌)。该标志必须具有制造厂的名称与地址、所属系列、系列编号(如有)或制造日期等内容。

(2) 对机器安全使用的参数或认证标志。这部分包括旋转件的限制最高转速、加工工件或工具的最大尺寸、可移动部分的质量(重量)、防护装置的调整数据(对可调防护装置)、检验频次等。认证标志是证明某机械符合有关标准要求,并得到认证机构确认的符号标记,如“CE”符号标记。CE 标志是一种安全认证标志,被视为制造商打开并进入欧洲市场的“护照”。凡是贴有“CE”标志的产品都可在欧盟各成员国销售,无须符合每个成员国的要求,从而实现商品在欧盟成员国范围内的自由流通。

(3) 零件性能参数标记。对机械中对安全有重要影响的、易损坏的零件(如钢丝、砂轮等),必须有性能参数标记。

2.5.2.2 安全标志

安全标志由安全色、几何图形和图形符号构成,有时附以简短的文字警告说明,以表达特定安全信息为目的,并有规定的使用范围、颜色和形式。

安全标志的用途很广,如用于安全标志牌、交通标志牌、防护栏杆、机器上不准乱动的部位、紧急停止按钮、裸露齿轮的侧面、机械安全罩的内面、安全帽、起重机的吊钩滑轮架和支腿、行车道中线、坑池周围的警戒线、有碰撞可能的柱子或电线杆、梯子或楼梯的第一和最后的阶梯,以及信号旗等。

1) 安全标志的分类与功能

安全标志分为禁止标志、警告标志、指令标志和提示标志四类。

(1) 禁止标志表示不准或制止人们的某种行动,如图 2.7(彩图 2.5)所示。

(2) 警告标志用于警告人们注意可能发生的危险,如图 2.8(彩图 2.6)所示。

(3) 指令标志表示必须采取某种防范措施或做出某种行动,用于强制或限制人们的行为,如图 2.9(彩图 2.7)所示。

(4) 提示标志用于示意目标地点或方向,如图 2.10(彩图 2.8)所示。

彩图 2.5 禁止标志示例

图 2.7 禁止标志示例

彩图 2.6 警告标志示例

图 2.8 警告标志示例

图 2.9 指令标志示例

彩图 2.7 指令标志示例

图 2.10 提示标志示例

彩图 2.8 提示标志示例

2) 安全标志应遵守的原则

安全标志应遵守的原则包括：

(1) 醒目清晰。安全标志应一目了然，易从复杂背景中识别，符号的细节、线条之间易区分。

(2) 简单易辨。安全标志应由尽可能少的关键要素构成，符号与符号之间易分辨，不致引起混淆。

(3) 易懂易记。安全标志应容易被人理解(即使是外国人或不识字的人)，牢记不忘。

2.5.2.3 标志应满足的要求

标志应满足的要求主要是：

（1）含义明确无误。标志、符号和文字警告应明确无误，不使人费解或误会；容易理解的各种形象化的图形符号应优先于文字警告使用，文字警告应采用使用该机器的国家的语言；确定图形符号时应做理解性测试，标志必须符合公认的标准。

（2）内容具体且有针对性。符号或文字警告应表示危险类别，具体且有针对性，不能笼统地写为“危险”两字。例如，禁火、防爆的文字警告，或简要说明防止危险的措施（如指示佩戴个人防护用品），或具体说明“严禁烟火”“小心碰撞”等。

（3）标志的设置位置应合适。机械设备易发生危险的部位必须有安全标志。标志牌应设置在醒目且与安全有关的地方，使人们看到后有足够的时间注意其所表示的内容。标志牌不宜设在门、窗、架或可移动的物体上。

（4）标志应清晰持久。直接印在机器上的信息标志应牢固，在机器的整个寿命期内都应保持颜色鲜明、清晰、持久。每年至少应对标志检查一次，发现变形、破损或图形符号脱落及变色等影响效果的情况时应及时修整或更换。

2.6 机械安全标准

安全标准是保护劳动者的安全和健康的技术依据。世界上所有工业发达国家都非常重视产品的安全卫生问题，涉及安全卫生、环境保护的标准要求强制执行。一些国家还以法律的形式规定了产品设计的安全卫生要求。世界各国，尤其是发达国家，都形成了较严格且完备的法规，十分重视机械产品标准化工作，且有关设备设计方面的安全卫生标准已系列化。随着国际贸易的发展和以经济为背景的国际市场竞争的日益激烈，为避免国家之间和国家与地区之间的立法差别，尽快消除国际范围内可能产生的机械产品贸易问题，各国都在考虑建立可以普遍接受的法规、标准体系。

为保障劳动者的生命安全和健康，满足生产设备安全生产的需要，提高我国工业产品在国际市场上的竞争能力，顺应国际上安全卫生标准化工作的发展形势，本着“基础标准，安全、卫生、环保标准优先采用国际标准”的原则，根据“国际标准中有关人身安全、卫生和环境保护等标准，要采取措施尽可能予以等效采用”的精神，全国机械安全标准化技术委员会初步制定了我国机械安全标准体系表，并采用国际标准的划分方法，分为 A，B 和 C 三类。A 类为安全基础标准，B 类为安全通用标准，C 类为专业机械安全标准。机械安全各类标准的组成及相互关系的体系结构如图 2.11 所示。

保证人的安全与健康是我国的一贯政策。我国标准化法明确规定：人身、财产安全的标准为强制性标准。我国有关部门组织制定了一系列机械安全标准。

在欧盟为实施“机械指令”发布的 470 余项协调标准中，A 类和 B 类标准有 90 项，其余全部为 C 类标准，约占标准总数的 80%。而在我国的 180 多项机械安全国家标准中，约 50%为 A 类和 B 类标准，它们虽都基本采用了相应的国际标准和欧洲标准，但 C 类专业机械安全标准的数量远远不能满足要求。这些标准不仅涉及的产品面较窄，标准的技术水平较低，而且一些与生产和检验密切相关的专业机械安全技术还没有制定相应的机械安全标准。

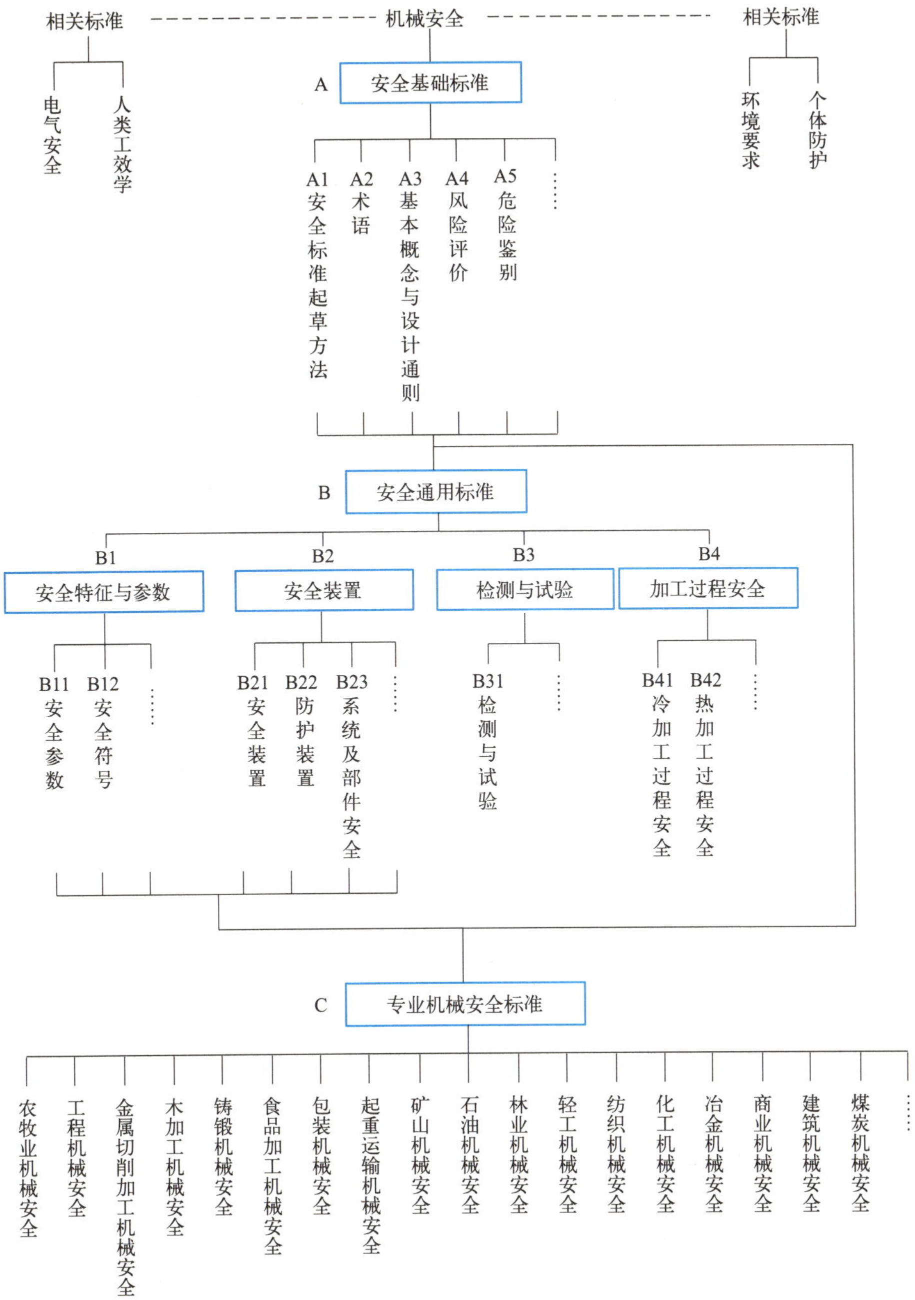

图 2.11 机械安全标准体系

机械安全标准化要在产品设计初期就界定危险的种类，明确危险分析的步骤和风险评价的方法，认真研究机械安全基础标准与专业机械安全标准的关系。要选择压力机、起重机等事故多发机械设备为重点，加快制定专业机械安全标准；要研制安全特征与参数、安全装置、安全功能、检测与试验、生产过程安全、与机械安全相关的人类工效学要求、机械电气安全和卫生学要求等领域的机械安全标准，为专业机械设备的安全标准提供技术支撑。

2.7 机械安全的风险评价

2.7.1 风险评价的程序

2.7.1.1 风险评价的基本概念

任何利用机械进行的生产或服务活动都伴随危险，都存在可能酿成事故的风险。进行风险评价的目的是根据现实的各种约束，提出合理可行的消除危险或减小风险的安全措施，帮助工程技术人员设计、制造安全的机器产品，在机器的使用阶段最大限度地保护操作者，使机械系统达到可接受的最高安全水平。风险评价对减少事故的发生，特别是防止重大恶性事故的发生，具有非常重要的意义。

这里所说的现实的各种约束是指由现有科技及工艺水平决定的，与机器有关的实际结构、材料和与使用有关的各种客观约束（如自动化程度、安全装置的结构等），与机器使用者有关的人的生理、心理和安全素质等条件限制的各种主观约束，以及从经济角度考虑的成本约束等。所说的最高安全水平是指在考虑现有客观和主观约束前提下，安全目标能够实现的水平。

新设计的及准备再次投产的机械设备，必须进行安全评价（即风险评价），确认潜在的或已发现的危险性，以便采取有效的安全措施。

国家标准《生产设备安全卫生设计总则》（GB 5083—2023）（2023 年 12 月 28 日发布，2025 年 1 月 1 日实施）规定，生产设备的设计应科学制定设计方案，并对方案进行安全卫生风险评估（风险评估方法包括基于风险评估的设备故障模式与失效分析、故障树分析和安全检查表分析等）或论证，对产生的危险有害因素应采取相应的安全卫生防护措施。

1）风　险

风险是指在危险状态下，可能损伤或危害健康的概率和程度的综合。

2）风险评价

风险评价是指为选择适当的安全措施，对在危险状态下可能损伤或危害健康的概率和程度进行全面评价的过程。

3）机械风险评价

机械风险评价是指以机械或机械系统为研究对象，用系统方式分析机器使用阶段可能产生的各种危险、一切可能的危险状态，以及在危险状态下可能发生损伤或危害健康的危险事件，并对危险事件的概率和程度进行全面评价的一系列逻辑步骤和迭代过程。

4）风险要素

与机械的特定状态或技术过程有关的风险由以下两个要素组合得出：

（1）发生损伤或危害健康的概率。这种概率与人员暴露在危险中的频次和面临危险的持续时间有关，也与危险事件出现的概率有关。

（2）损伤或危害健康的可预见的最严重程度。这种严重程度有一定的随机性，与多种因素的综合影响和作用有关。这些因素如何影响和怎样作用具有很大的偶然性，难以预见。

在进行风险评价时，应考虑源自每种可鉴别危险的损伤或对健康的危害的最严重程度，即使这种损伤或对健康的危害的出现概率不高，也必须考虑。

2.7.1.2 风险评价的程序

风险评价的程序是根据机械使用的工艺过程、使用和产出的物质、操作条件等信息，将与机械设计及使用、伤害事故有关的知识和经验汇集到一起，对机器寿命周期内的各种风险进行评价的过程。

安全风险评价流程可用图 2.12 所示的流程图加以说明。

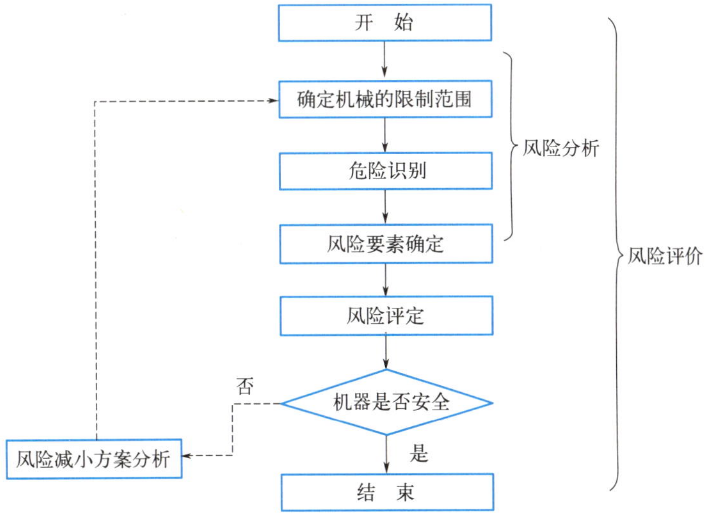

图 2.12 安全风险评价流程图

2.7.1.3 风险评价的两个阶段

整个风险评价过程可分为风险分析和风险评定两个阶段。

风险分析包括确定机械的限制范围、危险识别和风险要素确定（判断）三个步骤。风险分析提供风险评定所需要的信息。

风险评定是根据风险分析提供的信息，通过风险比较，对机械安全做出判断，确定机器是否需要减小风险或是否达到了安全目标。

风险评价是一个迭代过程。经过评价，如果确认机器未达到预期的安全目标，存在需要减小的风险，则应提出安全对策建议，即通过选择相应的安全措施对机器设计方案进行改进。当采用新的安全措施后，还要针对改进后的机器再次进行风险分析，识别是否产生了新的附加危险。如果的确出现了附加危险，则应将这些危险列入危险识别程序清单……通过不断反复进行迭代过程，使机器最终达到安全标准要求的目标。

2.7.1.4 风险评价报告的编制

风险评价的结果应形成文件报告(文字材料、图表与数据)。报告内容除合同书、参加单位人员的资质文件外，还应包括以下内容：

(1) 评价依据，如法规、标准等文献。

(2) 评价机械的预期使用、技术标准规范和限制范围、操作程序和对人员的要求等。

(3) 识别预期使用中的危险、危险状态和危险事件的种类、出现危险的原因及存在部位。

(4) 搜集的有关信息，如事故、职业病历史、测试及统计数据、对类似机械进行风险评价获得的经验和教训等。

(5) 通过安全措施要达到的目标。

(6) 为消除危险或减小风险所实施的安全措施建议。

2.7.1.5 风险评价的方法和工具

风险评价是一项系统工程，参加评价的单位必须具有相应主管部门批准的资格，参加评价的人员必须具备相应资质，并经过确立项目、信息搜集、最终评价报告等一系列过程。风险评价的质量直接关系机械产品的安全性，关系机器使用者的劳动条件和生命安全。下面简要介绍风险评价的工作方法和机械风险评价的常用工具。

1) 风险评价的工作方法

风险评价的工作方法主要包括：

(1) 跨职能小组。跨职能小组包括领导、安全工程管理和技术、机械的产品设计和工艺设计、制造、维修、原材料采购、市场营销、财务，甚至机械产品的用户等各类人员，尤其是安全工程人员和用户的尽早参与具有重要意义。多方面人员组成风险评价跨职能小组，可以从不同角度对产品安全提出有益的建议，达到人力、信息、工具和方法，甚至知识和经验的高度集成，资源共享，避免走弯路。

(2) 并行工程。跨职能小组内有分工，各分工小组之间的工作程序可以并行展开，使评价工作的一部分迭代过程可以重叠或同时进行。需要注意的是，并行工程不能省去评价程序工作中的任何环节，各分工小组的工作内容允许有交叉，但各自的职责要求必须明确，不得含糊，以免出现漏评价，特别要防止重大疏漏。

(3) 明确进度。为保证风险评价的质量，防止评价工作的随意性，评价工作一定要有明确的计划和进度目标要求(建立工作流程图)，坚持阶段检查、评审和意见反馈，以便及时发现问题、协调关系、交流经验、避免失误，以利于整个评价工作按时、按质完成。

2) 机械风险评价的常用工具

机械风险评价的常用工具主要有：

(1) 安全检查表(safety check list，SCL)。安全检查表是以机械设备和作业情况为分析对象，经过熟悉机械设备和作业情况并富有安全技术及管理经验的人员的详尽分析和充分讨论而编制的表格(清单)。安全检查表列出了检查部位、检查项目、检查要求、各项赋分标准、安全等级分值标准等内容。对系统进行评价时，对照安全检查表逐项检查、赋分，从而评价出机械系统的安全等级。

(2) 事故树分析(fault tree analysis，FTA)。事故的树形演绎分析法是从一个特定的事故开始，层层分析其发生原因，将特定的事故与所有的各层原因(危险因素)之间用逻辑门符号连接成树状图形，再通过对事故树的简化、计算达到分析、评价的目的。

(3) 作业条件(岗位)危险性评价法(格雷厄姆-金尼法)。该方法将影响作业条件危险性的因素分为事故发生的可能性(L)、人员暴露于危险的频繁程度(E)和事故发生可能造成的后果(C)三个因素，由专家组成员按规定标准给这三个因素分别打分并取平均值，将三个因素平均值的乘积(LEC)作为危险性分值(D)，以此评价作业条件(岗位)的危险性等级。D 值越大，作业条件的危险性就越大。这是一种半定量的评价方法。

(4) 劳动卫生分级评价。目前采用的劳动卫生分级评价方法有职业性接触毒物危害程度分级、有毒作业分级、生产性粉尘作业危害程度分级、噪声作业分级、高温作业分级、低温作业分级、冷水作业分级、体力劳动强度分级及体力搬运重量限值等方法。

目前开发的风险评价方法和工具很多，在此不一一列举。各种评价方法和工具的原理、适用对象各有特点，可根据实际需要合理选用。

2.7.2 风险评价的信息

为使风险评价尽可能准确地反映机械安全的实际情况，必须掌握能说明问题的可靠数据和资料。最大限度地搜集、分析、研究这些数据和资料，是提高评价精确度的基础。

风险评价的信息主要包括以下内容：

(1) 有关的法规、标准和规程。

(2) 机器的各种限制范围。

(3) 产品图样和说明机器特性的其他有关资料。

(4) 所有可能与操作者有关的操作模式和机器使用等的详细说明。

(5) 有关的材料，包括机械组成材料、加工材料、燃料等的详细说明。

(6) 机器的运输、安装、试验、生产、拆卸和处置的说明。

(7) 机器可能的故障数据、易损零部件。

(8) 定量评价数据，包括零部件、系统和人介入的可靠性数据。

(9) 关于机器预定运行环境的信息(如温度、污染情况、电磁场等)。

2.7.2.1 确定机械的限制范围

确定机械的限制范围是指根据供应商提供的信息,以及机械的设计结构(如设计图纸、计算分析报告等)与功能,对机器的合理使用要求等,从人和机两方面界定范围。这样才能使风险评价有针对性,从而保证信息的可靠性。

1) 机械的限制

作为评价对象的机械,是在有限范围内为一定的应用目的服务的,这就是机械的限制。机械的限制不同,存在的危险和涉及的人员不尽相同,相应风险也不同。只有在确定机械限制范围内的风险评价,才能提高评价的准确性。

机械的限制包括以下内容:

(1) 预定的使用限制。这是指机械是用于完成某种作业或提供某种服务的,涉及作用对象的形态、物理化学特性、几何尺寸,使用的物料或燃料的数量和性质,以及机械的工作原理、使用方法和操作程序等。

(2) 使用范围。这是指机械的使用领域是生产性还是非生产性,是公共场所使用还是家用、娱乐健身,是供成人使用还是供儿童使用等全部使用范围。同样或类似的机械,使用的场合不同,服务的对象不同,所遵从的标准不同,由此引起的一系列安全要求也不同。

(3) 空间限制。这是指机械的应用场所、占用空间、整机或机器的组成部分的运动范围、人员操作机器的位置、“操作者—机器”和“机器—动力源”间的关系等。由此可以限定危险区,从而判定操作者和有关人员接近或介入危险区的可能。

(4) 时间限制。这是指根据机器的预定使用功能,确定机器或机器的某些组成部分(如工具、零部件、电气装置等)可预见的“寿命极限”。

2) 人员(广义)的情况

人员的情况是指所有暴露于危险中的人员,包括操作者和可预见的与机器有关的其他人员的情况。这里所说的操作者,不仅指操作机器的人,还包括对机器进行搬运、安装调试、保养清理、修理拆卸等与机器有关的所有人员。

人员情况包括以下两方面:

(1) 体能限制。这是指机械对人员的体能限制要求,如性别、年龄、体力、人体测量参数、视力和听觉、用手习惯等。

(2) 文化专业。这是指对人员的专业技能限制,包括文化程度、从事专业工作的经验和能力(如技术工、熟练工、无要求)等。

2.7.2.2 危险识别

危险识别是风险评价的关键信息环节。无论机械规模大小和结构差异,针对机器和人员的不同状态，都可能存在这样或那样不同程度的危险。有危险就有风险。风险与危险的关系是：危险产生风险；风险寓于危险之中。正确识别全部危险，需要运用科学方法进行多角度、多层次的分析。危险识别是否全面、准确、真实，任何一种危险，尤其是对安全有重大影响的危险在识别阶段是否被忽略，都将直接影响风险评价和安全决策的质量，甚至影响整个安全管理工作的最终结果。应识别所有可能产生的危险种类、产生原因、危险所在的机器部位、危险状态和可能发生的危险事件。

1）机器的各种状态

既要考虑机器执行预定功能正常运行的工作状态，也要预测非工作状态可能出现的危险，更要重视由某些可能原因（如零件失效、运动失控或故障）引起的意外的非正常状态。另外，对检修、保养或调整等辅助作业的危险应予以充分重视。

2）考虑机械使用“寿命”各阶段

机械使用“寿命”各阶段包括安装、调整、设定、示教、编程或过程转换，运转和清理，查找故障和维修，以及从安全的角度停止使用、拆卸及处理等。应考虑各阶段可能产生的危险及危险状态。

3）预测可预见的误用

在进行危险识别时必须考虑人的不安全行为，如误用（非有意滥用机器或非故意破坏）导致的危险。可预见的误用一般发生在机器使用阶段，有以下多种表现形式：

（1）在机器失灵、故障等情况下人的无意识的本能反射行为可能引发的错误。

（2）在操作时图省事、走捷径，采用错误的方法，或疏忽（不小心）导致的差错。

（3）由于动作不准确造成的控制过度、不到位置或偏离。

（4）其他外来干扰等非操作者的行为对操作者产生影响而引发的错误。

特别要注意非专业人员使用机器的情况，尤其是某些人（如不识字或无劳动能力的人）的可预见误用行为。对一般人来说不危险的情况，当涉及儿童、老人安全时，也必须加以特殊考虑。

2.7.2.3 有关事故的历史信息

依据已掌握的机械实际统计资料，特别是近5年事故隐患的检查和测量数据，工伤事故停工和经济损失统计，重伤、死亡事故的分析报告等劳动卫生统计和测试数据资料，采用科学的类比方法估计、推算可以得到基本符合实际的所需资料，以供分析研究之用。对相同或类似机械、不同类型机械，还可以通过查阅文献、实地调查或测试，获得具有可比性的各类机械及作业的相关信息。

（1）相同或类似机械的资料。相同或类似机械的事故或职业病历史资料、在机械使用时期的有关危险和事故的数据资料，对风险评价有直接的借鉴意义。

（2）不同类型机械的资料。当相同或类似机械的有关资料不充分时，可借鉴不同类型机械的类似危险状态的事故资料，以进行比较。

值得注意的是，我国相当多的企业不重视劳动安全卫生方面的数据统计和资料积累，给风险评价工作造成资料缺口，使评价工作的质量受到影响。这是今后安全管理工作需要引起注意并需要大力加强的方面。

2.7.3 风险要素的分析确定

2.7.3.1 伤害出现的概率

危险是产生伤害的起源，但有危险并不一定都产生伤害。风险是产生伤害的可能性(概率)和危险造成伤害的严重程度两个要素的组合。风险分析也就是对这两个要素的分析确定。风险与风险要素之间的关系可用公式表示为：

风险＝危险造成伤害的严重程度×伤害出现的概率

危险识别后，对每一种危险都应分析确定其风险要素，然后进行风险评估。

伤害是指对人的身体造成损伤或危害健康。危险事件是指可能引起伤害的事件。分析伤害出现的概率时，要从人员暴露的频次和持续时间、危险事件出现的概率两方面进行。

1) 人员暴露的频次和持续时间

人员暴露的频次和持续时间分析的内容主要是：

(1) 需要考虑机械“寿命”期间各阶段，如生产操作、维护或修理、安装或拆卸等各种操作模式下人员处于危险区或接近危险的作业需要。

(2) 分析接近危险的性质，如正常操作、手动送料、搬运重物、高处作业、加工物料有毒性或环境粉尘等。

(3) 分析每次介入危险区的时间和人数、进入危险区的频次等。

2) 危险事件出现的概率及影响因素

危险事件出现的概率一般根据统计数据、伤害事故和损害健康的档案资料，以及相似机械的风险比较确定。同时，还需要考虑一些对避免或限制伤害的可能性有影响的因素。这些因素既有机械技术方面的，也有人员方面的。

(1) 机械技术方面的影响因素。机械是否设置危险警告，如果有，其显示方式是采用一般信息直接观察还是通过声、光等指示装置；危险事件出现的速度，是突然发生、快速作用还是有先兆的慢过程(如钢丝绳的断裂先从断丝开始)；人员避免危险的可能性和条件(如是否采用安全装置、急停装置、避让空间、逃生通道等)，是有可能还是在某些情况下可能或根本不可能。

(2) 人员技能和安全意识方面的影响因素。对使用机器的人员是否有专业要求，是由熟练工操作还是由非熟练工操作，或是采用机器人而无需人操作；人员对风险的了解程度、避免伤害的知识、实践经验和实际技能等，是否受过专门培训，是否有使用该机械或类似机械的经验。

人的不安全行为与个人的知识、经验、生理和心理状态有关，不同的人面临相同的客观危险会有不同的主观不确定性。

2.7.3.2　伤害的严重程度

1）确定防护对象

确定防护对象即确定是对人身安全的直接损伤作用，还是对人的健康和环境的影响，或对劳动安全与卫生的综合影响。

2）损伤的严重程度

估计损伤程度时应考虑同一原因所致的各种损伤形态，包括直接损失和间接损失；还要考虑一个损失原因所涉及的范围，范围越大，涉及的人员越多，严重程度就越大。损伤程度大体可分为以下等级：

(1) 轻度。指可恢复正常的损伤或对健康的危害。

(2) 严重。指伤势严重，人体要害部位（头、眼部、内脏损伤，严重骨折等）受伤，经医生诊断成为残废或可能成为残废（手或脚），且不能恢复正常的损伤或对健康的危害。

(3) 死亡。包括个体死亡事故（一次死亡≤2 人）、较大死亡事故（一次死亡 3～9 人）、重大死亡事故（一次死亡 10～29 人）和特别重大死亡事故（一次死亡 30 人以上）。

风险评价依赖于分析判断，应通过定性方法来支持，并尽可能通过定量方法补充。在许多情况下，伤害可能出现的概率和伤害可能的严重程度并不容易确定，特别是定量法受到能否得到有用数据量的限制。因此，除少数定量化的因素（如暴露在某噪声级的时间限值、有毒物质的允许浓度等）外，许多应用场合在得不到精确资料的情况下只能定性估计。

历史事故资料对判断风险具有重要参考价值，但在风险评价中需要注意，仅根据事故次数不多或事故性质不严重的事故资料以及在此基础上得到的风险评价结果，并不能用于确定机器的安全水平。特别是在没有事故历史资料时，不能自然得出低风险水平的推测结论。一定要全面分析判断，保证风险评价结论的公正性和正确性。

2.7.4　风险评定

风险分析后要进行风险评定，以确定所评价的机械风险是否减小，是否达到安全目标。如果需要减小机械存在的风险，应选择相应的安全措施对策，并应重复风险分析的迭代过程。直到通过风险比较后的结果能使人确信机械是安全的，从而实现机械安全的预定目标。

风险评定是风险评价过程中的重要环节，是在风险分析基础上综合考虑各方面因素，对评价对象给出评价结论。通过风险评定，可判断评价对象是否安全，危险是否减小，是否仍然存在风险，影响程度是否可接受，以便针对风险寻求安全措施对策。

2.7.4.1 风险评定应考虑的因素

风险评定应考虑的因素主要有：

(1) 危险和风险是否消除或减小。实现预定功能的结构设计是否已将各种危险消除或减小；使用机械的人员或其他相关人员在危险中的暴露是否符合有关要求；选择和应用的材料或物质是否有危险，是否有替代的措施。

(2) 采用的安全防护措施是否合适。所选的安全防护类型对预期使用所起的防护是否充分并经过验证，安全装置能否被毁坏或避开，安全防护措施对正常操作是否有妨碍。假如安全防护失效，由此可能引起的伤害是否在允许范围内。

(3) 提供的信息是否充分。有关机械的预定使用信息是否清楚；安全标志是否符合要求，是否提供了使用说明书，机械使用安全操作规程是否已充分说明；是否向用户通知或警告有关遗留风险。

(4) 附加预防措施是否有效。机器的可维修措施、机器及其重型零部件安全搬运和稳定性措施等附加预防措施是否有效。

2.7.4.2 风险比较

风险比较是风险评定过程的一部分。根据类推原理，可将待评价机械的风险与类似机械的风险相比较，使评价结论有可信的参照依据。风险比较时应注意以下问题：

(1) 两种机械具有可比性。两种机械预定使用和采用的工艺水平是可比的，技术目标是可比的，使用条件是可比的，危险和风险要素是可比的。

(2) 被比较机械的资料可靠。有确凿的数据资料表明参照比较的类似机械按照现有工艺水平，其安全性是可信的或风险水平是可接受的。

(3) 两种机械的差异性。风险比较不能忽视两种机械的差异，如特定的使用条件、生产对象的不同、操作方式的差异等。进行比较时，应对与差异有关的风险特别关注，并需要通过风险评价程序予以确认。

2.8 机械加工安全技术

机械加工安全技术涉及的内容较多，这里主要介绍金属切削机床安全技术、冲压设备安全技术、木工机械安全技术和砂轮安全技术。

2.8.1 金属切削机床安全技术

金属切削机床(以下简称机床)是利用切削方法将毛坯加工成机器零件的装备。图 2.13所示为一种典型的数控机床,视频 2.3 简要展示了某零件的车削过程。在操作机床过程中,操作者与机床形成一个运动体系。当该体系处于协调状态时,几乎没有发生事故的可能性;当该体系的某一方面超出正常范围,就可能因发生意想不到的冲突而造成事故。

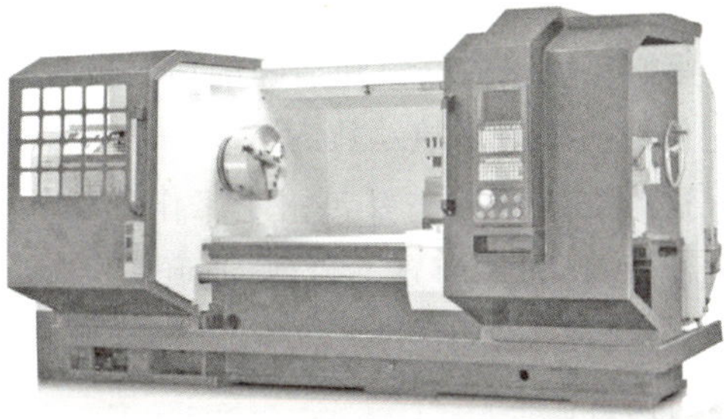

图 2.13 数控机床

视频 2.3 金属切削——车削

1) 机床伤害事故的原因

发生机床伤害事故的原因主要有:

(1) 安全操作规程不健全或管理不善,对操作者缺乏基本训练。例如,操作者不按安全操作规程操作,没有穿戴合适的防护服,工件或刀具没有夹持牢固就开动机床,在机床运转中调整或测量工件、清除切屑等。

(2) 机床在非正常状态下运转。例如,机床的设计、制造或安装存在缺陷,机床部件、附件和安全装置的功能失效等。

(3) 工作场地环境不好。例如,工作场地照明不良,温度不适宜,噪声过高,地面或踏板被乳化液弄脏,设备布局不合理,以及零件半成品堆放不整齐等。

(4) 工艺规程和工艺装备不符合安全要求,采用新工艺时无安全措施。

(5) 对切屑或砂轮所采取的防护措施不当。

2) 机床伤害的种类

机床伤害的种类主要有:

(1) 操作者的局部卷入或夹入机床旋转部件或运动部件造成的伤害。发生这类伤害事故多是因为机床旋转部分凸出,加之没有很好的防护装置,以及操作者的错误操作。例如,车床上旋转着的鸡心夹、花盘上的紧固螺钉端头、露在机床外面的挂轮、传动丝杠等,均可能将操作者的衣服袖口、领带、头巾等卷入;车床操作者留有长发,又不戴工作帽,导致发生长发卷入而造成头皮脱落的严重伤害事故;钻床操作者戴手套操作,被旋转的钻头或切屑将手套连同手一并卷入,造成断手事故。

(2) 操作者与机床相碰引起的伤害。这包括操作者与机床相互碰撞、操作者撞机床和机床撞操作者三种情况。第一种情况是机床的旋转或往复运动部分与移动中的操作者发生相互碰撞。第二种情况是操作者与静止的机床发生碰撞。例如,操作方法不当,用力过猛,所使用工具的规格不合适或已磨损,均可能使操作者撞到机床;用规格不合适或已磨损的扳手拧螺帽且用力过猛,使扳手打滑而离开螺帽,人的身体会因失去平衡而撞到机床,造成伤害事故。第三种情况是机床的旋转或往复运动部分与静止的操作者发生碰撞。例如,操作者或其他人员所占据的位置不当时,也可能受到机床运动部件的撞击。例如,站在平面磨床或牛头刨床运动部件的运动范围内而注意力又没有集中到机床上时,就可能被平面磨床工作台或牛头刨床滑枕撞上。

(3) 被飞溅的砂轮细磨料及切屑划伤和烫伤。飞溅的磨料和崩碎的切屑极易伤害人的眼睛。据统计,在切削加工中,眼睛受伤的比例约占伤害事故总数的35%。

(4) 操作者滑倒或跌倒而造成的伤害。这类伤害事故主要是由于工作现场环境不好。例如,照明不足,地面或脚踏板不平整或被油泥污染,机床布置不合理,通道狭窄,以及零件、半成品堆放不合理等。

(5) 冷却液对皮肤的侵蚀和噪声对人体的伤害。

3) 机床的基本安全要求

机床的基本安全要求主要是:

(1) 根据各类机床的特点制定安全操作规程,定期对操作者进行安全技术教育和安全操作技能检查。

(2) 机床的操作、调整和修理应由有经验或受过专门训练的人员实施。

(3) 购置新机床时应同时购置该机床所适用的安全装置。新机床在交给操作者使用前,应进行全面安全检查。

(4) 机床的危险部位应有设计合理、安装可靠和不影响操作的防护装置,如防护罩、防护挡板和防护栏等。

(5) 机床上应安装保险装置,如超负荷保险装置、行程保险装置、顺序动作联锁装置和制动装置等。

(6) 除机床本身的电气控制外,每台机床上还应有独立的电源开关。机床的保养和修理应在切断电源后进行。

(7) 生产现场应有足够的照明,每台机床应有适宜的局部照明。

(8) 对噪声超过国家标准规定的机床,应采取降低噪声的措施。

2.8.2 冲压设备安全技术

冲压设备也称压力机,包括冲床和液压机。冲压设备具有用途广泛、生产效率高等特点,可广泛应用于切断、冲孔、落料、弯曲、铆合和成型等工艺。冲压设备通过对金属坯件施加强大的压力,使金属发生塑性变形和断裂而加工成零件。机械压力机工作时由电动机通过皮带驱动大皮带轮(通常兼作飞轮),经过齿轮副和离合器带动曲柄滑块机构,使滑块直线下行。在锻压工作完成后滑块上行,离合器自动脱开,同时曲柄轴上的制动器接通,使滑块停止在上止点附近。图 2.14 所示为一种典型冲压设备,动画 2.2 展示了冲压设备的拉伸成型过程。

图 2.14 冲压设备

动画 2.2 冲压设备——拉伸成型

在各类机械设备伤害事故中,冲压设备所造成伤害的比例最大。由冲压作业所引起的重伤事故一般占各种重伤事故总数的 50%左右。因此,对冲压设备的安全防护必须给予足够重视。

1) 冲压设备事故的主要原因

冲压设备多以机械传动为主,其特点是行程速度快(每分钟几次到数百次)。目前仍有不少冲压作业还在采用手工操作,即用手直接在模腔内装取零件。操作者在简单、频繁、连续重复作业的情况下容易产生疲劳,而操作失误、放料不准、模具移位都有可能发生冲断手指等伤害事故。

2) 防止冲压伤害的主要措施

防止冲压伤害的主要措施包括:

(1) 改革工艺、模具和作业方式,实现人手模外作业。对大批量生产作业,可从改革工艺和模具入手,实现机械化和自动化。例如,采用自动化的多工位冲压机械设备,采用连续模、复合模等合并工序措施。这些措施不仅能保障冲压作业的安全,而且能大大提高生产效率,是冲压技术的发展方向。在小批量、多品种的冲压生产中,当前难以实现自动化,妥善的办法是尽量采用安全、劳动强度较小、使用方便的工具。同时,还可改革模具定位、出件、清理废料等工序,使操作更加安全。

(2) 改造冲压设备,提高生产安全可靠性。目前许多陈旧冲压设备的操纵系统、电气控制系统存在很多不安全因素,若继续使用应对其进行技术改造。冲压设备制造厂也应改进产品设计,确保冲压设备的安全可靠性。

(3) 安装防护装置。由于生产批量小,在既不易实现自动化又不能使用安全冲压工具的冲压作业中必须安装安全装置，以防止由于操作失误而造成的伤害事故。各种防护装置有不同的特点和适用范围，使用不当仍会发生伤害事故。因此，必须弄清各种防护装置的作用，做到正确使用，保证操作安全。

2.8.3 木工机械安全技术

木材加工是指通过刀具破坏木材纤维之间的联系，从而改变木料形状、尺寸和表面质量的加工工艺过程。进行木材加工的机械称为木工机械。在原木采伐到木制品最终完成的整个过程中，要经过木材防腐处理、人造板生产、天然木和人造板机械加工、成品装配和表面修饰等很多工序。家具生产几乎包括上述全部工序。木材加工的各环节都离不开木工机械。木工机械种类多，使用量大，广泛应用于建筑和家具行业、工厂的木模加工、木制品维修及家庭装修等。木材加工与金属加工的切削原理基本相同，但从劳动安全卫生角度看，木材加工具有区别于金属加工的特殊性。木工机械设备属于危险性较大的机械设备。为完成对木材的加工，木工机械往往比一般金属切削机床具有更高的切削速度和更锋利的刃口，如图2.15（彩图 2.9）所示，因此木工机械较一般金属切削机床更易引起伤害事故。

彩图 2.9　木材加工

图 2.15　木材加工

1）木工机械事故的原因

发生木工机械事故的原因主要有：

（1）木工机械的工作刀轴（固定刀具的轴）转速高，转动惯性大，难以制动。操作者为使其在电机停止后尽快停转，往往习惯用手或木棒制动，常因不慎而使手与转动的刀具接触，导致受伤。

（2）木工机械多采用手工送料，这是潜在的伤手原因。当用手推压木料送进时，由于遇到节疤、弯曲或其他缺陷，不自觉地发生手与刃口接触，造成割伤甚至断指。

（3）木工机械转速高，加之被加工的木质不均，切削过程中噪声大、振动大，工人劳动强度大、易疲劳。这些因素都容易使操作者出现失误而造成伤害。

(4) 操作者不熟悉木工机械性能和安全操作技术，或不按照安全操作规程作业，加之木工机械设备没有安装安全装置或安全装置失灵，这些因素都极易造成伤害事故。

2) 预防木工机械事故的措施

预防木工机械事故的措施主要有：

(1) 各种木工机械设备均应设置有效的制动装置、安全装置和吸尘排屑装置。

(2) 木工机械设备在使用过程中必须保证在任何切削速度下使用任何刀具时都不会产生危害性的振动。装在刀轴和心轴上的轴承高速转动，其轴向游隙不应过大，以免操作时发生危险。

(3) 外露的皮带盘、转盘、转轴等都应有防护罩或防护壳。

(4) 刀轴和电器应有联锁装置，以免拆装和更换刀具时误触电源按钮而使刀具旋转，造成伤害。

(5) 在有条件的地方，所有木工机械均应安装自动送料装置。

2.8.4 砂轮安全技术

磨削加工在现代工业的许多生产环节中被广泛采用。磨削加工的主要工具是砂轮。工作时，砂轮高速旋转。若砂轮有缺陷或安装使用不当，可能会破裂飞出，容易对操作者造成伤害。因此，正确安装和使用砂轮对保证磨削人员的安全十分必要。

砂轮是一种脆性物体，高速旋转时会产生很大的离心力。一旦离心力超过砂轮的强度，就会破裂伤人。砂轮受到高(低)温影响，或受震荡及使用不当，也会出现同样的事故。因此，掌握砂轮在安装、储存、运输和使用中的有关保障安全的事项非常重要。

1) 砂轮安装的注意事项

砂轮装置是磨削机械的执行机构，由砂轮、主轴、卡盘和防护罩等组成。砂轮的两侧面用砂轮卡盘夹持，两者共同被安装在与传动系统相连的砂轮主轴上，外面用防护罩罩住，如图 2.16所示。

磨削机械安全防护的重点是砂轮。砂轮的安全不仅由自身的特性和速度决定，也与砂轮装置各组成部分有直接关系。组成砂轮装置的各元件通过各自的安全技术措施来保障磨削加工作业的安全。

(1) 所有砂轮在安装前均应经回转强度检验，检验速度不低于安全线速度的 1.6 倍。

(2) 仔细检查砂轮有无裂纹。一般可用木槌轻轻敲打，根据声音来判断。声音清脆证明砂轮是完好的，声音哑闷或有其他异常声音则说明砂轮有裂纹。有裂纹的砂轮不得安装使用。

(3) 调整砂轮机的动平衡。如不平衡则会发生危险，因此要设法加以平衡。这对直径 250 mm 以上的砂轮更为重要。

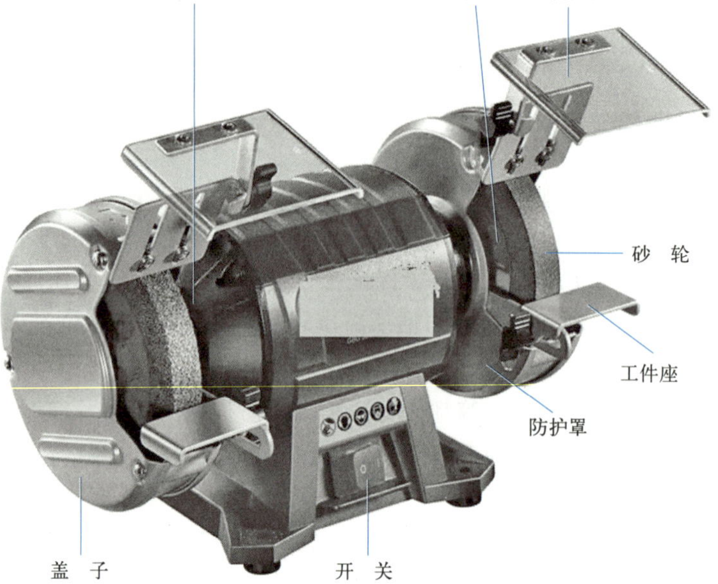

图 2.16　砂轮装置

(4) 砂轮的允许速度应与砂轮机的速度相符,否则禁止安装。

2) 砂轮储存、运输和使用的安全要求

砂轮储存、运输和使用的安全要求主要是:

(1) 在搬运和储存砂轮过程中不应使砂轮受到强烈的震动和撞击,否则会造成裂纹、破碎和磕边缺口现象,给使用留下隐患。

(2) 选择不使砂轮受潮、受冻和受高温的地方存储砂轮,以确保其强度。以橡胶为结合剂的砂轮要避免与油类接触,以树脂为结合剂的砂轮以存放两年为宜,超过存放年限的砂轮要经过严格的检验,确认无问题方可使用。

(3) 砂轮机必须安装合适的防护罩,以防砂轮突然破碎后飞出碎片而伤人。

(4) 磨削前应使砂轮空转 1～3 min,观察及判断安装是否合理、运转是否正常。磨削时,操作者应站在砂轮旋转方向的侧面,防止因砂轮碎片飞出而受伤害。

(5) 磨刀具的砂轮机应有活动支架,以便根据需要随时调整。支架与砂轮的间隙一般为 3 mm。操作者应戴好防护眼镜,以防砂尘和碎屑飞入眼内。

(6) 使用手持式电动砂轮时,为防止电击事故,一定要安装漏电保护器。

(7) 不准用砂轮磨有色金属及木材、纤维板等。因为这些材质的磨屑极易堵塞砂轮磨面,导致磨削效率降低和磨削时产生打滑、振动及噪声,既影响质量,还容易发生事故。

(8) 砂轮磨钝后要由专人负责修正,磨刀具的砂轮出现马蹄状或沟槽时也应及时修正,以保证磨削效率和操作安全。

(9) 安装砂轮应符合要求。夹持砂轮的单面法兰盘的盘径不应小于砂轮外径 1/3,且两个夹盘的盘径必须协调。砂轮内孔与轴的配合要留有适当的空隙,以免磨削时的热膨胀导致砂轮碎裂。但配合间隙不宜过大,否则砂轮会产生偏斜,失去平衡。固定砂轮螺母的螺纹

应与砂轮旋转方向相反，以免因转动螺母脱出而发生意外事故。

(10) 正确选用磨削用具，这既是保证质量和效率的重要因素，也是保证安全的重要手段。砂轮线速度不得超过规定的安全线速度。磨削用量(包括砂轮圆周线速度、工作圆周线速度、纵向进给速度、砂轮横向或垂直进给量等)的选择应适当。砂轮的磨削加工量通常比较小，如任意加大磨削量，会损坏砂轮，甚至发生事故。

(11) 砂轮机应装有吸尘装置，以保障操作者不受粉尘危害。吸出的砂尘应经净化处理，以保持作业环境清洁。

思考题

1. 机器一般包括哪五部分？一台机器区别于另一台机器最有特性的部分是什么？
2. 由机械产生的危险有哪几种？
3. 机械危险的伤害实质是什么？机械危险的主要伤害形式有哪些？
4. 机械事故发生的原因有哪些？
5. 什么是本质安全技术？
6. 由设计者和用户采取的安全措施分别有哪些？
7. 防护装置的功能是什么？
8. 安全装置的种类有哪些？
9. 安全标志分为哪四类？
10. 我国机械安全标准体系将机械标准分为哪三类？
11. 风险与风险要素之间的关系怎样用公式表示？分析伤害出现的概率时要从哪两方面进行？
12. 风险评定应考虑哪些因素？

第3章　电气安全技术

内容导读

本章首先介绍电气安全的概念，然后介绍电流对人体的伤害、直接接触触电防护、接地与接零、电气设备安全、电气线路安全、静电防护技术、防雷技术，最后介绍电气防火防爆技术。

本章学习要点包括电流对人体的伤害形式和特点、直接接触触电防护技术、接地与接零技术、静电防护技术、防雷技术、电气防火防爆安全技术。

3.1　电气安全概述

3.1.1　电气安全的概念

电气安全是以安全为目标，以电气为领域的应用科学。在现代生产和生活中，电能的使用非常普遍，但电能又对人类构成威胁——触电会造成人员伤亡，电气事故会毁坏用电设备或引起火灾。

电气事故主要包括触电、雷击、静电危害、电磁辐射危害、电气火灾和爆炸，也包括危及人身安全的线路故障和设备故障。由于物体带电不像机械危险部位那样容易被人们觉察到，因而更具危险性。电气安全技术就是为消除电气事故，保证安全所采用的技术措施的统称。

电气概念的范畴大于电器概念的范畴。所谓的电气安全，包括用电安全和电器安全，但又不限于这两方面，如图3.1所示。

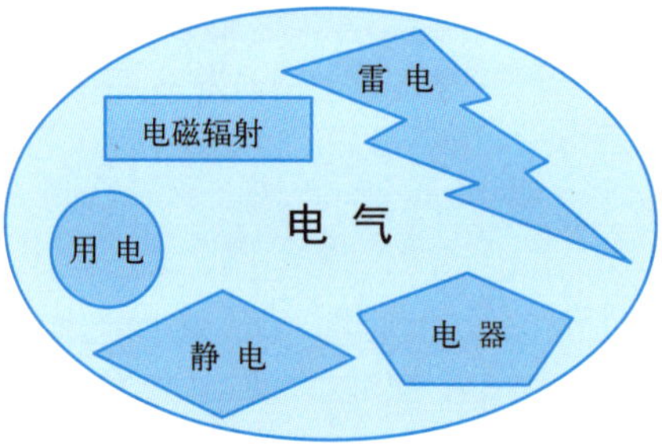

图3.1　电气安全概念示意图

3.1.2 电气事故的特点

根据能量转移的观点，电气事故是由电能非正常地作用于人体或系统所造成的。电气事故的特点有：

(1) 电气事故危害大。电气事故伴随危害和损失。严重的电气事故不仅会带来重大经济损失，还可能造成人员伤亡。发生事故时，电能直接作用于人体，会造成电击；电能转换为热能并作用于人体，会造成烧伤或烫伤；电能脱离正常的通道，会形成漏电、接地或短路，成为火灾、爆炸的起因。电气事故在工伤事故中占有不小的比例。据有关部门统计，我国触电死亡人数占全部事故死亡人数的5%左右。

(2) 电气事故危险难以直观识别。电既看不见、听不见，又嗅不着，其本身不具备为人们直观识别的特征。由电所引发的危险不易为人们所察觉、识别和理解，因此电气事故往往来得猝不及防。这也给电气事故的防护及人员的教育和培训带来了难度。

(3) 电气事故涉及领域广。这主要表现在两个方面。一方面，电气事故并非局限在用电领域的触电、设备和线路故障等，在一些非用电场所，电能的释放也会造成灾害或伤害。例如，雷电、静电和电磁场危害等都属于电气事故的范畴。另一方面，电能的使用极为广泛，无论是生产还是生活、工业还是农业、科研部门还是教育文化部门、政府机关还是娱乐休闲场所，都广泛使用电。哪里使用电，哪里就有可能发生电气事故，哪里就必须考虑电气事故问题。

(4) 电气事故的预防研究综合性强。一方面，电气事故的机理除电学外，还涉及许多学科，因此电气事故不仅要研究电学，还要与力学、化学、生物学、医学等许多其他学科的知识综合起来进行研究。另一方面，在电气事故的预防上，既有技术上的措施也有管理上的措施，这两方面是相辅相成、缺一不可的。在技术方面，预防电气事故主要是进一步完善传统的电气安全技术，研究新出现电气事故的机理及其对策，开发电气安全领域的新技术等；在管理方面，预防电气事故主要是健全和完善各种电气安全组织管理措施。

一般来说，电气事故的共同原因是安全组织措施不健全和安全技术措施不完善。实践表明，即使有完善的技术措施，如果没有相适应的组织措施，仍然会发生电气事故。因此，必须重视防止电气事故的综合措施。

电气事故具有规律性，且其规律是可被人们认识和掌握的。在电气事故中，大量事故都具有重复性和频发性。无法预料、不可抗拒的事故毕竟是极少数。人们在长期的生产和生活实践中已经积累了应对电气事故的丰富经验，各种技术措施、安全工作规程及有关电气安全规章制度都是这些经验和成果的体现。只要依照客观规律办事，不断完善电气安全技术措施和管理措施，电气事故是可以避免的。

3.1.3 电气安全的任务

电气安全的任务主要是：

(1) 研究各种电气事故。主要是研究电气事故的机理、原因、构成、规律、特点和防护措施。

(2) 研究用电气的方法来解决安全生产问题。主要是研究运用电气监测、电气检查和电气控制的方法来评价系统的安全性或解决生产中的安全问题。

3.2 电流对人体的伤害

3.2.1 电流对人体的作用

3.2.1.1 电流对人体的伤害形式

人碰到带电的导线,电流就会通过人体,这就是触电。电流通过人体,对人的身体和内部组织会造成不同程度的损伤,使身体产生麻感、针刺感、压迫感、打击感、痉挛、疼痛、呼吸困难、血压异常、昏迷、心律不齐、窒息、心室颤动等症状。

电流对人体的损伤分电击、电伤和电磁场生理伤害等形式。

(1) 电击是电流通过人体时使内部组织受到较为严重的损伤。电击会使人觉得全身发热、发麻,肌肉不由自主地抽搐,逐渐失去知觉。如果电流继续通过人体,将使触电者的心脏、呼吸机能和神经系统受伤,直至呼吸停止、心脏活动停顿而死亡。

(2) 电伤从外观看一般有电弧烧伤、电的烙印和熔化的金属渗入皮肤(称皮肤金属化)等伤害。当人触电后,由于电流通过人体和发生电弧,往往使人体烧伤,严重时会造成死亡。

(3) 电磁场生理伤害是指在高频电磁场的作用下,使人出现头晕、乏力、记忆力减退、失眠、多梦等神经系统症状。

电流对人体造成死亡的原因主要是电击。在 100 V 以下的低压系统中,电流会引起人的心室颤动。所谓心室颤动,是当电流通过人的心脏时,心脏由原来的正常跳动变为每分钟数百次以上的细微颤动。这种细微颤动足以使心脏不能再压送血液,导致血液终止循环和大脑缺氧,发生窒息死亡。

电休克是电流的强烈刺激导致神经系统的强烈反射作用,使血液循环、呼吸及其他新陈代谢发生障碍,以致出现血压急剧下降、脉搏减弱、呼吸衰竭、神志昏迷的现象。电休克状态可长达数天,甚至可能导致死亡。

3.2.1.2 电流对人体危害的主要因素与危害程度

电流对人体的危害与下列因素有关:

(1) 通过人体的电压。

（2）流经人体的电流。

（3）电流通过人体的持续时间。

（4）电流通过人体的途径。

（5）电流的频率。

（6）人体电阻及体质。

危害程度与上述因素的程度直接相关：

（1）流经人体的电压大小与危害程度的关系。较高的电压对人体的危害十分严重，轻则引起灼伤，重则使人致死。对较低的电压，人体抵抗得住，可以避免伤亡。从人触碰的电压情况看，一般除 36 V 以下的安全电压外，高于此电压，人触碰后都将是危险的。

（2）流经人体的电流与危害程度的关系。通常 1 mA 的工频电流通过人体时就会使人有不舒服的感觉，10 mA 的电流人体尚可摆脱（称为摆脱电流），而当 50 mA 的电流通过人体时就会有生命危险。当流过人体的电流达到 100 mA 时，将足以使人死亡。

（3）电流通过人体的持续时间与危害程度的关系。在其他条件相同的条件下，电流通过人体的持续时间越长，对人体伤害的程度越高。这是因为：

① 通电时间越长，电流在心脏间歇期内通过心脏的可能性越大，因而引起心室颤动的可能性也越大。

② 通电时间越长，对人体组织的破坏越严重，人体电阻因出汗或局部组织炭化而下降越多，使得通过人体的电流越大。

③ 通电时间越长，体内能量积累越多，引起心室颤动所需的电流越小。当持续时间为 0.01～5 s 时，引起心室颤动所需的最小工频电流 I 与通电时间 t 的关系为：当 $t \geqslant 1$ s 时，$I=50$ mA；当 $t<1$ s 时，$I=50/t$（单位为 mA）。

（4）电流通过人体的途径与危害程度的关系。可以通过途径来区别危险程度：首先是从手到脚的电流途径最危险，因为沿这条途径有较多的电流通过心脏、肺部和脊髓等重要器官；其次是从一只手到另一只手的电流途径；再次是从一只脚到另一只脚的电流途径，但这种途径容易因剧烈痉挛而摔倒，导致电流通过全身，造成摔伤、坠落等严重二次事故。

（5）电流的频率与危害程度的关系。一般来说，工频 50～60 Hz 的电流对人体是最危险的。从电击观点看，高频率电流灼伤的危险性并不比直流电压和工频交流电的危险性小。此外，无线电设备、淬火、烘干和熔炼的高频电气设备能辐射出波长 1～50 cm 的电磁波。这种电磁波能引起人体体温增高、身体疲乏、全身无力和头痛失眠等病症。

（6）人体电阻及体质与危害程度的关系。人触电时的危害程度与人体的电阻有关。人体的电阻一般在 10 000～100 000 Ω 之间，主要是皮肤角质层电阻大。当皮肤角质层失去时，人体电阻会降到 800～1 000 Ω。如果皮肤出汗、潮湿和有灰尘（金属灰尘、炭质灰尘），也会使皮肤电阻大大降低。此外，人触电时的危害程度还与触电者的体质状况有关。人的健康状况不同，对电流的敏感程度和可能造成的危险程度也不完全相同。患有心脏病、神经系统疾病和结核病的人，受电击伤害的程度会比较重。

3.2.2 电气事故的类型及危害

电气事故包括人身事故和设备事故。人身事故和设备事故都可能导致二次事故，且二者很可能同时发生。电气事故是与电关联的事故。从能量的角度看，电能失去控制将造成电气事故。按照电能的形态，电气事故可分为触电事故、雷击事故、静电事故、电磁辐射事故和电气装置事故。

(1) 触电事故。触电事故是由电流及其转换成的其他形式的能量造成的事故。触电事故往往突然发生，在极短时间内造成严重后果。

(2) 雷击事故。雷击事故是由自然界中正、负电荷形式的能量造成的事故。

(3) 静电事故。静电事故是在工艺过程中或人们活动中产生的，由相对静止的正电荷和负电荷形式的能量造成的事故。

(4) 电磁辐射危害。电磁辐射事故是电磁波形式的能量辐射造成的事故。辐射电磁波指频率在 100 kHz 以上的电磁波。在一定强度的高频电磁波照射下，人体所受到的伤害主要表现为头晕、记忆力减退、睡眠不好等神经衰弱症状。严重者除神经衰弱症状加重外，还伴有心血管系统症状。电磁波对人体的伤害有滞后性，并可能通过遗传影响后代。

(5) 电气装置事故。电气装置故障引发的事故包括异常停电、异常带电、电气设备损坏、电气线路损坏、短路、断线、接地、电气火灾等。异常停电指在正常生产过程中供电突然中断。这种情况会使生产过程陷入混乱，造成经济损失，在有些情况下还会造成事故和人员伤亡。异常带电指在正常情况下不应带电的生产设施或其中的部分意外带电。异常带电容易导致人员受到伤害。

3.2.3 触电事故

1) 触电事故的类型

触电事故是由电流及其转换成的其他形式的能量造成的事故。触电事故分为电击和电伤。电击是电流直接作用于人体内部组织，导致肌肉收缩、神经损伤甚至心搏骤停等伤害(内伤)，是致死的主要原因。电击包括单线电击、两线电击、跨步电压触电和高压电击。电伤是电流的热效应、化学效应或机械效应对人体外部造成的局部伤害(外伤)。电伤包括电灼伤、皮肤金属化和电烙印。

2) 电击的类型

(1) 单线电击，又称单相触电，即在地面或其他接地导体上，人体的某一部位触及一相带电体的触电事故，如图 3.2 所示。这时人体受到的电压可达 220 V，危险性很大。大部分触电事故都是单线电击事故。单线电击电流 $I=U/(R_r+R_o)$。其中，U 为相电压(220 V)；R_r 为人体电阻；R_o 为接地电阻。

(2) 两线电击，又称两相触电，即人体两处同时触及两相带电体的触电事故，如图 3.3 所示。这时人体受到的电压可达 380 V，危险性较单线电击更大。两线电击电流 $I=U/R_r$。其中，U 为线电压(380 V)。

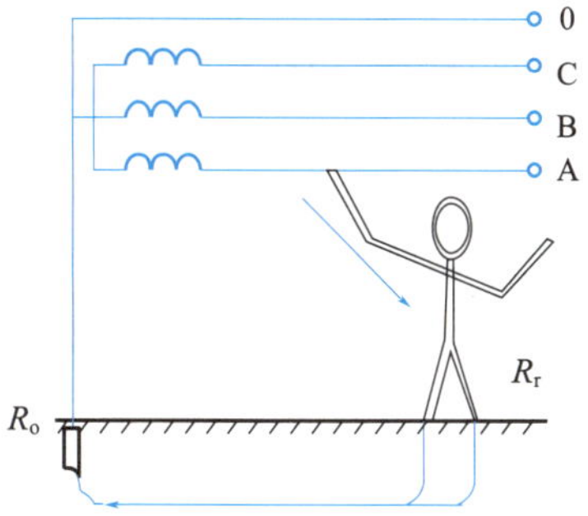

图 3.2 单线电击示意图

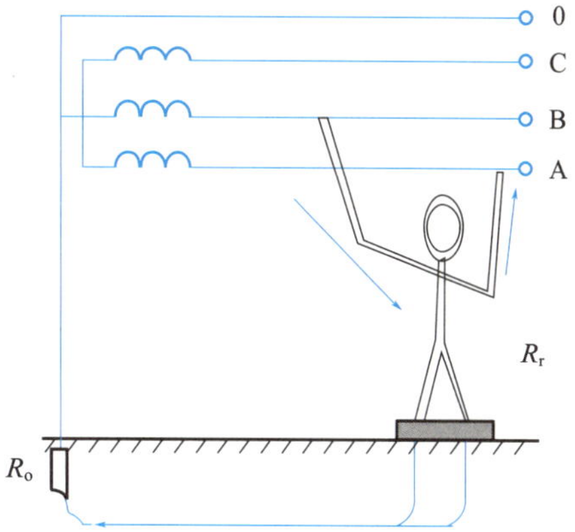

图 3.3 两线电击示意图

(3) 跨步电压触电。当带电体接地且有电流流入地下时，电流在接地点周围土壤中产生电压降，在人的接地点周围，两脚之间出现电压(即跨步电压)，由此引起的触电事故称为跨步电压触电，如图 3.4(a)所示。高压故障接地处或有大电流流过的接地装置附近都可能出现较高的跨步电压。

(4) 高压电击。对 1 000 V 以上的高压电气设备，当人体过分接近时，高压电能会将空气击穿，使电流通过人体，如图 3.4(b)所示。此时还伴有高温电弧，能将人烧伤。

(a) 跨步电压触电　　(b) 高压电击

图 3.4 跨步电压触电和高压电击示意图

3) 电击的特点

电击的特点是伤害人体内部组织、致命电流小、无明显痕迹。

4) 触电事故的特点

大量统计资料表明，触电事故的分布具有规律性。触电事故的分布规律可为制定安全措施，最大限度地减少触电事故发生率提供有效依据。根据国内外触电事故统计资料分析，触电事故的分布具有如下规律：

(1) 季节性明显。一年之中，二季度和三季度是事故多发期，尤其6～9月最为集中。其原因主要是这段时间正值炎热季节，人穿着单薄且皮肤多汗，相应增大了触电的危险性。另外，这段时间潮湿多雨，电气设备的绝缘性能有所降低。再者，这段时间许多地区处于农忙季节，用电量增加，触电事故也随之增加。

(2) 低压设备触电事故多。低压触电事故远多于高压触电事故，原因主要是低压设备远多于高压设备，且缺乏电气安全知识的人员多与低压设备接触。因此，应将低压设备触电作为防止触电事故的重点。

(3) 携带式设备和移动式设备触电事故多。这主要是因为这些设备经常移动，工作条件较差，容易发生故障。另外，也与这些设备在使用时需用手紧握进行操作有关系。

(4) 电气连接部位触电事故多。电气连接部位的机械牢固性较差，电气可靠性也较低，是电气系统的薄弱环节，较易出现故障。

(5) 农村触电事故多。这主要是因为农村用电条件较差，设备简陋，技术水平低，管理不严，电气安全知识缺乏等。

(6) 冶金、矿业、建筑、机械行业触电事故多。这些行业存在工作现场环境复杂、潮湿、高温，移动式设备和携带式设备多，现场金属设备多等不利因素，导致触电事故相对较多。

(7) 青年、中年及非电工人员触电事故多。这主要是因为这些人员是设备操作人员的主体，他们直接接触电气设备，部分人还缺乏电气安全知识。

(8) 误操作事故多。这主要是由于防止误操作的技术措施和管理措施不完备造成的。

触电事故的分布规律并不是一成不变的，在一定的条件下也会发生变化。例如，对电气操作人员来说，高压触电事故反而比低压触电事故多。通过在低压系统推广漏电保护装置，可使低压触电事故大大降低，从而使低压触电事故与高压触电事故的比例发生变化。上述规律可为电气安全检查、电气安全工作计划制定、电气安全措施实施，以及电气设备的设计、安装和管理等工作提供重要依据。

3.3 直接接触触电防护

触电事故的形式各种各样，其中最常见的是偶然触及在正常情况下不带电而意外带电的导体。环境带电中的触电如动画3.1所示，漏电保护装置原理示意如动画3.2所示。触电事故虽具有突发性，但也具有一定的规律，只要掌握其规律并采取相应安全措施，很多触电事故都是可以避免的。

动画3.1　环境带电中的触电

动画3.2　漏电保护装置原理示意

预防触电事故的主要技术措施有采用安全电压、保证电气设备的绝缘性能、采取屏护、采用安全工具、保证安全距离、合理选用电气装置、装设漏电保护装置等。

3.3.1 采用安全电压

安全电压是为防止触电事故而采用的由特定电源供电的电压系列。安全电压能使人触电时通过人体的电流在安全电流范围内，从而在一定程度上保障人身安全。

国际电工委员会（International Electrotechnical Commission，IEC）规定的接触电压限值（相当于安全电压）为 50 V，并规定 25 V 以下不需考虑防止电击的安全措施。我国规定工频电压有效限值为 50 V，直流电压限值为 120 V。潮湿环境中工频电压有效限值为 25 V，直流电压限值为 60 V。我国规定工频电压有效值 42 V，36 V，24 V，12 V 和 6 V 为安全电压的额定值。

采用不同安全电压的情况为：凡在特别危险环境中使用的携带式电动工具应采用 42 V 安全电压；凡在有电击危险环境中使用的手执照明和局部照明应采用 36 V 或 24 V 安全电压；凡在金属容器内、隧道内、水井内及周围有大面积接地导体等工作地点狭窄、行动不便的特别危险环境或特别潮湿环境中使用的手提照明灯采用 12 V 安全电压；水下作业等特殊场所应采用 6 V 安全电压。

3.3.2 保证电气设备的绝缘性能

绝缘是用绝缘物将带电导体封闭起来，使人不能触及导体，从而保证安全。绝缘材料的电阻率一般在 $10^9\ \Omega \cdot cm$ 以上。常用绝缘材料有陶瓷、橡胶、塑料、云母、玻璃、木材、布、纸、矿物油，以及某些高分子合成材料等。

绝缘不是万无一失的，因为绝缘也会遭到破坏，有的是机械损伤，有的是电压过高或绝缘老化产生电击穿。绝缘破坏的情况主要是：

（1）在正常工作情况下，绝缘物会因逐渐老化而失去绝缘性能。高分子材料也存在由于老化而导致的绝缘性能逐步下降的问题。绝缘材料一般可以正常使用 20 年。

（2）在恶劣环境条件下，绝缘材料会降低绝缘电阻值，腐蚀性气体、潮气、机械损伤也会破坏绝缘。

（3）电击穿是绝缘物在强电场的作用下遭到急剧破坏，丧失绝缘性能的现象。使绝缘材料产生击穿的最小电压称为击穿电压。材料的耐压强度是指材料能承受的不被击穿的最高电场强度，通常以厚度为 1 mm 的绝缘材料所能承受的电压（单位为 kV）表示。气体绝缘击穿后能自动恢复绝缘性能；液体多次绝缘击穿可能导致液体失去绝缘性能；固体绝缘击穿后不能恢复绝缘性能。

绝缘破坏会使电气设备外壳带电的机会增加。即使对电气设备外壳偶然带电采取了防护措施，也会直接增加触电机会。因此，必须使电气设备的绝缘程度保持在规定范围内。

常用绝缘电阻衡量电气设备的绝缘性能，这是一个最基本的指标。足够的绝缘电阻能将电气设备的泄漏电流限制在很小的范围，可以防止漏电引起的事故。不同电压等级的电气设备有不同的绝缘电阻要求，并应定期进行测定。此外，电工作业人员还应正确使用绝缘用具，穿绝缘靴或绝缘鞋。

3.3.3 采取屏护

屏护采用遮栏、护罩、护盖、箱盒等将带电体与外界隔绝，以减少人员直接触电的可能性。屏护装置可分为永久性装置和临时性装置，还可分为固定式装置和移动式装置。使用屏护装置时应与警示标志及联锁装置配合使用。一般要求屏护装置的材料应有足够的机械强度和良好的耐火性能，变配电设备应有完善的屏护装置。图 3.5（彩图 3.1）所示为变电装置围栏。

彩图 3.1 变电装置围栏

图 3.5 变电装置围栏

不同屏护的尺寸或安全距离不一样，见表 3.1。

表 3.1 不同屏护的尺寸或安全距离

屏护类型		屏护尺寸或安全距离
网眼遮拦的裸导线	低压设备	≥0.15 m
	10 kV 设备	≥0.35 m
	20～35 kV 设备	≥0.6 m
栅栏与裸导线		≥0.8 m
户内栅栏高度		≥1.2 m
户外栅栏高度		≥1.5 m
栏条间距		<0.2 m
户外变电装置围墙高度		≥2.5 m

3.3.4 采用安全工具

直接接触触电防护中的安全工具主要有绝缘杆、绝缘夹钳、绝缘手套、绝缘靴、绝缘垫、绝缘站台，以及临时接地线、遮栏和指示牌等。图 3.6(彩图 3.2)所示为不同类型的绝缘杆，是主要由绝缘管或绝缘棒制成的含端部配件的绝缘工具，用于带电作业、带电检修及带电维护作业。

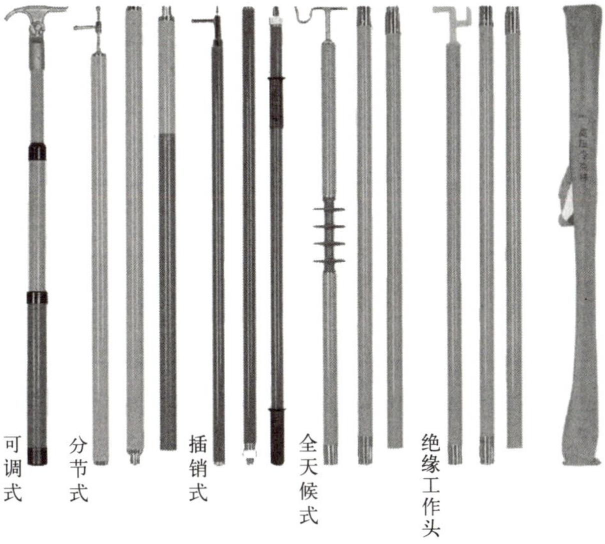

图 3.6 绝缘杆

彩图 3.2 绝缘杆

临时接地线用于防止突然来电；遮栏用于隔离带电部分，防止人员在无意中碰到带电体；指示牌用于提醒工作人员应采取安全措施。

3.3.5 保证安全距离

电气安全距离是指人体、物体等接近带电体但不会发生危险的距离。为防止人体触电和接近带电体，避免车辆或其他工具碰撞或过分接近带电体，防止火灾、过电压放电和各种短路事故，在带电体与地面之间、带电体与带电体之间、带电体与人体之间、带电体与其他设施和设备之间均应保证安全距离。安全距离与电压高低、设备类型及安装方式等因素有关。

(1) 架空线路应避免跨越建筑物，必须跨越时应取得有关部门的同意。

(2) 线路经过地区的导线与地面或水面的最小距离应满足表 3.2 的要求，导线与建筑物或树木的最小距离应满足表 3.3 的要求。

表 3.2　导线与地面或水面的最小距离　　单位：m

线路经过地区的导线与地面或水面的最小距离	线路电压		
	<1 kV	10 kV	35 kV
居民区	6	6.5	7
非居民区	5	5.5	6
交通困难区	4	4.5	5
不能通航的或浮运的冬季水面	5	5	5.5
不能通航的或浮运的最高水面(50 年一遇)	3	3	3

表 3.3　导线与建筑物或树木的最小距离　　单位：m

类　型		线路电压		
		<1 kV	10 kV	35 kV
导线与建筑物的最小距离	垂直距离	2.5	3	4
	水平距离	1	1.5	3
导线与树木的最小距离	垂直距离	1	1.5	3
	水平距离	1	2	

(3) 临时线路间距。临时线路应用电杆或沿墙用合格瓷瓶固定架设；对导线距地面的高度，室内应不低于 2.5 m，室外应不低于 4.5 m，与道路交叉跨越时应不低于 6 m。

3.3.6　合理选用电气装置

电气装置可分为开启式、封闭式和防爆式等，如图 3.7 至图 3.9 所示。合理选用电气装置是减少触电危害和火灾爆炸事故的重要措施。选择电气装置主要依据周围环境的需要。例如，在干燥少尘的环境中可采用开启式或封闭式电气装置，在潮湿和多尘的环境中应采用封闭式电气装置，在有腐蚀性气体的环境中必须采用封闭式电气装置，在有易燃易爆危险的环境中必须采用防爆式电气装置。

3.3.7　装设漏电保护装置

漏电电流动作保护器(漏电保护器)是一种在设备及线路漏电时保证人身和设备安全的装置。其作用主要是防止由于漏电引起的人身触电，防止由于漏电引起的设备火灾，以及监视、切除电源一相接地故障。有的漏电保护器还能切除三相电机缺相运行的故障。

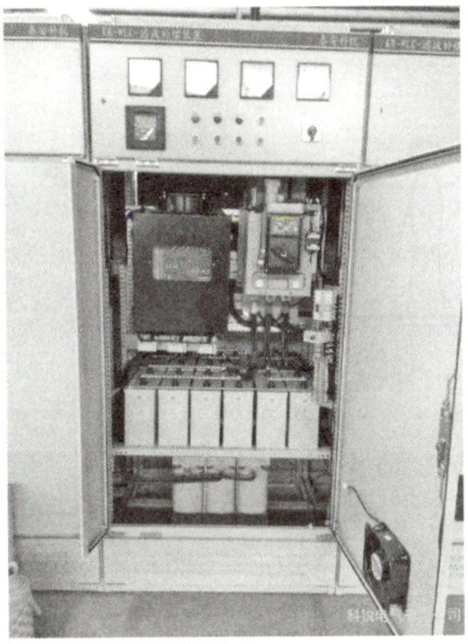

图 3.7 开启式电气装置

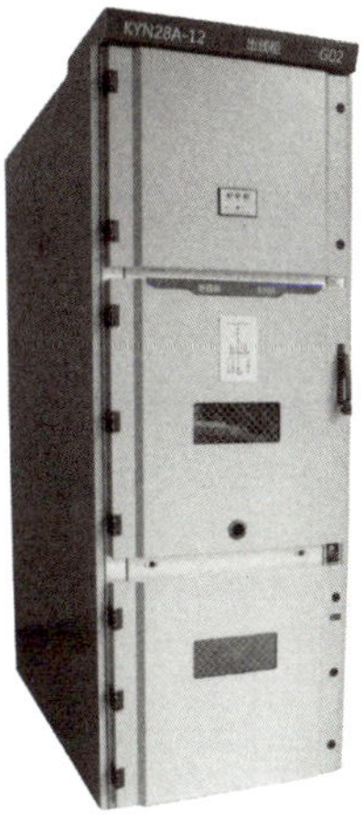

图 3.8 封闭式电气装置

图 3.9 防爆式电气装置

3.4 接地与接零

电气设备在使用过程中可能会出现绝缘层损坏、老化或导线短路等现象，使正常情况下不带电的电气设备外壳带电。如果人不小心接触外壳，就会发生间接接触电击。间接接触电击在电击死亡事故中约占 1/2，而这种电击尚未导致死亡的伤害在电击伤害中所占比例更大。防止间接接触电击的最基本措施是保护接地和保护接零。

3.4.1 保护接地

保护接地是用导线将用电设备的金属外壳与大地连接起来。当人体触及带电外壳时，人体相当于接地电阻的一条并联支路。由于人体电阻通常远远大于接地电阻(通常为 4 Ω)，所以大部分电流通过接地电阻流向大地，通过人体的电流将会很小，从而避免人身触电事故。

1) 中性点不接地系统无保护接地的危险分析

在三相三线制中性点不接地配电网中，如果不设保护接地线，当人体触及用电设备的带电外壳时，人体相当于一个串联在用电设备和大地之间的电阻 R_r，如图 3.10 所示。人体电阻如按 1 000 Ω 计算，设备外壳所带电压为 220 V，漏电电流 I_e将全部流经人体，即流经人体电流 $I_r=I_e=220\ V/1\ 000\ \Omega=0.22\ A=220\ mA$，远高于人体的摆脱电流10 mA，因此相当危险。

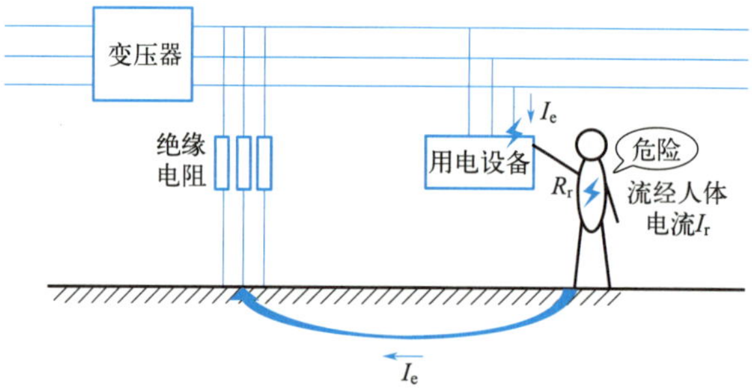

图 3.10　中性点不接地系统无保护接地时的触电危险

2）中性点不接地系统有保护接地的安全原理

在三相三线制中性点不接地配电网中，采用保护接地时称为 IT 系统。其中，I 表示配电网不接地或经绝缘电阻接地，T 表示用电设备外壳接地。IT 系统构成如图 3.11 所示。

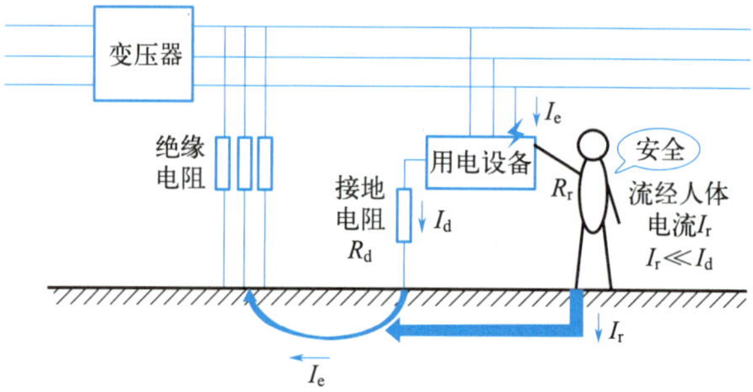

图 3.11　中性点不接地系统有保护接地

IT 系统的安全原理是在不接地配电网中采用保护接地后，当用电设备漏电时，接地电流 I_e同时沿接地电阻和人体两条通路通过，并与配电网对地绝缘电阻构成回路。由于 R_d与 R_r并联，且 R_d远小于 R_r，漏电流主要走接地电阻 R_d的通路，流经人体的电流几乎为 0，从而避免人体接触漏电设备外壳时造成触电伤害。这时电源不需要切断，能保持供电的连续。但应注意，采用保护接地后漏电状态并未因此而消失。

IT 系统主要适用于各种不接地配电网，包括不接地低压配电网、不接地高压配电网和不接地直流电网。在这类配电网中，凡由于绝缘损坏或其他原因而可能呈现危险电压的金属部分，除另有规定外均应接地。

3.4.2　保护接零

在三相四线制变压器中性点直接接地配电网中，如果用电设备上不采取任何安全措施，则一旦设备漏电，触及设备的人体将承受近 220 V 的电压，这是很危险的。采取保护接零措施可以消除这一危险。保护接零是将用电设备在正常情况下不带电的金属部分与电网的零线紧密连接起来。

在中性点接地配电网中采用保护接零的系统称为 TN 系统。其中，T 表示配电网经接地电阻 R_N 接地，N 表示用电设备外壳与保护零线直接连接。TN 系统构成如图 3.12 所示，其中的 PE 表示保护零线，R_s 表示重复接地电阻。

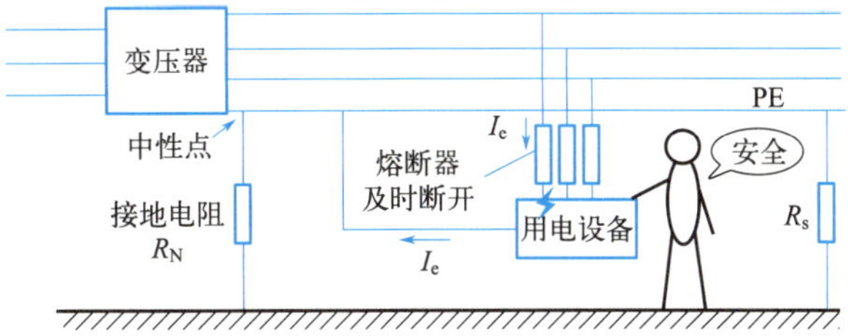

图 3.12 中性点接地系统有保护接零

保护接零的原理为：当某一相绝缘损坏致使电源相线碰壳，用电设备的外壳带电时，通过设备外壳形成相线对零线的单相短路（即碰壳短路），巨大的短路电流 I_e 能促使线路上的保护装置（如熔断器）迅速动作，从而断开故障设备电源，消除人身触电危险。

应该指出，在三相四线制变压器中性点直接接地配电网中，不可单独采取保护接地措施（即 TT 方式，也称 TT 系统，其中的第一个符号 T 表示配电网中性点直接接地，第二个符号 T 表示设备金属外壳与大地直接连接）。如图 3.13 所示，当设备漏电时，如果人体接触漏电设备外壳，由于变压器中性点接地电阻 R_N 与保护接地电阻 R_d 相当，所以设备外壳分压约为 110 V，人接触设备外壳仍相当危险。如果保护接地电阻 R_d 大于中性点接地电阻 R_N，则设备外壳所带电压更高，危害将更大。

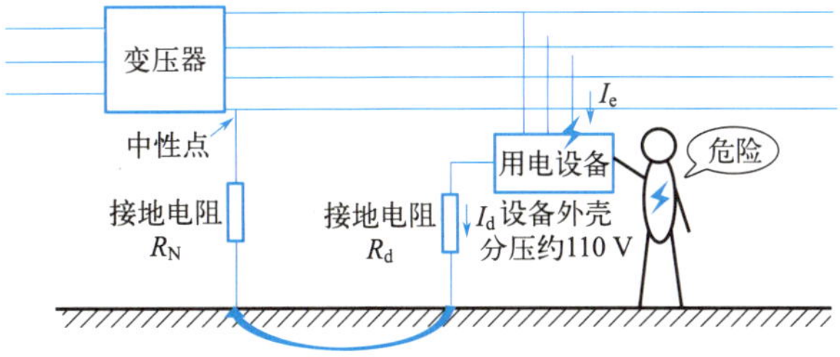

图 3.13 中性点接地系统有保护接地时的触电危险

应注意的是，在三相四线制配电网中，不允许只对某些设备接零，对另外一些设备只接地而不接零。还应注意，零线回路中不允许装设熔断器和开关。

零线重复接地在供电网络中具有相当重要的作用。零线重复接地是将零线上的一处或多处通过接地装置与大地再次连接。零线重复接地能够缩短故障持续时间，降低零线上的压降损耗，减轻相线、零线反接的危险。在保护零线发生断路后，当用电设备的绝缘损坏或相线碰壳时，零线重复接地还能降低故障用电设备的对地电压，减小发生触电事故的危险。

接地装置广泛选用自然接地极。例如，与大地有可靠连接的建筑物的金属结构、敷设于地下的水管路等均可用作自然接地极。但是严禁将氧气管道和乙炔管道等易燃易爆气体管道作为自然接地极。自然接地电阻不得超过 4 Ω。当电阻超过 4 Ω 时,应采用人工接地极。

3.5 电气设备安全

电力系统是由发电厂、送变电线路、供配电所和用电等环节组成的电能生产与消费系统,如图 3.14 所示。它的功能是将自然界的一次能源通过发电装置转化成电能,再经输电、变电和配电将电能供应给用户。

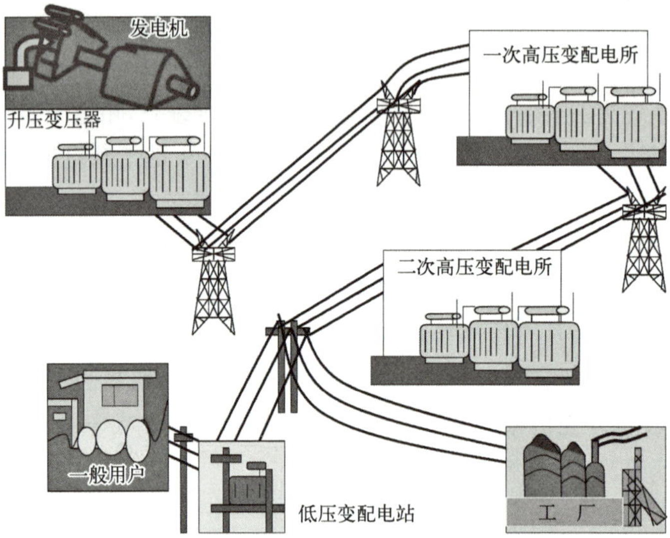

图 3.14 电力系统示意图

3.5.1 变电配站安全

变配电站是企业的动力枢纽。变配电站装有变压器、互感器、避雷器、电力电容器、高低压开关、高低压母线、电缆等多种高压设备和低压设备,如图 3.15(彩图 3.3)所示。变配电站发生事故不仅会使整个生产活动不能正常进行,还可能导致火灾和人身伤亡事故。

1) 变配电站位置

变配电站位置应符合供电、建筑、安全的基本原则。从安全角度考虑,变配电站应避开易燃易爆环境;变配电站宜设在企业的上风侧,并不得设在容易沉积粉尘和纤维的环境中;变配电站不应设在人员密集的场所。

图 3.15 某 1 000 kV 特高压变电站

彩图 3.3 某 1 000 kV 特高压变电站

变配电站的选址和建筑应考虑灭火、防蚀、防污、防水、防雨、防雪、防震的要求。地势低洼处不宜建变配电站。变配电站应有足够的消防通道并保持畅通。

2）建筑结构

高压配电室、低压配电室、油浸式电力变压器室、电力电容器室、蓄电池室应为耐火建筑，蓄电池室应隔离。

交配电站各间隔的门应向外开启，门的两面都有配电装置时应两边开启。门应为非燃烧体或难燃烧体材料制作的实体门。长度超过 7 m 的高压配电室和长度超过 10 m 的低压配电室至少应有 2 扇门。

室内油量 600 kg 以上的充油设备必须有事故蓄油设施。储油坑应能容纳 100%的油。

3）间距、屏护和隔离

变配电站各部间距和屏护应符合专业标准的要求。室外变配电装置与建筑物应保持规定的防火间距。室内充油设备油量 60 kg 以下者允许安装在两侧有隔板的间隔内，油量 60～600 kg 者须装在有防爆隔墙的间隔内，600 kg 以上者应安装在单独的间隔内。

4）通　道

变配电站室内各通道应符合要求。高压配电装置长度大于 6 m 时，通道应设 2 个出口；低压配电装置 2 个出口间的距离超过 15 m 时，应增加出口。

5）通　风

蓄电池室、变压器室、电力电容器室应有良好的通风。

6）封　堵

门窗及孔洞应设置网孔小于 10 mm×10 mm 的金属网，以防止小动物钻入。通向站外的孔洞、沟道应封堵。

7）标　志

变配电站的重要部位应设有“止步，高压危险！”等标志。

8）联锁装置

断路器与隔离开关操纵机构之间、电力电容器的开关与其放电负荷之间应装有可靠的联锁装置。

9）电气设备正常运行

电流、电压、功率因数、油量、油色、温度指示应正常；连接点应无松动、过热迹象；门窗、围栏等辅助设施应完好；声音应正常，无异常气味；瓷绝缘不得掉瓷，不得有裂纹和放电痕迹并保持清洁；充油设备不得漏油和渗油。

10）安全用具和灭火器材

变配电站应备有绝缘杆、绝缘夹钳、绝缘靴、绝缘手套、绝缘垫、绝缘站台、指示牌、临时接地线、验电器、脚扣、安全带、梯子等安全用具。变配电站应配备可用于带电灭火的灭火器材。

11）技术资料

变配电站应备有高压系统图、低压系统图、电缆布线图、二次回路接线图、设备使用说明书、试验记录、测量记录、检修记录、运行记录等技术资料。

12）管理制度

变配电站应建立并执行各项行之有效的规章制度，如工作票制度、操作票制度、工作许可制度、工作监护制度、值班制度、巡视制度、检查制度、检修制度、防火责任制度、岗位责任制度等。

3.5.2　主要变配电设备安全

除上文所述变配电站的一般安全要求外，变压器等设备尚需满足相应安全要求。

3.5.2.1　电力变压器

电力变压器是变配电站的核心设备，按绝缘结构可分为油浸式变压器和干式变压器。

油浸式变压器所用油的闪点在 135～160 ℃之间，属于可燃液体。变压器内的固体绝缘衬垫、纸板、棉纱、布、木材等都属于可燃物质，其火灾危险性较大，且有爆炸的危险。

1）变压器的安装

变压器安装时应注意：

（1）变压器各部件及本体的固定必须牢固。

（2）电气连接必须良好，铝导体与变压器的连接应采用铜铝过渡接头。

（3）变压器的接地一般是其低压绕组中性点、外壳及阀型避雷器三者共用的接地，如图3.16所示。接地必须良好，接地线上应有可断开的连接点。

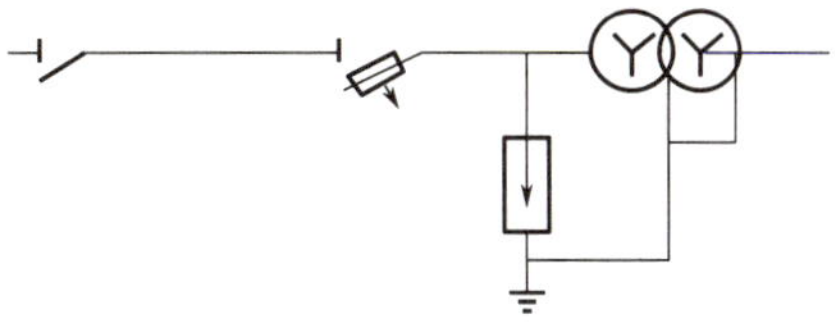

图3.16　变压器接地

（4）变压器防爆管喷口前方不得有可燃物体。

（5）位于地下的变压器室的门、变压器室通向配电装置室的门、变压器室之间的门均应为防火门。

（6）对居住建筑物内安装的油浸式变压器，单台容量不得超过400 kV·A。

（7）10 kV·A变压器壳体距门不应小于1 m，距墙不应小于0.8 m（装有操作开关时不应小于1.2 m）。

（8）采用自然通风时，变压器室地面应高出室外地面1.1 m。

（9）室外变压器容量不超过315 kV·A者可在柱上安装，315 kV·A以上者应在台上安装；一次引线和二次引线均应采用绝缘导线；柱上变压器底部距地面高度不应小于2.5 m，裸导体距地面高度不应小于3.5 m；变压器台高度一般不应低于0.5 m，其围栏高度不应低于1.7 m，变压器壳体距围栏不应小于1 m，变压器操作面距围栏不应小于2 m。

（10）变压器室的门和围栏上应有“止步，高压危险！”的明显标志。

（11）干式变压器的安装场所应有良好的通风，且空气相对湿度不得超过70%。

2）变压器的运行

运行中变压器高压侧电压偏差不得超过额定值的±5%，低压最大不平衡电流不得超过额定电流的25%。上层油温一般不应超过85 ℃；冷却装置应保持正常，呼吸器内吸潮剂的颜色应为淡蓝色；气体继电器的阀门和散热器的阀门应处于打开状态，防爆管的膜片应完整，变压器室的门窗、通风孔、百叶窗、防护网、照明灯应完好；室外变压器基础不得下沉，电杆应牢固，不得倾斜。

3.5.2.2　电力电容器

电力电容器（简称电容器）是充油设备，安装、运行或操作不当时可能出现着火甚至发生爆炸。电容器的残留电荷还可能对人身安全构成直接威胁。

1）电容器的安装

电容器的安装应注意：

(1) 电容器所在环境温度一般不应超过 40 ℃,周围空气相对湿度不应大于 80%,海拔不应超过 1 000 m,周围不应有腐蚀性气体或蒸气,不应有大量灰尘或纤维,所安装环境应无易燃、易爆危险或强烈振动。

(2) 总油量 300 kg 以上的高压电容器应安装在单独的防爆室内,总油量 300 kg 以下的高压电容器和低压电容器应视其油量安装在有防爆墙的间隔内或有隔板的间隔内。

(3) 电容器应避免阳光直射,受阳光直射的窗玻璃应涂白色。

(4) 电容器室应有良好的通风。电容器分层安装时应保证必要的通风条件。

(5) 电容器外壳和钢架均应采取接地(或接零)措施。

(6) 电容器应有合格的放电装置。

(7) 高压电容器组总容量不超过 100 kvar 时,可用跌开式熔断器保护和控制;总容量为 100~300 kvar 时,应采用负荷开关保护和控制;总容量在 300 kvar 以上时,应采用真空断路器或其他断路器保护和控制。低压电容器组总容量不超过 100 kvar 时,可用交流接触器、刀开关、熔断器或刀熔开关保护和控制;总容量在 100 kvar 以上时,应采用低压断路器保护和控制。

2) 电容器的运行

电容器运行中电流不应长时间超过电容器额定电流的 1.3 倍,电压不应长时间超过电容器额定电压的 1.1 倍,电容器外壳温度不得超过生产厂家的规定值(一般为 60 ℃或 65 ℃)。

电容器外壳不应有明显变形,不应有漏油痕迹。电容器的开关设备、保护电器和放电装置应保持完好。

3.5.2.3 高压开关

高压开关主要包括高压隔离开关、高压负荷开关和高压断路器,如图 3.17 至图 3.19 所示。高压开关用于完成电路的转换,存在较大的危险。

图 3.17 高压隔离开关

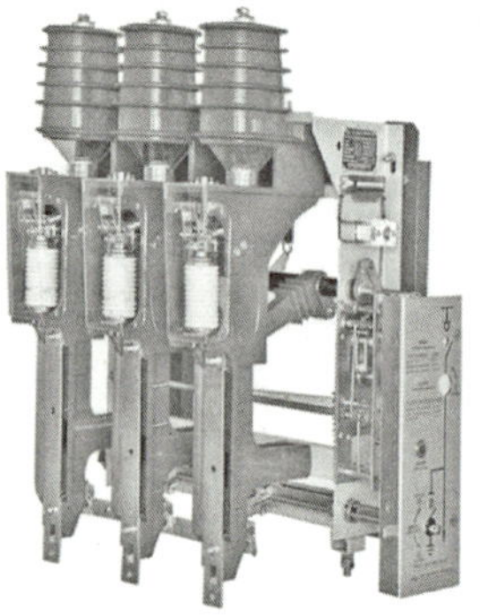

图 3.18 高压负荷开关

图 3.19 高压断路器

1) 高压隔离开关

高压隔离开关简称刀闸。其无灭弧装置,不能用于接通和分断负荷电流,更不能用于切断短路电流。高压隔离开关主要用于隔断电源，以保证检修和倒闸操作的安全。

高压隔离开关应安装牢固，电气连接应紧密、接触良好，与铜、铝导体连接须采用铜铝过渡接头。高压隔离开关不能带负荷操作。拉闸、合闸前应检查与之串联安装的断路器是否在分闸位置。

运行中的高压隔离开关连接部位的温度不得超过 75 ℃，机构应保持灵活。

2）高压负荷开关

高压负荷开关有比较简单的灭弧装置，用于接通和断开负荷电流。高压负荷开关必须与有高分断能力的高压熔断器配合使用，由熔断器切断短路电流。

高压负荷开关分断负荷电流时有强电弧产生，因此其前方不得有可燃物。

3）高压断路器

高压断路器是高压开关设备中最重要、最复杂的开关设备。高压断路器有强力灭弧装置，既能在正常情况下接通和分断负荷电流，也能借助继电保护装置在故障情况下切断过载电流和短路电流。

高压断路器分断电路时，如电弧不能及时熄灭，不仅断路器本身可能受到严重损坏，还可能迅速发展为弧光短路，导致更严重的事故。

按照灭弧介质和灭弧方式，高压断路器可分为少油断路器、多油断路器、真空断路器、六氟化硫断路器、压缩空气断路器、固体产气断路器和磁吹断路器。

高压断路器必须与高压隔离开关串联使用，由断路器接通和分断电流，由隔离开关隔断电源。因此，切断电路时必须先拉开断路器，后拉开隔离开关；接通电路时必须先合上隔离开关，后合上断路器。为确保断路器与隔离开关之间的操作顺序正确，除严格执行操作制度外，10 kV 系统中常安装机械式或电磁式联锁装置。

3.5.3 配电柜（箱）

配电柜（箱）可分为动力配电柜（箱）和照明配电柜（箱），是配电系统的末级设备。

1）配电柜（箱）的安装

配电柜（箱）的安装应注意：

（1）配电柜（箱）应用不可燃材料制作。

（2）触电危险性小的生产场所和办公室，可安装开启式配电板。

（3）触电危险性大或作业环境较差的加工车间及铸造、锻造、热处理、锅炉房、木工房等场所，应安装封闭式配电柜（箱）。

（4）在有导电性粉尘或产生易燃易爆气体的危险作业场所，必须安装密闭式或防爆型电气设施。

（5）配电柜（箱）各电气元件、仪表、开关和线路应排列整齐、安装牢固、操作方便，配电柜(箱)内应无积尘、积水和杂物。

(6) 落地安装的配电柜(箱)底面应高出地面 50～100 mm,操作手柄中心高度一般为 1.2～1.5 m,配电柜(箱)前方 0.8～1.2 m 范围内无障碍物。

(7) 保护线连接可靠。

(8) 配电柜(箱)外不得有裸带电体外露,装设在配电柜(箱)外表面或配电板上的电气元件必须有可靠的屏护。

2) 配电柜(箱)的运行

配电柜(箱)内各电气元件及线路应接触良好、连接可靠,不得有严重发热、烧坏现象。配电柜(箱)的门应完好,门锁应有专人保管。

3.5.4 用电设备和低压电器

3.5.4.1 电气设备触电防护分类

按照触电防护方式,电气设备可分为以下 4 类:

(1) 0 类。这种设备仅依靠基本绝缘来防止触电。0 类设备外壳和内部的不带电导体都没有接地端子。

(2) Ⅰ类。这种设备除依靠基本绝缘外,还有一个附加的安全措施。Ⅰ类设备外壳没有接地端子,但内部有接地端子,自设备内引出带有保护插头的电源线。

(3) Ⅱ类。这种设备具有双重绝缘和加强绝缘的安全防护措施。

(4) Ⅲ类。这种设备依靠特低安全电压供电,以防止触电。

3.5.4.2 电气设备外壳防护

电气设备的外壳防护包括对固体异物进入壳内设备的防护、对人体触及内部危险部件的防护和对水进入内部的防护。

外壳防护等级应按图 3.20 所示方法标志。当不要求规定特征数字时,其位置由字母“X”代替(如果两个字母都省略,则用“XX”表示);附加字母和(或)补充字母可省略,不需代替;当使用一个以上的补充字母时,应按字母顺序排列。

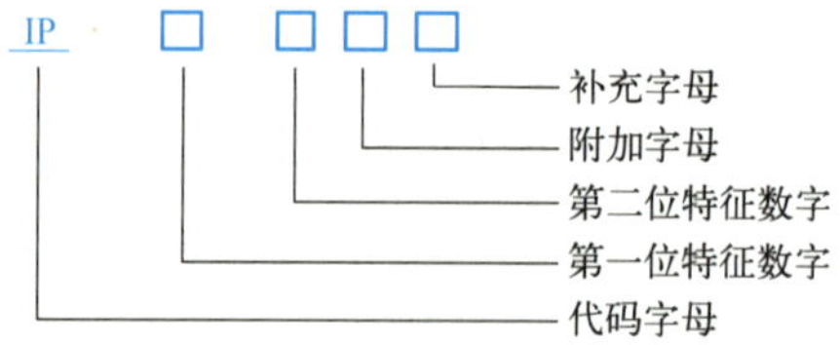

图 3.20 外壳防护等级标志方法

3.5.4.3　电动机

电动机可将电能转变为机械能。电动机分为直流电动机和交流电动机。交流电动机又分为同步电动机和异步电动机(即感应电动机),异步电动机可进一步分为绕线型电动机和笼型电动机。电动机是工业企业最常用的用电设备。作为动力机,电动机具有结构简单、操作方便、效率高等优点。生产企业中电动机消耗的电能占总能源消耗量的50%以上。

电动机的电压、电流、频率、温升等运行参数应符合要求,电压波动不得超过−5%～+10%,电压不平衡不得超过5%,电流不平衡不得超过10%。低压电动机(如380 V)的绝缘电阻不应低于0.5 MΩ,而高压电动机的绝缘电阻不应低于每千伏工作电压1 MΩ,如6 kV电动机的绝缘电阻不应低于6 MΩ。

电动机必须装设短路保护和接地故障保护,并根据需要装设过载保护、断相保护和低电压保护。熔断器熔体的额定电流应取为异步电动机额定电流的1.5～2.5倍。热继电器热元件的额定电流应取为电动机额定电流的1～1.5倍,其整定值应接近但不小于电动机的额定电流。

电动机应保持主体完整、零附件齐全、无损坏,并保持清洁。除原始技术资料外,还应建立电动机运行记录、试验记录、检修记录等资料。

3.5.4.4　手持电动工具和移动式电气设备

手持电动工具包括电钻、手砂轮、冲击电钻、电锤、手电锯等工具。移动式电气设备包括蛙夯机、振捣器、水磨石磨平机等。

1) 触电危险性

手持电动工具和移动式电气设备是发生触电事故较多的用电设备。其事故较多的主要原因是:

(1) 这些工具和设备是在人的紧握之下运行的,人与工具之间的接触电阻小,一旦工具带电,将有较大的电流通过人体,容易造成严重后果。同时,操作者一旦触电,由于肌肉收缩而难以摆脱带电体,也容易造成严重后果。

(2) 这些工具和设备有很大的移动性,其电源线容易因受拉、磨而损坏,电源线连接处容易脱落而使金属外壳带电,导致触电事故。

(3) 这些工具和设备没有固定的工位,运行时振动大,且可能在恶劣的条件下运行,易因本身容易损坏而使金属外壳带电,导致触电事故。

2) 安全使用条件

手持电动工具和移动式电气设备使用时应注意:

(1) Ⅱ类、Ⅲ类设备没有保护接地或保护接零的要求;Ⅰ类设备必须采取保护接地或保护接零措施。设备的保护线应与保护干线连接。

(2) 移动式电气设备的保护零线(或地线)不应单独敷设,而应与电源线采取同样的防护措施,即采用带有保护芯线的橡皮套软线作为电源线。电源线不得有破损或龟裂,中间不得有接头,电源线与设备之间防止拉脱的紧固装置应保持完好。设备的软电缆及插头不得任意接长、拆除或调换。

(3) 移动式电气设备的电源插座和插销应有专用的接零(地)插孔和插头。

(4) 在一般场所,手持电动工具应采用Ⅱ类设备。在潮湿或金属构架等导电性能良好的作业场所,必须使用Ⅱ类或Ⅲ类设备。在锅炉内、金属容器内、管道内等狭窄的特别危险场所,应使用Ⅲ类设备。如果使用Ⅱ类设备,必须装设额定漏电动作电流不大于15 mA、动作时间不大于0.1 s的漏电保护器,且Ⅲ类设备的隔离变压器、Ⅱ类设备的漏电保护器、Ⅱ类及Ⅲ类设备的控制箱和电源连接器等必须放在外面。

(5) 使用Ⅰ类设备应配用绝缘手套、绝缘鞋、绝缘垫等安全用具。

(6) 设备的电源开关不得失灵、不得破损并应安装牢固,接线不得松动,转动部分应灵活。

(7) 绝缘电阻应合格,对带电部分与可触及导体之间的绝缘电阻,Ⅰ类设备不低于2 MΩ,Ⅱ类设备不低于7 MΩ。

3.5.4.5 电焊设备

手工电弧焊应用广泛,但危险因素也比较多,其主要安全要求为:

(1) 电弧熄灭时焊钳电压较高,为防止触电及其他事故,电焊工人应戴帆布手套,穿胶底鞋,在金属容器中工作时还应戴头盔、护肘等防护用品。电焊工人的防护用品应能防止烧伤和射线伤害。

(2) 在高度触电危险环境中进行电焊时,可安装空载自停装置。

(3) 固定使用的弧焊机的电源线与普通配电线路的要求相同,移动使用的弧焊机的电源线应按临时接线处理。弧焊机的二次线路最好采用两条绝缘线。

(4) 弧焊机的电源线上应装设隔离电器、主开关和短路保护电器。

(5) 电焊机外露导电部分应采取保护接零(或接地)措施。为防止高压窜入低压造成的危险和危害,交流弧焊机二次侧应接零(或接地)。但必须注意二次侧接焊钳的一端不允许接零或接地,二次侧的另一条线也只能一点接零(或接地),以防止部分焊接电流经其他导体构成回路。

(6) 弧焊机一次绝缘电阻不应低于1 MΩ,二次绝缘电阻不应低于0.5 MΩ。弧焊机应安装在干燥、通风良好处,不应安装在易燃易爆环境、有腐蚀性气体的环境、有严重尘垢的环境或剧烈振动的环境。室外使用的弧焊机应采取防雨雪措施,工作地点下方有可燃物品时应采取适当的安全措施。

(7) 移动焊机时必须停电。

3.5.4.6 低压控制电器

低压控制电器主要用于接通、断开线路和控制电气设备，包括刀开关、低压断路器和接触器等。

1）低压控制电器的一般安全要求

低压控制电器的一般安全要求包括：

（1）电压、电流、断流容量、操作频率、温升等运行参数符合要求。

（2）结构形式与使用的环境条件相适应。

（3）灭弧装置（包括灭弧罩、灭弧触头、灭弧用绝缘板）完好。

（4）触头接触表面光洁、接触紧密并有足够接触压力，各极触头应同时动作。

（5）防护完善，门（或盖）上的联锁装置可靠，外壳、手柄、漆层无变形和损伤。

（6）安装合理、牢固，操作方便，且能防止自行合闸。一般情况下，电源线应接在固定触头上。

（7）正常时不带电的金属部分接地（或接零）良好。

（8）绝缘电阻符合要求。

2）刀开关

刀开关是手动开关，包括胶盖刀开关、石板刀开关、铁壳开关、转扳开关、组合开关等。由于刀开关没有或只有极简单的灭弧装置，不能切断短路电流，因此刀开关下方应装有熔体或熔断器。对容量较大的线路，刀开关须与有切断短路电流能力的其他开关串联使用。

用刀开关操作异步电动机及其他有冲击电流的动力负荷时，刀开关的额定电流应大于负荷电流的3倍，并应在刀开关上方另装一组熔断器。刀开关所配用熔断器和熔体的额定电流不得大于开关的额定电流。

3）低压断路器

低压断路器是具有很强灭弧能力的低压开关。低压断路器的合闸、分闸可由人工操作，也可在故障情况下自动分闸。

低压断路器瞬时过电流脱扣器用于短路保护，其动作电流的调整范围多为额定电流的4～10倍。其整定电流应大于线路上可能出现的峰值电流，并应为线路末端单相短路电流的2/3。长延时过电流脱扣器的动作电流应按线路负荷电流或电动机额定电流整定，用于过载保护。

运行中，低压断路器机构应保持灵活，各部分应保持干净。触头磨损超过原来厚度的1/3时，应予更换。应定期检查各脱扣器的整定值。

4）接触器

接触器是电磁启动器的核心元件。接触器的额定电流应按电动机的额定电流和工作状态选择。接触器的额定电流应选为电动机额定电流的1.3～2倍。工作繁重者应取较大的倍数。

接触器在运行中应注意以下问题：

（1）工作电流不应超过额定电流，温度不得过高，分合指示应与接触器的实际状态相符，连接和安装应牢固，机构应灵活，接地或接零应良好，运行环境应无有害因素。

（2）触头应接触良好、紧密，不得过热；主触头和辅助触头不得有变形和烧伤痕迹；触头应有足够的压力和开距；主触头同时性良好；灭弧罩不得松动、缺损。

（3）声音不得过大，铁芯吸合良好，短路环不应脱落或损坏，铁芯固定螺栓不得松动，吸引线圈不得过热，绝缘电阻必须合格。

3.5.4.7 低压保护电器

低压保护电器主要用于获取、转换和传递信号，并通过其他电器对电路实现控制。熔断器和热继电器属于最常见的低压保护电器。

1）熔断器

熔断器有管式熔断器、螺塞式熔断器、插式熔断器等多种形式。管式熔断器有两种：一种是纤维材料管，由纤维材料分解大量气体灭弧；另一种是陶瓷管，管内填充石英砂，由石英砂冷却和熄灭电弧。管式熔断器和螺塞式熔断器都是封闭式结构，电弧不容易与外界接触，适用范围较广。管式熔断器多用于大容量线路，螺塞式熔断器和插式熔断器用于中、小容量线路。

熔断器熔体的热容量很小，动作很快，宜用作短路保护元件。在照明线路及其他没有冲击载荷的线路中，熔断器也可用作过载保护元件。

熔断器的防护形式应满足生产环境的要求，其额定电压应符合线路电压，额定电流应满足安全条件和工作条件的要求，极限分断电流应大于线路上可能出现的最大故障电流。

对单台笼型电动机，熔体额定电流可取为电动机额定电流的1.5～2.5倍；对没有冲击负荷的线路，熔体额定电流可取为线路导线许用电流的0.85～1倍。

同一熔断器可以配用几种不同规格的熔体，但熔体的额定电流不得超过熔断器的额定电流。熔断器各接触部位应接触良好。在爆炸危险环境不得装设电弧可能与周围介质接触的熔断器，在一般环境也必须考虑防止电弧飞出的措施。不得轻易改变熔体的规格，不得使用不明规格的熔体。

2）热继电器

热继电器也是利用电流的热效应制成的。它主要由热元件、双金属片、控制触头等组成。热继电器的热容量较大，动作不快，只用于过载保护。

热元件的额定电流原则上按电动机的额定电流选取。对过载能力较低的电动机，如果启动条件允许，可按额定电流的60%～80%选取；对工作繁重的电动机，可按额定电流的110%～125%选取。对照明线路，可按负荷电流的85%～100%选取。

3.6 电气线路安全

3.6.1 架空线路

杆距超过 25 m，利用杆塔敷设的高、低压电力线路都属于架空线路。架空线路主要由导线、杆塔、横担、绝缘子、金具、基础及拉线组成。

架空线路木电杆梢径不应小于 150 mm，不得有腐蚀、严重弯曲、劈裂等迹象，顶部应做成斜坡形，根部应做防腐处理。水泥电杆钢筋不得外露，杆身弯曲不超过杆长的 0.2%。

绝缘子的瓷件与铁件应结合紧密，铁件镀锌良好，瓷件瓷釉光滑，无裂纹、烧痕、气泡或瓷釉烧坏等缺陷。

拉线与电杆的夹角不宜小于 45°，当受到地形限制时也不应小于 30°。拉线穿过公路时，其高度不应小于 6 m。拉线绝缘子的高度不应小于 2.5 m。

架空线路的导线与地面、工程设施、建筑物、树木、其他线路之间，以及同一线路的导线与导线之间均应保持足够的安全距离。

3.6.2 电缆线路

电缆线路主要由电力电缆、终端接头、中间接头及支撑件组成。电缆线路敷设有电缆沟或电缆隧道敷设、直接埋入地下敷设、桥架敷设、支架敷设、钢索吊挂敷设等方式。

三相四线制系统应采用四芯电力电缆，不应采用三芯电缆另加一根单芯电缆或以导线、电缆金属护套作为中性线。

电缆进入电缆沟、隧道、竖井、建筑物、盘（柜）处应封堵。电缆最小弯曲半径应符合表 3.4的要求，表中 D 为电缆外径。

表 3.4 电缆最小弯曲半径

电缆类型		多芯电缆最小弯曲半径	单芯电缆最小弯曲半径
控制电缆		$10D$	
橡皮绝缘电力电缆	无铅包或钢铠护套	$10D$	
	裸铅包护套	$15D$	
	钢铠护套	$20D$	
聚氯乙烯绝缘电力电缆		$10D$	
交联聚乙烯绝缘电力电缆		$15D$	$20D$

电缆直接敷设不得应用非铠装电缆。直埋电缆在直线段每隔 50～100 m 处、电缆接头处、

转弯处、进入建筑物处等应设置明显的标志或标桩。电力电缆的终端头和中间接头应保证密封良好，防止受潮，电缆终端头、中间接头的外壳与电缆金属护套及铠装层均应接地良好。

3.7 静电防护技术

3.7.1 静电事故

静电是由于物体的相对运动而分离和积累起来的正电荷和负电荷。静电电压可能高达数万伏乃至数十万伏，并可能在现场发生放电，产生静电火花。静电可能导致电击、火灾、爆炸或影响产品质量。在石油、化工、粉末加工、橡胶、塑料等行业，必须充分注意静电的危害。

某年 8 月 3 日凌晨 2 点左右，某石油厂添加剂车间储存航空煤油的油罐（容积 400 m^3）在收油过程中由于静电放电而发生爆炸，引起大火。接着罐区的 4 个油罐相继爆炸，附近的厂房和车间相继起火。大火燃烧了 4 个多小时，造成重大经济损失。

引起该事故的原因主要是：

(1) 对同种油品在不同条件下输油的安全措施没有认真考虑和制定。含有杂质的废煤油和航空煤油同走一条输油管线，往同一个油罐混送，其结果是加剧静电的产生，使油面电位迅速增高。

(2) 输油采用从油罐顶部进油的方式，油料从静落差为 6.1 m 的高处溅入油罐，加剧了油沫和静电的产生，同时油蒸气与空气的混合气体达到爆炸浓度，此时正好遇到静电放电，引发了爆炸事故和火灾。

3.7.2 防静电措施

1) 限制和防止静电的产生

为限制和防止静电的产生，应注意：

(1) 采用导电材料。

(2) 减少摩擦阻力。

(3) 限制容易产生静电的烃类油料等在管道中的最大流速(表 3.5)。

表 3.5 管径与烃类油料最大流速

管径/mm	烃类油料最大流速/($m \cdot s^{-1}$)
25	4.9
100	2.5

续表

管径/mm	烃类油料最大流速/$(m\cdot s^{-1})$
400	1.3
600	1.0

2）接地和屏蔽

对接地和屏蔽，应注意：

(1) 所有易燃物的储池、储罐、输送设备、封闭的运输装置、排注设备、混合器、过滤器、干燥器、升华器、吸附器必须接地。

(2) 厂区所有可能产生静电的管道必须连成连续的整体并接地。

(3) 油槽车应连金属链条并与大地接触，卸油时应接地。

(4) 注油漏斗、工作台、磅秤、金属检尺等辅助设备与工具均应接地。

(5) 可能产生静电的固体和粉体加工设备均应接地。

图 3.21 所示为油罐车静电溢油保护系统。

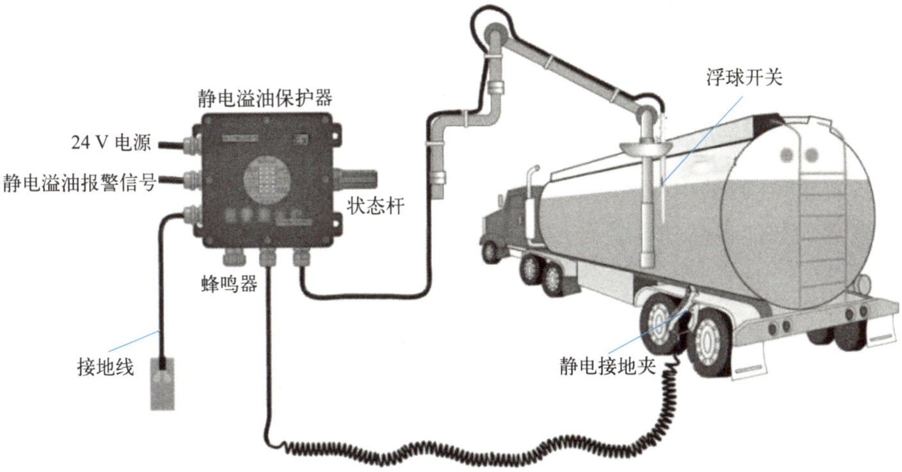

图 3.21 油罐车静电溢油保护系统

3）控制环境危险程度

静电引起爆炸和火灾的条件之一是有爆炸性混合物存在。为防止静电产生危害，可采取以下控制所在环境爆炸和火灾危险性的措施。

(1) 取代易燃介质。很多可能产生和积累静电的工艺过程都要用到有机溶剂和易燃液体，由此可能带来爆炸和火灾危险。在不影响工艺过程正常运转和产品质量且经济上合理的情况下，用不可燃介质代替易燃介质是防止静电引起的爆炸和火灾的重要措施之一。采用这种措施不仅对防止静电引起的爆炸和火灾是有效的，对防止其他原因引起的爆炸和火灾也是有效的。例如，用三氯乙烯、四氯化碳、苛性钠或苛性钾代替汽油、煤油作为洗涤剂有良好的防爆效果。

(2) 降低爆炸性混合物的浓度。在爆炸和火灾危险环境中,采用通风装置或抽气装置及时排出爆炸性混合物,使混合物的浓度不超过爆炸下限,可防止静电引起爆炸的危险。

(3) 减少氧化剂含量。这种方法实质上是充填不活泼的气体,减少气体、蒸气或粉尘爆炸性混合物中氧的含量,以便不容易引起燃烧。比较常见的是充填氮或二氧化碳来降低混合中物的氧含量。

4) 增　湿

增湿适用于消除绝缘体上的静电。增湿主要是增强静电沿绝缘体表面的泄漏,而不是增加通过空气的泄漏。因此,增湿对表面容易形成水膜或表面容易被水润湿的绝缘体有效(如醋酸纤维、硝酸纤维、纸张、橡胶等),而对表面不能形成水膜、表面水分蒸发极快的绝缘体或孤立的带静电绝缘体无效。从消除静电危害的角度考虑,保持相对湿度在 70%以上较好。

北方冬天的室内空气干燥,相对湿度一般在 20%~40%之间,经常能感受到静电,对人的危害较大。采用加湿器,提高湿度到 40%以上,可大大减少静电。

5) 采用抗静电添加剂

抗静电添加剂是化学药剂,也称静电消失添加剂。它是由有机金属盐组成的添加剂,具有良好的导电性或较强的吸湿性。在容易产生静电的高绝缘材料中加入抗静电添加剂能降低材料的电阻,加速静电泄漏。抗静电添加剂通常加量极少。例如,在导电炭黑、火药药粉中一般加入石墨,在石油中一般加入环烷酸盐或合成脂肪酸盐等。又如,在汽油或喷气燃料中的抗静电添加剂能提高其导电率,防止在油品加注和输送过程中产生的静电电荷聚积和着火爆炸危险。

6) 采用静电中和器

静电中和器主要用于消除绝缘体上的静电。静电中和器产生的电子和离子可使物料上的静电电荷得到中和,从而消除静电的危险。按照工作原理和结构的不同,静电中和器大体上可分为感应式中和器、高压式中和器和放射线中和器等。与抗静电添加剂相比,静电中和器不影响产品质量,使用也很方便。

Ⅰ. 感应式中和器

感应式中和器工作原理如图 3.22 所示。生产物料上的静电在放电针上感应出极性相反的电荷,并在针尖附近形成很强的电场。当局部电场强度超过 30 kV/cm 时,空气被电离,形成电晕放电,产生正离子和负离子。在电场的作用下,正、负离子分别向生产物料和放电针移动,静电电荷得到中和。

感应式静电中和器的优点是不需要外加电源,结构简单,容易制作,安装和维修也比较方便,引燃危险性很小;缺点是不能消除临界电压(一般在 2.2~5.8 kV 之间)以下的静电,即消电不够彻底,且作用范围小,范围半径一般只有 10~20 mm。感应式中和器可用于橡胶、塑料、造纸、纺织、石油化工等行业。感应式静电中和器应装在静电电压较高的位置。

图 3.23所示为感应式静电消除棒。

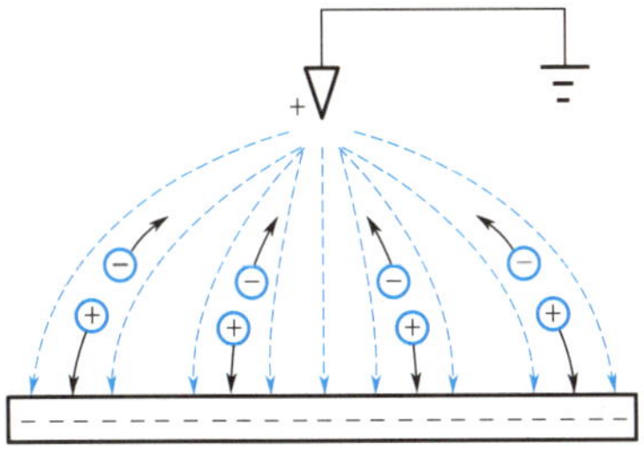

图 3.22　感应式中和器工作原理

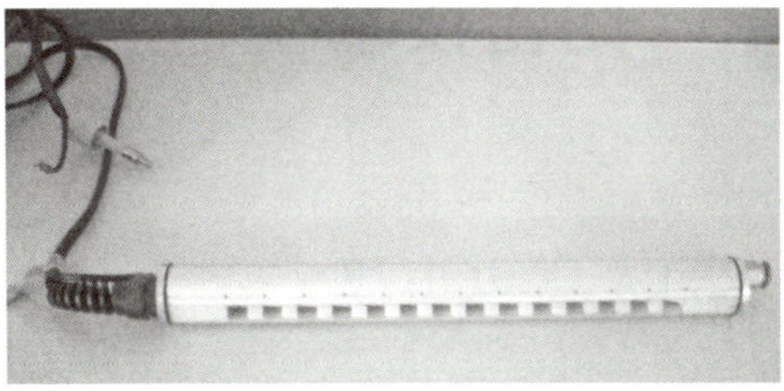

图 3.23　感应式静电消除棒

Ⅱ. 高压式中和器

高压式中和器带有高压电源，主要由高压电源和多支放电针的电晕放电器组成。高压式中和器是利用高电压在放电针尖端附近形成强电场，使空气电离来进行工作的，如图 3.24所示。

与感应式中和器相比，高压式中和器的结构和维修都比较复杂；除直流高压中和器外，其他高压中和器的作用范围都很小。但是，由于高压式中和器不是靠感应而是靠外接高压电源来产生电晕的，所以其消除静电比较彻底。

Ⅲ. 放射线中和器

放射线中和器利用放射线同位素使空气电离，产生正离子和负离子，中和生产物料上的静电。如图 3.25 所示，放射线中和器由放射源、屏蔽框和保护网等组成。放射源采用厚 0.3～0.5 mm 的片状元件，用紧固件固定在屏蔽框底部。屏蔽框应有足够的厚度，以防止射线穿泄危害。放射线中和器前装设的保护网可防止工作人员意外直接接触到放射源。

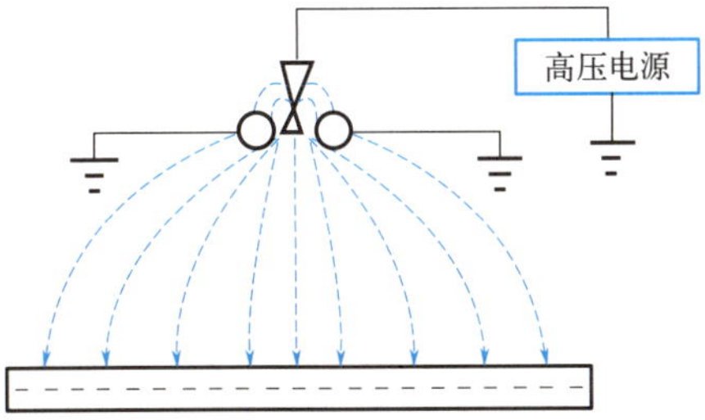

图 3.24　高压式中和器工作原理

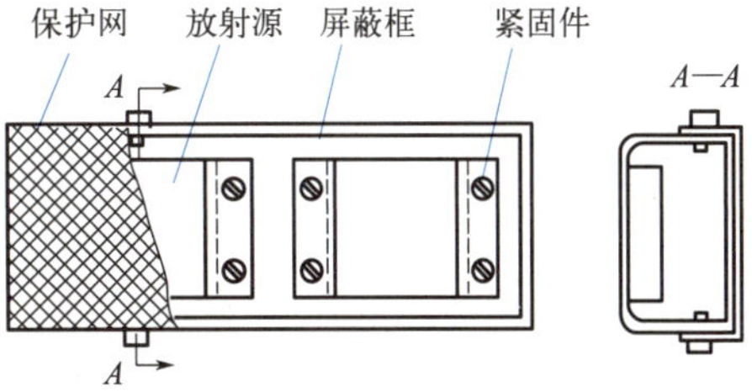

图 3.25　放射线中和器结构组成

使用放射线中和器一定要控制放射性对人体的伤害和对产品的污染。为此，放射线中和器的放射性同位素元件应有铅制屏蔽装置或其他屏蔽装置，且放射线中和器只能在特定方向上使空气电离，发挥中和作用。放射线中和器应有坚固外壳，以防止机械损伤。

放射线中和器结构简单，不要求外加电源，且工作时不产生火花，适用于有火灾和爆炸危险的环境。它可用于化工、橡胶、纺织、造纸、印刷等行业。

3.8 防雷技术

3.8.1 雷电事故

雷电是大自然分离和积累的电荷的放电现象。当带有不同电荷的雷云接近，电场强度达 25～30 kV/cm 及以上时将发生放电。放电温度可达 26 000 ℃。雷电放电具有电流大、电压高的特点，有极大的破坏力。建筑物和构筑物，特别是具有爆炸和火灾危险的建筑物和构筑物(如发电厂、电力线路、变电站、油库等)，以及个人都必须考虑防雷措施。

某年 8 月 21 日，某输油管线末站油库一座 2.3×10^4 m^3 非金属油罐爆炸起火，随后将旁边的一座非金属油罐引爆，并使另外 3 座容量 1×10^4 m^3 的金属罐引燃。事故造成 19 人死亡、78 人受伤，烧掉原油 3.6×10^4 t，烧毁大型油罐 5 座及全部辅助设施，经济损失高达 5 000万元。

引起该事故的原因主要是：

(1) 由于设计和施工时没有考虑防雷问题，罐内钢和金属构件互不连接，因此未能及时排除雷电强电场的感应电，产生火花而引燃油气。

(2) 防雷设施不合要求，长年锈蚀，失去应有的防雷作用。

(3) 该油库总体规划不符合安全规范的要求，这是事故扩大的原因。

3.8.2 雷电的类型及危害

1) 雷电的类型

雷电可分为直击雷、感应雷、雷球、雷电侵入。

Ⅰ. 直击雷

带电积云与地面目标之间的强烈放电称为直击雷。带电积云接近地面时，在地面凸出物顶部感应出异性电荷，当积云与地面凸出物之间的电场强度达到 25～30 kV/cm 时，即发生由带电积云向大地发展的跳跃式先导放电，持续时间为 5～10 ms，平均速度为 100～1 000 km/s，每次跳跃前进约 50 m，并停顿 30～50 μs。当先导放电到达地面凸出物时，发生从地面凸出物向积云发展的极明亮的主放电，放电时间仅 50～100 μs，放电速度为光速的 1/5～1/3。主放电向上发展，至云端即告结束。

Ⅱ. 感应雷

感应雷也称为雷电感应或感应过电压。感应雷可分为静电感应雷和电磁感应雷。

静电感应雷是由于带电积云接近地面，在架空线路导线或其他导电凸出物顶部感应出大量电荷引起的。在带电积云与其他客体放电后，架空线路导线或导电凸出物顶部的电荷失去束缚，以大电流、高电压冲击波的形式沿线路导线或导电凸出物极快地传播。

电磁感应雷是由于雷电放电时，巨大的冲击雷电流在周围空间产生迅速变化的强磁场引起的。这种迅速变化的磁场能在邻近的导体上感应出很高的电动势。如果是开口环状导体，开口处可能由此引起火花放电；如果是闭合导体环路，环路内将产生很大的冲击电流。

Ⅲ. 雷 球

雷球是雷电放电时形成的发红光、橙光、白光或其他颜色光的火球。雷球出现的概率约为雷电放电次数的2%，其直径多为20 cm左右，运动速度约为2 m/s或更高，存在时间为数秒到数分钟。雷球是一团处在特殊状态下的带电气体。有人认为，雷球是包有异物的水滴在极高的电场强度作用下形成的。在雷雨季节，雷球可能从门、窗、烟囱等通道侵入室内。

Ⅳ. 雷电侵入

直击雷和感应雷都能在架空线路或空中金属管道上产生沿线路或管道的两个方向迅速传播的雷电侵入波。雷电侵入波在架空线路中的传播速度约为300 m/μs，在电缆中的传播速度约为150 m/μs。

2) 雷电的危害

雷电具有电流很大、电压很高、冲击性很强等特点，会产生多方面的破坏作用，且破坏力很大。雷电可造成设备和设施的损坏，可造成大规模停电，严重的还会造成人员生命财产的损失。从破坏因素看，雷电具有电性质、热性质和机械性质三方面的破坏作用。

(1) 电性质的破坏作用。电性质的破坏作用表现为数百万伏乃至更高的冲击电压可能毁坏发电机、电力变压器、断路器、绝缘子等电气设备的绝缘，烧断电线或劈裂电线杆，造成大规模停电；绝缘损坏可引起短路，导致火灾或爆炸事故；二次放电的电火花可能引起火灾或爆炸，二次放电也可能造成电击。绝缘损坏后，可能导致高压窜入低压，在大范围内带来触电的危险。数十至数百千安的雷电流流入地下，会在雷击点及其连接的金属部分产生极高的对地电压，可能导致接触电压电击和跨步电压触电事故。

(2) 热性质的破坏作用。热性质的破坏作用表现为直击雷放电的高温电弧能直接引燃邻近的可燃物，从而造成火灾。巨大的雷电流通过导体，在极短的时间内转换出大量的热能，可能烧毁导体，并导致易燃品的燃烧和金属熔化、飞溅，从而引起火灾或爆炸。雷球的侵入也可引起火灾。

(3) 机械性质的破坏作用。机械性质的破坏作用表现为被击物遭到破坏，甚至爆裂成碎片。这是由于巨大的雷电通过被击物时，在被击物缝隙中的气体剧烈膨胀，缝隙中的水分也急剧蒸发为大量气体，致使被击物破坏和爆炸。此外，同性电荷之间的静电斥力、同方向电流或电流转弯处的电磁作用力也有很强的破坏力，雷电时的气浪同样具有一定的破坏作用。

3.8.3 防雷建筑物和构筑物分类

防雷建筑物和构筑物的分类如下：

1）工业建筑物和构筑物分类

第一类：使用和储存大量爆炸危险物，电火花会引起强烈爆炸，造成巨大破坏和人身伤害，如火药制造、乙炔站、电石库、油气提炼车间等。

第二类：使用和储存大量爆炸危险物，但电火花不会引起强烈爆炸，或不致造成巨大破坏和人身伤害，如油漆制造车间、氧气站、易燃品库等。

第三类：除第一类和第二类外，其他需要防雷的工业建筑物和构筑物。

2）民用建筑物和构筑物分类

第一类：具有重大政治意义的建筑物，如国家重要机关办公楼、国际机场、大会堂、大型火车站、大型体育馆、大型展览馆等。

第二类：重要的公共建筑物，以及与第三类工业建筑物和构筑物相当的民用建筑物、构筑物，如大型百货公司、大型影剧院等。

3.8.4 防雷装置

避雷针、避雷线、避雷网、避雷带、避雷器是经常采用的防雷装置。一套完整的防雷装置包括接闪器、避雷器、引下线和接地装置。上述避雷针、避雷线、避雷网和避雷带都只是接闪器，而避雷器是一种专门的防雷装置。

1）接闪器

避雷针、避雷线、避雷网和避雷带都可作为接闪器。建筑物的金属屋面可作为除第一类工业建筑物外其他建筑物的接闪器。这些接闪器都是利用其高出被保护物的突出地位，将雷电引向自身，然后通过引下线和接地装置将雷电流泄入大地，以此保护被保护物免受雷击。

2）避雷器

避雷器并联在被保护设备或设施上，正常时处在不通的状态。出现雷击过电压时被击穿放电，切断过电压，发挥保护作用。过电压终止后，避雷器迅速恢复不通状态，恢复正常工作。避雷器主要用于保护电力设备和电力线路，也用作防止高电压侵入室内的安全措施。避雷器有间隙避雷器、管型避雷器和阀型避雷器之分，应用最多的是阀型避雷器。

3）引下线

防雷装置的引下线应满足机械强度、耐腐蚀和热稳定的要求。引下线一般采用圆钢或扁钢，其尺寸和防腐蚀要求与避雷网、避雷带相同。用钢绞线做引下线时，其截面积不得小于 25 mm^2；用有色金属导线做引下线时，应采用截面积不小于 16 mm^2 的铜导线。引下线应沿建筑物外墙敷设，并应避免弯曲，经最短途径接地。

4) 接地装置

接地装置是防雷装置的重要组成部分。接地装置向大地泄放雷电流，限制防雷装置对地电压过高。除独立避雷针外，在接地电阻满足要求的前提下，防雷接地装置可与其他接地装置共用。

对关键设备设施的防雷保护，为提高保护的可靠性，可增设多组防护。

单组防护和多组防护的设备防雷技术原理可参考动画 3.3 和动画 3.4。

动画 3.3 设备防雷技术原理(单组防护)

动画 3.4 设备防雷技术原理(多组防护)

3.8.5 防雷措施

1) 直击雷防护

直击雷防护措施主要包括：

(1) 装设避雷针、避雷线、避雷网、避雷带。一般要求接地电阻不超过 10 Ω。

(2) 照明电源线必须采用铅皮电缆或穿入铁管，并将铅皮电缆或铁管直接埋入地下(埋深 0.5～0.8 m)，经 10 m 以上(水平距离)才能引入室内。

(3) 露天装设的有爆炸危险的金属封闭罐或工艺装置必须接地，接地点不少于两处，其间距不大于 30 m。

(4) 接闪器、下引线、接地装置与邻近的导体之间应有足够安全距离，以防止反击。

2) 感应雷防护(针对第一类和第二类建筑物和构筑物)

感应雷防护措施主要包括：

(1) 为防止静电感应，应将建筑物和构筑物内的金属设备、金属管道、金属构架、钢屋架、钢窗、电缆金属外皮，以及突出屋面的放散管、风管等金属物件与防雷电感应的接地装置相连。屋面结构钢筋宜绑扎或焊接成闭合回路。

(2) 为防止电磁感应，平行敷设的管道、构架、电缆相距不到 100 mm 时，须用金属线跨接；跨接点之间的距离不应超过 30 m；交叉相距不到 100 mm 时，交叉处也应用金属线跨接。

3) 侵入防护

侵入防护措施主要包括：

(1) 安装避雷器。

(2) 采用直接埋地电缆供电,在进户处将电缆的金属外皮接地。无条件时可在电缆与架空线换杆处加装一组阀型避雷器。

(3) 在管道进户处及邻近 100 m 内采取 1～4 处接地措施。

4) 人身防雷

人耳防雷应注意:

(1) 雷爆时尽量少在户外逗留,最好穿不透水的塑料雨衣,可在汽车、船只或有防雷保护的建筑物内躲避。

(2) 离开墙壁或树木 8 m 以上,离开小山、隆起的小道。

(3) 尽量离开海滨、湖滨、河边、池旁、铁丝网、旗杆、烟囱、宝塔、金属晾衣绳及无防雷保护的小建筑物。

(4) 在户内尽量离开电源线、电话线、电视机天线及与其相连的设备 1.5 m 以上。

(5) 关闭门窗,以防雷球进入。

3.9 电气防火防爆技术

由于电气方面的原因形成火源而引起的火灾和爆炸,在火灾和爆炸事故中占很大的比例。配电线路、高低压开关电器、熔断器、插座、照明灯具、电动机、电热器具等电气设备均可能引起火灾。电力电容器、电力变压器、电力电缆、多油断路器等电气装置除可能引起火灾外,本身还可能发生爆炸。尤其是石油化工企业,在生产、储存、运输过程中极易形成易燃易爆的环境,在这种场合使用电气设备,当由于选型不当、绝缘损坏等原因产生电火花时,就可能引起火灾和爆炸。电气火灾火势凶猛,如不及时扑灭,势必迅速蔓延。电气火灾和爆炸事故除可能造成人身伤亡、设备损坏和随之而来的大面积停电停产外,还可能在紧急停电中酿成新的灾害,带来无法估量的损失。

3.9.1 电气引燃源

发生电气火灾和爆炸需要具备两个条件,一是要有易燃易爆物质和环境,二是要有引燃条件。电气装置运行中产生的危险温度、电火花及电弧构成了电气火灾和爆炸的引燃条件,是发生电气火灾和爆炸的直接原因。从电气安全角度看,应重点预防由于电气方面产生的引燃条件。

3.9.1.1 危险温度

电气设备运行时发热和温度应限制在一定范围内,但在异常条件下可能产生危险温度。

1) 电气设备过热产生的危险温度

电气设备运行时总是要发热的，其热量的来源主要有：

(1) 由于导体总是有电阻的，这使得电流通过导体要消耗一定的电能。这部分电能使导体发热，温度升高。导体上消耗的电能 $W=I^2Rt$（I 为流过导体的电流，R 为导体的电阻，t 为通电时间）。

(2) 电动机、变压器等电气设备的铁芯在交变电流的交变磁场作用下因磁滞损耗和涡流损耗而发热，温度升高。铁芯磁通密度越高，电流频率越高；铁芯钢片厚度越大，所产生的热量越大。此外，有机械运动的电气设备由于摩擦也会引起发热，绝缘材料的绝缘性质劣化、电气设备的漏磁及谐波都会引起发热，使温度升高。

正确设计、正确施工、正确运行的电气设备，在稳定运行时发热与散热平衡，其最高温度和最高温升都不会超过一定的允许范围。但当电气设备的正常运行遭到破坏时，发热量增加，温度升高，危险温度出现，在一定条件下可能引起火灾。

引起电气设备过度发热的不正常运行情况大体有：

(1) 短路。短路又称碰线、混线或连电，是指电气线路或设备中相线与相线之间短接，或相线与大地、相线与中性线之间短接的现象。发生短路时，线路中电流增大为正常时的数倍乃至数十倍，温度急剧上升，大大超过允许范围。温度达到可燃物的引燃温度后极易引起燃烧。造成短路的原因很多，如电气设备的绝缘老化变质或受到高温、潮湿或腐蚀的作用而失去绝缘能力，绝缘导线直接缠绕、钩挂在铁钉或铁丝上时由于磨损和铁锈腐蚀而使绝缘破坏，电气设备的绝缘遭到雷电击穿，所选用设备的额定电压太低、不能满足工作电压的要求而被击穿，维护不及时导致导电性粉尘或纤维进入电气设备内部，在安装和检修中接线和操作错误等，都可能导致短路。

(2) 过载。过载又称过负载。过载也会引起电气设备过热。造成过载情况的原因主要有：一是设计中选用线路或设备不合理，或没有考虑足够的裕量，以致在正常负载下出现过热。二是使用不合理，即线路或设备的负载超过额定值或连续使用时间过长，超过线路或设备的设计能力，由此造成过热；管理不严，乱拉乱接，容易造成线路或设备过载运行。三是设备故障运行会造成设备和线路过载，如三相电动机断相运行或三相变压器不对称运行均可能造成过载。

(3) 接触不良。接触部位是电路的薄弱环节，是产生危险温度的主要部位之一。不可拆卸的接头连接不牢、焊接不良或接头处夹有杂物，都会增加绝缘电阻而导致接头过热。可拆卸的接头连接不紧密或由于振动而松动，也会导致接头发热。可开闭的触头，如刀开关的触头、断路器的触头、接触器的触头、插销的触头等，如果没有足够的接触压力或表面粗糙不平，均可能增大接触电阻，产生危险温度。对铜、铝接头，由于铜和铝的理化性能不同，如接触状态逐渐恶化，则会导致接头过热。

(4) 铁芯过热。对电动机、变压器、接触器等带有铁芯的电气设备，如果铁芯短路（片间绝缘破坏）或线圈电压过高，或通电后铁芯不能吸合，由于涡流损耗和磁滞损耗增加，都将造成铁芯过热并产生危险温度。

(5) 散热不良。各种电气设备在设计和安装时都会考虑并采用一定的散热或通风措施。如果这些措施遭到破坏，如散热油管堵塞、通道堵塞、安装位置不当、环境温度过高或距离外界热源太近，均可能使散热条件恶化，导致电气设备和线路过热。

(6) 漏电。电气设备或线路发生漏电时，漏电电流一般不大，尚不能促使线路熔丝动作。如漏电电流沿线路比较均匀地分布，则发热量分散，火灾危险不大；但当漏电电流集中在某一点时，可能引起比较严重的局部发热，甚至引燃成灾。漏电电流常流经金属螺丝或钉子，使其发热而引起木质构件起火。

(7) 机械故障。对带有电动机的设备，转动部分被卡死或轴承损坏，造成堵转或负载转矩过大，都会导致电动机过热。电磁铁卡死、衔铁吸合不上、线圈中的大电流持续时间过长，也会造成过热。

(8) 电压太高或太低。电压太高，除使铁芯受热增加外，对恒阻抗设备，还会使电流增大而发热。电压太低，除可能造成电动机堵转、电磁铁衔铁吸合不上，使线圈电流大大增加而发热外；对恒功率设备，还会使电流增大而发热。

2) 电热器具和照明灯具的危险温度

电热器具是将电能转换成热能的用电设备。常用的电热器具有小电炉、电烤箱、电熨斗、电烙铁、电褥子等。

电炉电阻丝的工作温度高达 800 ℃，可引燃附近与之接触的可燃物。电炉连续工作时间过长将使温度过高(恒温炉除外)，烧毁绝缘材料，引燃起火。电炉电源线容量不够可导致发热起火。对使用时间过长的电热丝截短后继续使用，将导致发热增加，直至引燃其他材料甚至引发火灾。

电烤箱内物品烘烤时间太长、温度过高，可能引起火灾。使用红外线加热装置，如误将红外光束照射到可燃物上，也可能引起燃烧。

电熨斗和电烙铁的工作温度高达 500～600 ℃，能直接引燃可燃物。

电褥子通电时间过长，将使电褥子温度过高而引起火灾；电褥子铺在床上，经常受压、揉搓、折叠，致使电热元件受到损坏，如电热丝出现短路，将因过热而引起火灾；将电褥子折叠使用会破坏其散热条件，也可能导致起火燃烧。

此外，灯泡等照明灯具工作温度较高，安装、使用不当均可能引起火灾。例如，200 W 的白炽灯泡在一般散热条件下的表面温度为 160～300 ℃，紧贴纸张时，十几分钟即可将纸张点燃。

供电电压超过灯泡额定电压，或大功率灯泡的玻璃壳发热不均匀，或水溅到灯泡上，都可能导致灯泡爆碎。炙热的钨丝落到可燃物上，将引起可燃物燃烧。

灯座内接触不良可使接触电阻增大，温度上升过高，从而引燃可燃物。日光灯镇流器运行时间过长或质量不高，将使发热增加，温度上升，如超过镇流器所用绝缘材料的引燃温度，也可能引燃成灾。

3.9.1.2 电火花和电弧

电火花是电极间的击穿放电，而电弧是大量电火花汇集而成的。电火花的温度一般很高，电弧的温度可能高达 8 000 ℃。因此，电火花和电弧不仅能引起可燃物燃烧，还能使金属熔化、飞溅，形成危险的火源。在有爆炸危险的场所，电火花和电弧十分危险。电火花大体包括工作火花或事故火花两类。

工作火花指电气设备正常工作或正常操作过程中所产生的电火花。例如，刀开关、断路器、接触器、控制器接通和断开线路时会产生电火花；直流电动机的电刷与换向器的滑动接触处、绕线式异步电动机的电刷与滑环的滑动接触处也会产生电火花等。切断感性或容性电器时，断口处将产生比较强烈的电火花或电弧。其能量较大，危险性也较大。当电火花能量超过周围爆炸性混合物的最小引燃能量时，可能引起爆炸。

事故火花包括线路或设备发生故障时出现的电火花。例如，导线断线、连接松动或绝缘损坏导致短路或接地时产生的电火花；电路发生故障，熔丝熔断时产生的电火花；沿绝缘表面发生的闪络等。事故火花还包括由外部原因产生的火花，如雷电直接放电及二次放电火花、静电火花、电磁感应火花等。

此外，电动机转子与定子发生摩擦（扫膛）或风扇与其他部件相碰都会产生火花，这是由碰撞引起的机械性质的火花。

就电气设备着火而言，外界热源也可能引起火灾。如变压器周围堆积杂物、油污，并由外界火源引燃，可能导致变压器喷油燃烧甚至发生爆炸。

对电气设备本身而言，除多油断路器、电力变压器、电力电容器、充油套管、油浸纸绝缘电力电缆等设备可能爆破外，以下情况也可能引起空间爆炸。

（1）周围空间有爆炸性混合物，在危险温度或电火花作用下引起空间爆炸。

（2）充油设备的绝缘油在高温电弧作用下汽化和分解，喷出大量油雾和可燃性气体，引起空间爆炸。

（3）发动机的氢冷装置漏气或酸性蓄电池排出氢气等，形成爆炸性混合物，引起空间爆炸。

3.9.2 危险物质与危险环境

3.9.2.1 危险物质的分类及分级

对危险物质进行分类及分级的目的是便于对不同的危险物质采取有针对性的防范措施，达到既安全又经济的目的。

1）危险物质的分类

在一定条件下，气体、蒸气、薄雾、粉尘或纤维状的易燃物质与空气混合，引燃后燃烧能在整个范围内传播的混合物称为爆炸性混合物。能形成上述爆炸性混合物的物质称为爆炸危险物质。

根据爆炸危险物质的危险性并考虑实际生产过程的特点，我国将爆炸危险物质分为三类：

（1）Ⅰ类——矿井甲烷。因矿井井下环境的特殊性，甲烷被列为Ⅰ类。

（2）Ⅱ类——爆炸性气体、蒸气、薄雾。

(3) Ⅲ类——爆炸性粉尘、纤维或飞絮。

2) 爆炸性气体混合物的分级及分组

上述Ⅱ类爆炸性气体混合物可按最大试验安全间隙、最小引燃电流比和引燃温度等参数进一步分级及分组。

Ⅰ. 按最大试验安全间隙分级

两个容器由长为 25 mm 的间隙连通，在规定试验条件下，一个容器内燃爆时不致引起另一个容器内爆燃的最大连通间隙就是最大试验安全间隙。此参数反映了爆炸性物质的传播能力，其值越小，传播能力越强。

爆炸性气体混合物可按最大试验安全间隙划分为ⅡA级、ⅡB级和ⅡC级(表3.6)。其中，ⅡB级的危险性大于ⅡA级；ⅡC级的危险性大于前两者，最为危险。

表3.6 爆炸性气体混合物分级

级别	最大试验安全间隙 d/mm	最小引燃电流比 i	典型气体
ⅡA	$d \geqslant 0.9$	$i > 0.8$	丙烷
ⅡB	$0.5 < d < 0.9$	$0.45 \leqslant i \leqslant 0.8$	乙烯
ⅡC	$d \leqslant 0.5$	$i < 0.45$	氢气

Ⅱ. 按最小引燃电流比分级

最小引燃电流比是指在规定试验条件下，各种可燃物质的最小引燃电流与实验室测得的甲烷最小引燃电流之比。最小引燃电流比越小，危险性越大。

爆炸性气体混合物可按最小引燃电流比分为ⅡA级、ⅡB级和ⅡC级(表3.6)。

Ⅲ. 按引燃温度分组

引燃温度是指可燃性气体或蒸气与空气形成的混合物，不需要用明火而在规定条件下被热表面引燃的最低温度。显然，引燃温度越低的混合物，越容易引燃。

爆炸性气体混合物可按引燃温度分为6组，即T1，T2，T3，T4，T5和T6。各组对应的引燃温度见表3.7。

表3.7 爆炸性气体按引燃温度分组

温度组别	引燃温度 T/℃
T1	$T > 450$
T2	$300 < T \leqslant 450$
T3	$200 < T \leqslant 300$
T4	$135 < T \leqslant 200$
T5	$100 < T \leqslant 135$
T6	$85 < T \leqslant 100$

部分爆炸性气体的分类和分组见表3.8。

表 3.8 部分爆炸性气体的分类和分组

级别	最大试验安全间隙 d/mm	最小引燃电流比 i	引燃温度 T 及组别/℃					
			T1	T2	T3	T4	T5	T6
			$T>450$	$300<T\leqslant450$	$200<T\leqslant300$	$135<T\leqslant200$	$100<T\leqslant135$	$85<T\leqslant100$
ⅡA	$d\geqslant0.9$	$i>0.8$	甲烷、乙烷、丙烷、丙酮、氯苯、苯乙烯、氯乙烯、甲苯、苯胺、甲醇、一氧化碳、乙酸乙酯、乙酸、丙烯腈	丁烷、乙醇、丙烯、丁醇、乙酸丁酯、乙酸戊酯、乙酸酐	戊烷、己烷、庚烷、癸烷、辛烷、汽油、硫化氢、环己烷	乙烯、乙醛	—	亚硝酸乙酯
ⅡB	$0.5<d<0.9$	$0.45\leqslant d\leqslant0.8$	乙甲醚、民用煤气、环丙烷	乙烯、环氧乙烷、环氧丙烷、丁二烯	异戊二烯	—	—	—
ⅡC	$d\leqslant0.5$	$i<0.45$	氢气、水煤气、焦炉煤气	乙炔	—	—	二硫化碳	硝酸乙酯

3) 爆炸性粉尘混合物的分级

上述Ⅲ类爆炸性粉尘混合物可划分为ⅢA级、ⅢB级和ⅢC级。

(1) ⅢA级,即可燃性飞絮。指标称尺寸大于500 μm的包括纤维在内的固体颗粒,可悬浮在空气中,也可依靠自身重量沉淀下来。常见飞絮包括人造纤维、棉花(包括棉绒纤维、棉纱头)、剑麻、黄麻、麻屑、可可纤维、麻絮、废打包木丝绵等。

(2) ⅢB级,即非导电性粉尘。指电阻率大于 $1\times10^3\ \Omega\cdot m$ 的可燃性粉尘。

(3) ⅢC级,即导电粉尘。指电阻率等于或小于 $1\times10^3\ \Omega\cdot m$ 的可燃性粉尘。

其中,ⅢB级粉尘的危险性大于ⅢA级,而ⅢC级导电性粉尘一旦进入电气装置外壳,可直接产生电火花而形成引燃源,其危险性大于ⅢB级,是最危险的粉尘。

3.9.2.2 危险环境

对不同危险环境进行分区的目的是便于根据危险环境特点正确选用电气设备、电气线路及照明装置等,做好防火防爆措施。

1) 爆炸性气体环境

爆炸性气体环境是指在大气环境条件下,气体或蒸气等可燃物质与空气形成的混合物被引燃后,能够保持燃烧自行传播的环境。

Ⅰ. 爆炸性气体环境危险场所分区

国家标准《爆炸危险环境电力装置设计规范》(GB 50058—2014)根据爆炸性气体混合物出现的频繁程度和持续时间,将危险场所分为0区、1区和2区。0区指连续出现或长期出现爆炸性气体混合物的环境;1区指正常运行时可能出现爆炸性气体混合物的环境;2区指正常运行时不太可能出现爆炸性气体混合物的环境，或即使出现也仅是短时存在的爆炸性气体混合物的环境。其中，正常运行是指设备在其设计参数范围内的运行状况，即设备的正常启动、停止、运行，以及正常的装卸、测量和取样等作业活动。

图 3.26 所示为储存易燃油品的地上固定顶油罐爆炸危险区域划分示例。油罐内部未充惰性气体的液体表面以上的空间划分为 0 区；以通气口为中心，半径 1.5 m 的空间以及地坪下的坑、沟划分为 1 区；距油罐外壁和顶部 3 m 范围内油罐外壁至防火堤，其高度为堤高的范围划分为 2 区。

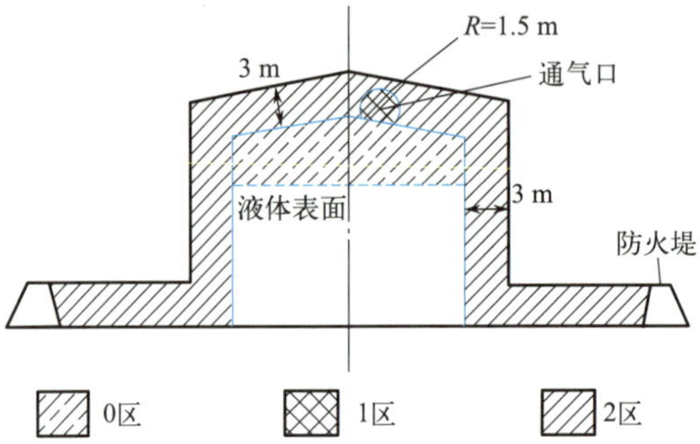

图 3.26 储存易燃油品的地上固定顶油罐爆炸危险区域划分示例

Ⅱ. 释放源级别

释放源是指可燃物质可能释放出能形成爆炸性混合物所在的部位或地点。图 3.27 所示为与油库相关的主要油气释放源。

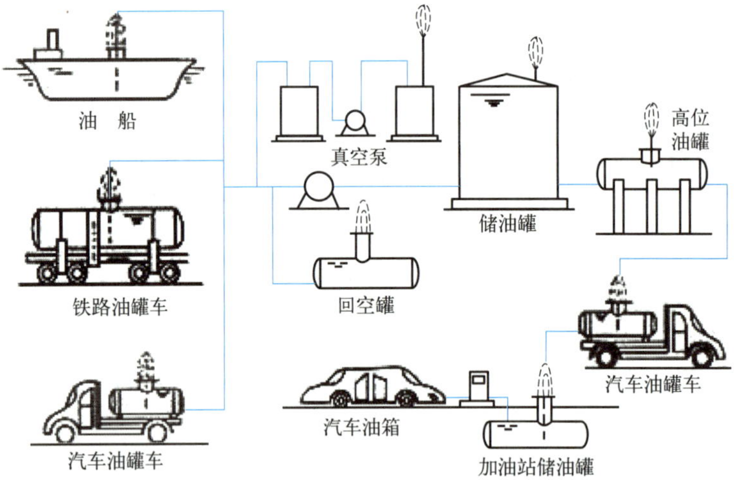

图 3.27 与油库相关的主要油气释放源

释放源和通风条件对爆炸危险区域的分区有直接影响，其中释放源是划分爆炸危险区域的基础。按可燃物质的释放频繁程度和持续时间长短，释放源可分为以下 3 种：

(1) 连续级释放源，即连续释放或预计长期释放的释放源，如没有用惰性气体覆盖的固定顶储罐中的可燃液体的表面、油水分离器等直接与空气接触的可燃液体表面。

(2) 一级释放源，即正常运行时预计可能周期性释放或偶尔释放的释放源，如正常运行时会向空间释放可燃性物质的泵、压缩机或阀门的密封处。

(3) 二级释放源，即正常运行时预计不可能释放，当出现释放时仅是偶尔和短期释放的释放源，如正常运行时不可能泄漏的泵、压缩机或阀门的密封处。

Ⅲ. 通风条件

通风条件也是确定环境的危险区域类型的重要因素之一。通风主要有自然通风和机械通风两种类型。自然通风是指因自然力形成的风压和热压的作用所引起的空气流动或新鲜空气的置换，如户外开放场所、户外开放式建筑物或具备良好的自然通风条件的户内环境（如空气对流通道）的通风。机械通风是指利用机械能驱动空气（如风扇、排风机等）所引起的危险环境的空气流动或新鲜空气置换。机械通风是一种强制性通风。机械通风又可分为对整体场所进行一般机械通风和对局部场所进行局部机械通风。

通风效果直接影响爆炸性环境的存在和形成。良好、有效的通风效果可加速爆炸性混合物在空气中的扩散和消散，缩小危险环境的范围，或使高一级的危险环境降为低一级的危险环境，甚至无爆炸危险环境。相反，无通风或差的通风效果也会扩大危险环境的范围，甚至可能使低一级的危险环境变成高一级的危险环境。

根据《爆炸危险环境电力装置设计规范》(GB 50058—2014)的规定，当爆炸危险区域通风的空气流量能使可燃物质很快稀释到爆炸下限值的25%以下时，可定为通风良好。

下列场所可列为通风良好场所：露天场所；对敞开式建筑物，在建筑物的壁、屋顶开口，其尺寸和位置可保证建筑内部通风效果等效于露天场所；对非敞开建筑物，建有永久性的开口，使其具有自然通风的条件；对封闭区域，每平方米地板面积每分钟至少提供0.3 m^3的空气或至少1 h换气6次。

Ⅳ. 爆炸性气体场所危险区域划分

划分危险区域时，应综合考虑释放源级别和通风条件，并应遵循以下原则：

(1) 应按释放源级别划分区域。存在连续级释放源的区域，可划分为0区；存在一级释放源的区域可划分为1区；存在二级释放源的区域可划分为2区。

(2) 应根据通风条件调整区域划分。当通风良好时应降低爆炸危险区域等级，当通风不良时应提高爆炸危险区域等级；局部机械通风在降低爆炸性气体混合物浓度方面比自然通风和一般机械通风更有效时，可采用局部机械通风降低爆炸危险区域等级；在障碍物、凹坑和死角等处，由于通风不良，应局部提高爆炸危险区域等级；利用堤或墙等障碍物，可限制比空气重的爆炸性气体混合物的扩散，缩小爆炸危险范围。

Ⅴ. 爆炸性气体场所危险区域的范围

爆炸危险区域的范围是指从释放源的边缘到不再存在与释放相关危险的地点之间任意方向的距离。爆炸性气体环境危险区域的范围应参考下列要求确定：

(1) 爆炸危险区域的范围应根据释放源的级别和位置、可燃物质的性质、通风条件、障碍物及生产条件、运行经验，经技术经济比较综合确定。

(2) 建筑物内部宜以厂房为单位划定爆炸危险区域的范围。当厂房内空间大时应根据生产的具体情况划分，释放源释放的可燃物质少时可将厂房内部按空间划定爆炸危险的区域范围并符合《爆炸危险环境电力装置设计规范》(GB 50058—2014)中的有关规定。

(3) 当高挥发性液体可能大量释放并扩散到15 m以外时，爆炸危险区域的范围应划分为附加2区。

(4) 当可燃液体闪点高于或等于 60 ℃时，在物料操作温度高于可燃液体闪点的情况下，可燃液体可能泄漏时，其爆炸危险区域的范围应适当缩小，但不宜小于 4.5 m。

Ⅵ. 爆炸性气体场所危险区域划分步骤

第 1 步，查找和确定释放源。空气中存在可燃性气体或蒸气才能形成爆炸性气体环境，因此必须首先查找场所中是否存在可燃性物质。一般来说，对含有可燃性物质的储存设备、加工设备或输送管道，需要分析容器或管道中的可燃性物质能否逸出到周围环境中而形成爆炸性危险环境，或者空气能够进入容器内并与可燃性气体混合而在容器内部形成爆炸性危险环境。对储罐、管道、泵、压缩机等设备，如果内部装有可燃性物料，就应视为潜在的释放源。

第 2 步，确定释放源级别。如果已经确认设备会向环境释放可燃性物质，则应确定释放频率和持续时间，并根据释放频率和持续时间将释放源进一步分级。

第 3 步，确定危险区域等级。主要取决于场所中释放源的等级和通风条件。

第 4 步，划分危险区域范围。根据可燃物质的释放量、释放速率、沸点、温度、闪点、相对密度、爆炸下限、通风、障碍等条件，结合实践经验确定危险区域范围，并应符合国家相关标准中爆炸性气体不同密度和不同通风条件下典型爆炸危险区域划分示例的规定。

2) 爆炸性粉尘环境

爆炸性粉尘环境是指在大气环境条件下，可燃性粉尘、纤维或飞絮与空气形成的混合物被点燃后，能够保持燃烧自行传播的环境。

根据爆炸性粉尘环境出现的频繁程度和持续时间，可将爆炸性粉尘环境分为 20 区、21 区和 22 区。20 区是指空气中的可燃性粉尘云持续、长期或频繁地出现在爆炸性环境中的区域；21 区是指在正常运行时空气中的可燃性粉尘云很可能偶尔出现在爆炸性环境中的区域；22 区是指在正常运行时空气中的可燃性粉尘一般不可能出现在爆炸性粉尘环境中的区域，即使出现，持续时间也是短暂的。

爆炸性粉尘环境危险区域的划分应按爆炸性粉尘的量、爆炸极限和通风条件来确定。

3) 火灾危险环境

火灾危险环境可分为 21 区、22 区和 23 区。21 区是指具有闪点高于环境温度的可燃液体，在数量和配置上能够引起火灾危险的环境；22 区是指具有悬浮状、堆积状的可燃粉尘或可燃纤维，虽不可能形成爆炸性混合物，但在数量和配置上能引起火灾危险的环境；23 区是指具有固体状可燃物质，在数量和配置上能引起火灾危险的环境。

3.9.3 防爆电气设备与防爆电气线路

3.9.3.1 防爆电气设备

在火灾爆炸危险环境中使用的电气设备，在运行过程中必须具备不引燃周围爆炸性混合物的性能。防爆电气设备即在规定条件下其结构不会引起周围爆炸性环境被点燃的电气设备。

1）防爆电气设备的类型

按防爆结构型式，防爆电气设备可分为隔爆型、增安型、本质安全型、正压外壳型、油浸型、充砂型、浇封型、“n”型和特殊型等。

（1）隔爆型（d）。这是具有隔爆外壳并由其保护的电气设备。可能点燃爆炸性气体混合物的设备部件全部封闭在外壳内。该外壳能承受内部爆炸性混合物的爆炸压力而不损坏，并能阻止内部爆炸通过外壳任何结合面或结构孔洞点燃外部爆炸性环境，从而达到隔爆目的。该外壳称为隔爆外壳。按照标准规定，隔爆外壳应至少能承受内部爆炸参考压力的1.5倍。隔爆型技术是1区防爆技术，适用于1区和2区场所。应指出的是，该类设备使用时必须遵守“断电源后开盖”的规定。

（2）增安型（e）。这是对在正常运行条件下不会产生但在异常条件（如过载）下可产生危险温度、电弧、火花的电气设备采取一些措施，以提高其安全程度的设备。也就是说，它是一种依靠高质量的材料、设计和装配来消除引燃爆炸危险的结构技术。它不包括在正常运行情况下产生火花或电弧的设备。该类设备主要用于2区危险场所，部分可用于1区，如具有合适保护装置的增安型低压异步电动机、接线盒等。该类设备使用时也必须遵守“断电源后开盖”的规定。

（3）本质安全型（i）。其亦简称本安型，是所有电路均为本质安全电路的电气设备。所谓本质安全电路，是指在标准规定条件（包括正常工作条件和规定的故障条件）下，产生的任何电火花或任何热效应均不能点燃规定的爆炸性气体环境的电路。本质安全技术是一种低功率设计技术，能很好地适用于工业过程自动化仪表。本质安全防爆技术是爆炸性气体环境用防爆技术，分为ia，ib和ic三种保护等级。其中，ia为0区防爆技术，ib为1区防爆技术，ic为2区防爆技术。

（4）正压外壳型（p）。其亦简称正压型，是具有正压外壳的电气设备。外壳内充有保护气体，能够保持外壳内部气体的压力高于周围爆炸性环境的压力，且能阻止外部爆炸性气体混合物进入外壳，从而使电气设备的危险源与环境中的爆炸性混合物隔离。正压外壳型电气设备按防爆型式可细分为px，py和pz三种。其中，px型和py型防爆技术是1区防爆技术，pz型防爆技术是2区防爆技术。

（5）油浸型（o）。这是将整个设备或某些带电部件浸没在保护液（油）内，使设备不能点燃油面以上或外壳外面的爆炸性混合物的电气设备。油浸型技术为1区防爆技术，适用于1区或2区危险场所。油浸型设备外壳上应有排气孔。设备内所充的油应是符合《电工流体 变压器和开关用的未使用过的矿物绝缘油》（GB 2536—2011）规定的矿物绝缘油，且油量必须足够。带电部件浸入油中的深度要确保不引爆油面上的爆炸性混合物，具体数值由试验确定。直流开关设备不得制成油侵型设备。

（6）充砂型（q）。这是一种将能点燃爆炸性气体的导电部件固定在适当位置，且完全埋入细颗粒填充材料（如石英或玻璃颗粒）中，以防止点燃外部爆炸性气体环境的电气设备。该类电气设备实际上基于阻止点燃源与爆炸性混合物相接触的防爆原理。充砂型技术为1区防爆技术，适用于1区或2区危险场所。该类设备只适用于额定电压不超过6 kV，设备活动零件不直接与填充材料接触的电容器、熔断丝和变压器等。

(7) 浇封型(m)。这是一种将整台设备或其中可能产生火花、电弧或危险温度部分的电气部件浇封在浇封剂(如合成树脂)中,使其不能点燃周围爆炸性混合物的电气设备。采用浇封措施,可防止电气元件短路,固化电气绝缘,避免电路上产生火花及电弧和危险温度等引燃源,防止爆炸性混合物侵入,控制正常和故障状况下的表面温度。传统浇封型技术为1区防爆技术,现行国家标准规定了ma和mb两种保护等级。其中,ma为0区防爆技术,mb为1区防爆技术。

(8) "n"型。这是一种专门适用于2区爆炸性气体危险场所使用的电气设备防爆型式。这种型式的电气设备应满足在正常运行时和相应标准规定的条件下不能点燃周围的爆炸性气体环境的要求。"n"型可分为5种不同的类型:nA,即无火花型,设备正常运行时不产生火花或电弧;nC,设备正常运行时产生火花和电弧,可采用相应的设计措施使其成为封闭式断路装置、非点燃元件、气密装置、密封装置或浇封装置等;nL,采用能量限制技术,在规定的运行条件下,电路或操作电弧和火花中所储存的能量不足以引起点燃;nR,限制呼吸外壳,即设计成能限制气体、蒸气和薄雾进入的外壳;nZ,正压(简单正压)外壳,该技术是用保护气体充入外壳,并保持压力高于周围环境,以阻止外壳内部形成爆炸环境的一种技术。

(9) 特殊型(s)。这是在结构上不属于上述各种防爆类型,由主管部门制定暂行规定,并经指定的防爆检验单位检验认可,具有防爆性能的电气设备。该类设备根据实际使用开发研制,可适用于相应的危险场所。

2) 防爆电气设备的标志

防爆电气设备外壳的明显处必须设置清晰的永久性凸纹标志"Ex"字样。Ex是英文Explosion的缩写,提示该产品是防爆电气设备。小型电气设备及仪器仪表可采用标志牌铆接或焊接在外壳上,也可采用凹纹标志。

在防爆电气设备外壳的明显处应设置铭牌,并可靠固定。铭牌的右上方应有明显的防爆标志"Ex",并在铭牌上标明防爆型式、设备类别、级别、温度组别等内容。

按照《爆炸性环境　第1部分:设备　通用要求》(GB/T 3836.1—2021)的规定,防爆标志的一般格式为:

Ex [防爆型式符号] [设备类别] [温度组别/最高表面温度] [设备保护等级]

Ⅰ. 防爆型式符号

防爆电气设备的防爆型式符号见表3.9。

表3.9　防爆电气设备防爆型式符号

序号	防爆型式	符　号	序号	防爆型式	符　号
1	隔爆型	d	6	充砂型	q
2	增安型	e	7	浇封型	ma,mb
3	本质安全型	ia,ib,ic	8	"n"型	nA,nC,nL,nR,nZ
4	正压外壳型	px,py,pz	9	特殊型	s
5	油浸型	o			

防爆型式符号一般只标一种,如隔爆型用"d"表示。若采用一种以上的复合型式,应先

标出主体防爆型式，后标出其他防爆型式，如隔爆型与增安型复合防爆用“de”表示。对涉及本质安全型电气设备的关联设备，则外加“[ ]”表示。

Ⅱ. 设备类别

爆炸性环境用电气设备的分类与爆炸危险物质的分类相对应，被分为Ⅰ类、Ⅱ类和Ⅲ类。用于煤矿甲烷气体环境为Ⅰ类，用于除煤矿甲烷气体外的其他爆炸性气体环境为Ⅱ类，用于除煤矿外的爆炸性粉尘环境为Ⅲ类。

Ⅱ类隔爆型电气设备或本质安全型电气设备按最大试验安全间隙和最小引燃电流比可进一步分为ⅡA，ⅡB和ⅡC三类，用以表明电气设备的适用范围。

以上分类的依据，对隔爆型外壳电气设备是最大试验安全间隙，对本质安全型电气设备是最小引燃电流比，分类方法与Ⅱ类爆炸性气体混合物相同。

用于煤矿以外的爆炸性粉尘环境的Ⅲ类设备也可细分为ⅢA(可燃性纤维环境用)、ⅢB(非导电粉尘环境用)和ⅢC(导电粉尘环境用)三类。

Ⅲ. 温度组别/最高表面温度

爆炸性气体混合物的引燃温度是能被点燃的温度极限值。电气设备按照其最高表面温度分为T1至T6组。对应T1至T6组的电气设备的最高表面温度不能超过对应的温度组别的允许值。爆炸性气体危险环境电气设备最高表面温度见表3.10。

表3.10　爆炸性气体危险环境电气设备最高表面温度

温度组别	气体或蒸气的引燃温度 T/℃	最高表面温度/℃
T1	$T>450$	450
T2	$300<T\leqslant450$	300
T3	$200<T\leqslant300$	200
T4	$135<T\leqslant200$	135
T5	$100<T\leqslant135$	100
T6	$85<T\leqslant100$	85

Ⅳ. 设备保护等级

设备保护等级是《爆炸性环境　第1部分：设备　通用要求》(GB/T 3836.1—2021)新引入的标记内容。Ⅰ类设备的设备保护等级分为Ma和Mb两级，Ⅱ类设备的设备保护等级分为Ga，Gb和Gc三级，Ⅲ类设备的设备保护等级分为Da，Db和Dc三级。其中，带“a”级别的设备具有“很高”的保护等级，该等级具有足够的安全程度，可使设备正常运行过程中在预期故障条件下或罕见故障条件下不会成为点燃源。对Ma级来说，甚至在气体突然出现设备带电的情况也不可能成为点燃源。

3) 防爆标志举例

无设备保护等级的防爆标志举例如下：

(1) ⅡB类隔爆型，温度组别为T3组，标志为：Ex d ⅡB T3。

(2) ⅡA类本质安全型ia，温度组别为T5，标志为：Ex ia ⅡA T5。

(3) 主体采用增安型，内装ⅡC类隔爆部件，温度组别为T4组，标志为：Ex e d ⅡC T4。

(4) ⅡC类隔爆、浇封与增安复合型，且内含ib型本安关联电路，温度组别为T5，标志为：Ex d e mb [ib]ⅡC T5。

(5) 对只允许使用一种爆炸性气体或蒸气环境的电气设备，其标志可用该气体或蒸气的化学分子式或名称表示，这时不必注明防爆级别与温度组别。如Ⅱ类用于氨气环境的隔爆型电气设备的标志为：Ex dⅡ(NH_3)或Ex dⅡ(氨)。

(6) 对Ⅱ类电气设备的标志，可以标温度组别，也可以标最高表面温度，或两者都标出。如最高温度125 ℃的工厂用增安型电气设备的标志为：Ex eⅡ T4，Ex eⅡ(125 ℃)或Ex eⅡ(125 ℃)T4。对Ⅲ类电气设备的标志，标最高表面温度时前面还需加符号T，如Ex eⅢ T90 ℃。

(7) 既适用于Ⅰ类又适用于ⅡB类T3组的隔爆型设备，标志为：Ex dⅠ/ⅡB T3。

有设备保护等级的防爆标志举例如下：

(1) ⅡB类隔爆型，温度组别为T3组，设备保护等级为Gb，标志为：Ex d ⅡB T3 Gb。

(2) ⅢC类正压外壳型，最高表面温度低于120 ℃，设备保护等级为Db，外壳防护等级为IP65，标记为：Ex p ⅢC T120 ℃ Db IP65。

4) 防爆电气设备的选型

防爆电气设备选型涉及的因素很多，选型原则是场所决定防爆型式，爆炸性混合物的类别与级别决定设备的类别与级别。因此，在选择防爆电气设备前，首先必须了解设备使用场所的危险介质及所处的区域，从实际情况出发，根据爆炸危险环境的等级、爆炸危险物质的级别和组别，以及设备的使用条件和电火花形成的条件，选择相应的电气设备。

选用时应遵循以下原则：

(1) 应根据电气设备使用环境的区域、电气设备的种类、防护级别和使用条件等选择电气设备。如对于1区爆炸性气体危险场所用电气设备，可选择本质安全型(ib)、隔爆型(d)、正压外壳型(p)、充砂型(q)、油浸型(o)、增安型(e)、浇封型(mb)，或适用于0区的本质安全型(ia)、浇封型(ma)和专门为0区设计的特殊型(s)的电气设备，而不宜选择专用于2区的"n"型。此外，1区场所不宜选用壳体内经常会形成点燃源的设备和高压设备，0区场所一般只能选用ia或ma产品，必要时还可以考虑选择双重防爆产品。温度不稳定的设备一般不宜使用在1区爆炸危险场所，必要时应选择采用隔爆型或正压外壳型防爆技术的电气设备。

(2) 所选用防爆电气设备的类别和级别不应低于该危险环境内爆炸性混合物的类别和级别。如某爆炸危险场所物质类别和级别为ⅡB类，可选择ⅡB类或ⅡC类设备，但不能选择ⅡA类设备。如果物质的类别和级别为ⅡC类，则只能选择ⅡC类设备。同理，在选择设备温度组别时，也必须依据危险气体的温度组别来确定。如设备使用场所温度组别是T5，可优先选用T5设备，也可选用T6设备。当爆炸危险场所存在两种以上爆炸危险性物质时，应按危险程度较高的等级来选择电气设备。

(3) 所选用的防爆电气设备必须是符合国家相关标准及安全法规，并有国家检验部门颁发的防爆合格证的产品。

(4) 设备选型应考虑设备使用场所的环境温度、空气湿度、海拔、日光辐射、风沙、地震等环境因素以及应具有的外壳防护等级，其结构应满足电气设备在规定的运行条件下不会降低防爆性能的要求。例如，防爆电气设备规定的一般环境条件是－20～40 ℃，环境温度过高或过低都需采用特殊的设计，并在通过防爆检验机构的特别试验验证后方可使用。此外，还应防止外部因素（化学作用、机械作用，以及热、电气、潮湿等）对防爆性能的影响。对户外使用的防爆电气设备，其外壳防护等级不应低于 IP54。

（5）选择防爆电气设备还应考虑维护方便，并对设备的可靠性、寿命、价格、运转费用、耗能、维修时的备件等做全面分析衡量，以确保设备选型具有经济性、合理性和安全可靠性。

爆炸性气体危险环境电气设备选型见表 3.11。

表 3.11 爆炸性气体危险环境电气设备选型

电气设备	爆炸危险环境分区										
	0 区	1 区					2 区				
	本质安全型	本质安全型	隔爆型	正压外壳型	油浸型	增安型	本质安全型	隔爆型	正压外壳型	油浸型	增安型
笼型感应电动机			○	○		△		○	○		○
开关、断路器			○					○			
熔断器			△					○			
控制开关及按钮	○	○	○		○		○	○			
操作箱、操作柜			○	○				○	○		
固定式灯			○					○			○
移动式灯			△					○			

注：○表示适用，△表示尽量避免采用。

3.9.3.2 防爆电气线路

在爆炸危险环境中，应根据环境的危险等级选择电气线路的敷设位置、敷设方式等。

（1）敷设位置。电气线路应敷设在爆炸危险性较小或距离较远的位置。

（2）敷设方式。爆炸危险环境的电气线路主要采用防爆钢管配线和电缆配线，敷设时的最小截面、接线盒、管子连接要求等方面应满足对应爆炸性危险区域的防护技术要求。

（3）隔离密封。敷设电气线路的沟道及保护管、电缆或钢管在穿过爆炸危险环境等级不同的区域之间的隔墙和楼板时，应采用非可燃性材料严密堵塞。

（4）导体材质。在爆炸危险环境危险等级 1 区的范围内，配电线路应采用铜芯导线或电缆。在有剧烈振动处应选用多股铜芯软线或多股铜芯电缆。煤矿井下不得采用铝芯电力导线或电缆。在爆炸危险环境危险等级 2 区的范围内，电力线路应采用截面积 4 mm^2 及以上的铝芯导线或电缆，照明线路可采用截面积 2.5 mm^2 及以上的铝芯导线或电缆。

（5）允许载流量。选择 1 区、2 区绝缘导线截面和电缆截面时，导体允许载流量不应小于熔断器熔体额定电流和断路器长延时过电流脱扣器整定电流的 1.25 倍。引向低压笼型感应电动机支线的允许载流量不应小于电动机额定电流的 1.25 倍。

3.9.4 电气防火防爆措施

电气防火防爆措施是一项综合性措施，其他防火防爆措施对防止电气火灾和爆炸也同样有效。

3.9.4.1 综合防火防爆技术

综合防火防爆技术主要包括以下方面：

(1) 限制形成爆炸性混合物，包括采取密闭作业，防止泄漏，防止可燃物堆积等措施。

(2) 使用安全装置，包括成分控制装置、温度控制装置、阻火器、水封、安全阀、逆止阀、压力表、紧急停车装置、监测装置、信号装置、报警装置等自动装置。

(3) 消除点火源，包括控制各种引燃源的措施。

(4) 惰化和稀释，包括用氮气、二氧化碳等代替空气，强化通风等措施。

(5) 耐燃结构和抗爆结构，包括建筑的耐燃结构、容器和设备的抗爆结构。

(6) 隔离和间距，包括防油堤、防爆墙等设施，以及保持防火、防爆间距。

(7) 泄压，包括容器、厂房的泄压、泄爆设计。

3.9.4.2 电气防火防爆的基本措施

根据电气火灾和爆炸形成的原因，电气防火防爆措施应从改善场所的环境入手，消除或减少爆炸性混合物。根据使用场所条件，合理选择电气设备的类型、容量，安装相应的保护装置，同时加强对电气设备的维护、管理，排除各种引起火灾和爆炸的火源。

1) 消除或减少爆炸性混合物

消除或减少爆炸性混合物属于一般性防火防爆措施。例如，采取封闭式作业，防止爆炸性混合物泄漏；清理现场积尘，防止爆炸性混合物积累；设计正压室，防止爆炸性混合物浸入；采取开式作业或通风措施，稀释爆炸性混合物；在危险空间充填惰性气体或不活泼气体，防止形成爆炸性混合物；安装报警装置等。

在爆炸危险环境，如有良好的通风装置，则能降低爆炸性混合物的浓度，从而降低环境的危险等级。电气设备的通风应满足下列要求：

(1) 通风系统应用非燃烧性材料制作，结构应坚固，连接应紧密。

(2) 通风系统内不应有阻碍气流的死角。

(3) 电气设备应与通风设备联锁，运行前必须先通风。

(4) 进入电气设备和通风系统内的气体不应含有爆炸危险物质或其他有害物质。

(5) 通风系统排出的废气一般不应排入爆炸危险环境。

(6) 对闭路通风的正压外壳型电气设备及通风设备应供给清洁气体，以补充漏损，保持系统内的正压。

(7) 电气设备外壳及通风、充气系统内的门或盖子上应有警告标志或联锁装置,防止运行中错误打开。

(8) 用于事故排风系统的电动机开关应设在事故情况下便于操作的地方。

2) 电气设备的选择和合理布置

为防止出现电气引燃源,应根据爆炸危险环境的特征和危险物的级别和组别选用电气设备的电气线路,并合理布置爆炸危险区域的电气设备。重点考虑以下方面:

(1) 室外变电站、配电站与建筑物、堆场、储罐的防火间距应满足《建筑防火通用规范》(GB 55037—2022)的规定,必要时可加防火墙。

(2)《爆炸危险环境电力装置设计规范》(GB 50058—2014)规定:10 kV 以下的变电站、配电室,不应设在爆炸和火灾危险场所的下风向;变电站、配电室与建筑物毗连时,其隔墙应是非燃烧材料;毗连的变电站、配电室的门应向外开,并通向无火灾爆炸危险场所方向。

(3) 露天变电装置、配电装置不应设置在易沉积可燃粉尘或可燃纤维的地方。

(4) 开关、插销、熔断器、电热器具、照明灯具、电焊设备和电动机等电气设备均应根据需要适当避开易燃物或易燃建筑构件,以防止电火花或危险温度引起火灾。

3) 电气设备的安全运行

由于电气设备运行中产生的火花和危险温度是引起火灾的主要原因,因此保持电气设备的安全运行对防火、防爆炸具有重要意义。保持电气设备安全运行应注意:

(1) 电气设备线路的电压、电流、温度等参数不得超过额定允许值,导线的载流量应在规定范围内。

(2) 电气设备线路应定期进行绝缘试验,必须保持绝缘良好。

(3) 在有气体或蒸气爆炸性混合物的场所,电气设备最高表面温度和温升应符合要求。在有粉尘或纤维爆炸性混合物的场所,电气设备的表面温度一般不应超过 125 ℃。

(4) 应保持电气设备整洁,尤其是在纤维、粉尘等爆炸性混合物场所的电气设备,要定期清扫,以免堆积的脏污和灰尘导致火灾危险。

(5) 防止导线接头氧化和接触不良。

(6) 执行安全操作规程,不发生误操作事故。

(7) 在爆炸危险场所,如有通风装置的,应保持良好的通风,且通风过程中排出的废气一般不应排入爆炸危险区域。

4) 爆炸危险环境的接地和接零

爆炸危险环境的接地和接零比一般环境要求高,特别要注意以下方面:

(1) 在爆炸危险环境必须将所有设备的金属部分、金属管道及建筑物的金属结构全部接地(或接零),并连接成连续的整体,以保持电流途径不中断。接地(或接零)干线宜在爆炸危险环境的不同方向且不少于两处与接地相连,连接要牢固,以提高可靠性。

(2) 单相设备的 N 线(工作零线)应与 PE(保护零线)分开,相线和 N 线均应装设短路保护装置，并装设双极开关以同时操作相线和N线。

(3) 爆炸性气体环境1区、2区内的所有电气设备，爆炸性粉尘环境10区内的所有电气设备，均应使用专门的接地(或接零)线，而金属管线、电缆的金属包皮等只能作为辅助接地(或接零)线。爆炸性气体环境2区内的照明灯具和爆炸性粉尘环境11区内的所有电气设备，允许利用连接可靠的金属管线或金属构件作为接地(或接零)线，但不得利用输送爆炸危险物质的管道。

(4) 在不接地配电网中，必须装设一相接地时或严重漏电时能自动切断电源的保护装置，或能发出声、光双重信号的报警装置。在变压器中性点直接接地的配电网中，为提高可靠性，缩短短路故障持续时间，系统的单相短路电流应大一些。最小单相短路电流不得小于该段线路熔断器额定电流的5倍或低压断路器瞬时(或短延时)动作电流脱扣器整定电流的1.5倍。

思考题

1. 电气事故包括哪些内容?
2. 电气事故的特点是什么?
3. 电流对人体有哪些伤害形式?
4. 电流对人体的危害与哪些因素有关?
5. 什么是跨步电压触电?
6. 直接接触触电防护技术有哪些?
7. 试简述保护接地的原理。
8. 试简述保护接零的原理。
9. 防静电措施有哪些?
10. 防雷装置有哪些?
11. 电气引燃源有哪几种?
12. 简述危险物质的分类和分级。
13. 按防爆结构型式，防爆电气设备可分为哪几类?

第 4 章　起重吊运安全技术

内容导读

本章首先对起重机械进行概述，然后对起重伤害事故及原因进行分析，最后介绍起重机安全技术。

本章学习要点包括起重伤害事故的形式及原因、起重机的安全防护装置及安全信息、起重机的安全监察。

4.1 起重机械概述

起重机械作业在现代生产过程中的地位已越来越重要。从大型钢铁联合企业到繁忙的港口、建筑工地、铁路枢纽、工矿企业，到处都有起重机械承担着成千上万吨的物料搬运和设备安装等任务，如图 4.1(彩图 4.1)所示。随着我国生产建设规模的不断扩大和机械化、自动化程度的不断提高，起重机械的使用将更加普遍。由于起重机械相比其他机械具有特殊性，从保证安全出发，国家规定将其作为特种设备进行管理，要求合理选用、正确操作、科学维护。

图 4.1　港口起重机

拓展阅读：国之重器
振华 30 号起重船

彩图 4.1　港口起重机

4.1.1 起重机械的分类

起重机械按结构类型可分为轻小起重设备、升降机和起重机。

轻小起重设备一般只有一个升降机构，常见的有千斤顶、电动或手拉葫芦、绞车、滑车等。有的电动葫芦配有可以沿单轨运动的运行机构。

常见的升降机有垂直升降机、电梯等。它虽只有一个升降机构，但由于配有完善的安全装置及其他附属装置，其复杂程度是轻小起重设备不能比拟的，故单独列为一类。

起重机是指除起升机构外还有其他运动机构的起重设备。根据水平运动形式的不同，起重机主要包括桥架类型起重机和臂架类型起重机。此外，还有桥架与臂架类型综合起重机，如在装卸桥上装有可旋转臂架的起重机、在冶金桥式起重机上装有可旋转小车等。

1) 桥架类型起重机

桥架类型起重机的特点是以桥形结构作为主要承载构件，取物装置悬挂在可沿主梁运行的起重小车上。桥架类型起重机又分为桥式起重机、门式起重机和缆索起重机。

(1) 桥式起重机。广泛使用的桥式起重机有单主梁或双主梁桥式起重机。桥式起重机主梁和两个端梁组成桥架，整个起重机直接运行在建筑物高架结构的轨道上，如图 4.2(彩图 4.2)所示。最简单的桥式起重机采用电动葫芦在工字钢梁或其他简单梁上运行。

彩图 4.2　桥式起重机

图 4.2　桥式起重机

(2) 门式起重机。门式起重机又称带腿的桥式起重机。其主梁通过支撑在地面轨道上的两个刚性支腿或刚性-柔性支腿形成一个可横跨铁路轨道或货场的门架，如图 4.3(彩图 4.3)所示。

(3) 缆索起重机。缆索起重机适用于跨度大、地形复杂的货场、水库或工地作业，如

图 4.4(彩图 4.4)所示。由于跨度大,固定在两个塔架顶部的缆索取代桥形主梁。悬挂在起重小车上的取物装置被牵引索高速牵引,沿承载索往返运行。两塔架分别在相距较远的两岸轨道上,可以低速运行。

图 4.3　门式起重机

彩图 4.3　门式起重机

图 4.4　缆索起重机

彩图 4.4　缆索起重机

2) 臂架类型起重机

臂架类型起重机有一个悬伸、可旋转的臂架作为主要受力构件,除起升机构外,通常还有旋转机构和变幅机构。起升机构、变幅机构、旋转机构和运行机构等四大机构的组合运动可实现在圆形或长圆形空间的装卸作业。臂架类型起重机可装设在车辆或其他运输工具上,构成常见的运行臂架式起重机,如流动式起重机、塔式起重机和门座式起重机。

(1) 流动式起重机。其包括汽车起重机、轮胎起重机、履带起重机,采用充气轮胎或履带作为运行装置,可以在无轨路面长距离移动。常见的汽车起重机安装在汽车底盘上,其优点是机动性好,可与汽车一起编队运行。

(2) 塔式起重机。其结构特点是悬架长(服务范围大)、塔身高(增加升降高度)、设计精巧,可以快速安装、拆卸。轨道可临时铺设在工地上,以适应经常搬迁的需要。

(3) 门座式起重机。其是回转臂架安装在门形座架上的起重机,沿地面轨道运行的门座架下可通过铁路车辆或其他车辆,多用于港口装卸作业,或在造船厂进行船体与设备装配,如图 4.5(彩图 4.5)所示。

彩图 4.5　门座式起重机

图 4.5　门座式起重机

4.1.2　起重机的组成

起重机由驱动装置、工作机构、取物装置、操纵控制系统和金属结构组成，如图 4.6 所示。图 4.7 所示为履带式起重机简图。通过操纵控制系统的控制，驱动装置将输入的动力能量转变为机械能（即适宜的力或运动速度），再传递给取物装置。取物装置将被搬运物料与起重机联系起来，通过工作机构单独或组合运动，完成物料搬运任务。可移动的金属结构将各组成部分连接成一个整体，并承载起重机的自重和吊重。

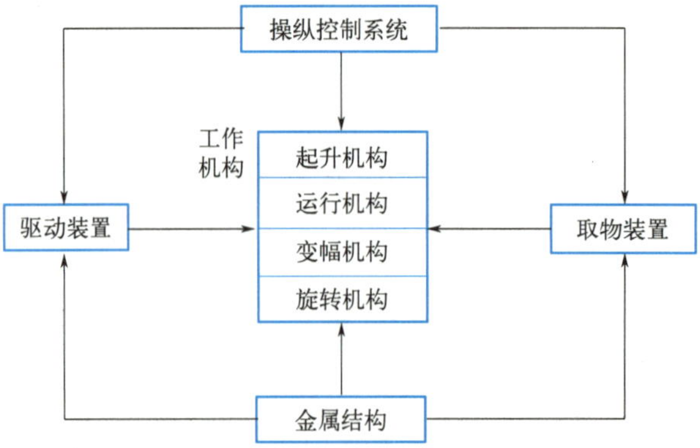

图 4.6　起重机组成

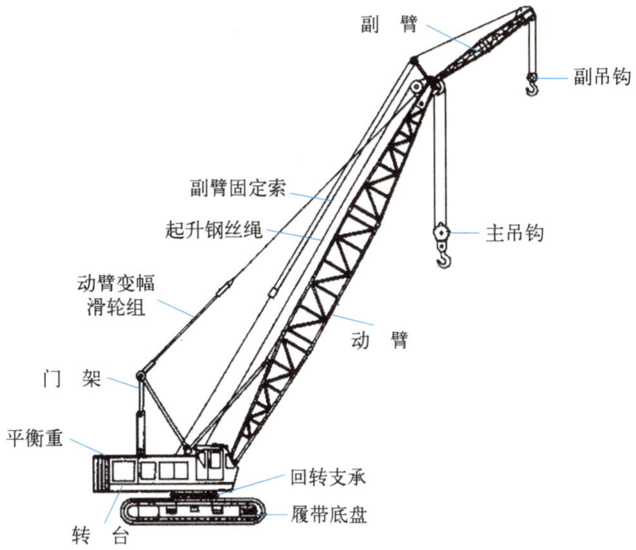

图 4.7 履带式起重机简图

(1) 驱动装置。驱动装置是用于驱动工作机构的动力设备。驱动装置的常见驱动方式有电力驱动、内燃机驱动和人力驱动等。电能是清洁、经济的能源,电力驱动是现代起重机的主要驱动形式。几乎所有在有限范围内运行的有轨起重机、升降机、电梯等都采用电力驱动。

(2) 工作机构。工作机构包括起升机构、运行机构、变幅机构和旋转机构,其被称为起重机的四大机构。

(3) 取物装置。取物装置是通过吊、抓、吸、夹、托或其他方式将物料与起重机联系起来,并进行物料吊运的装置。

(4) 金属结构。金属结构是以金属材料轧制的型钢(如角钢、槽钢、工字钢、钢管等)和钢板作为基本构件,通过焊接、铆接、螺栓连接等方法,按一定的组成规则连接,承受起重机的自重和载荷的钢结构。起重机的金属结构是起重机的重要组成部分。它是整台起重机的骨架,将起重机的机械、电气设备连接组合成一个有机的整体,承受和传递作用在起重机上的各种载荷并形成一定的作业空间,以便使起吊的重物顺利搬运到指定地点。金属结构的垮塌破坏会给起重机带来极其严重,甚至灾难性的后果。

(5) 操纵控制系统。操纵控制系统通过电气、液压系统操纵控制起重机各机构及整机的运动,进行各种起重作业。操纵控制系统包括各种操纵器、显示器及相关元件和线路,是人机对话的接口。安全人机工程学的要求在这里得到了集中体现。该系统的状态直接关系起重作业的质量、效率和安全。

起重机与其他一般机器的显著区别是庞大、可移动的金属结构和多机构的组合工作。间歇式的循环作业、起重载荷的不均匀性、各机构运动循环的不一致性、机构负载的不等时性、多人参与的配合作业等特点又增加了起重机作业的复杂性,使得安全隐患多、危险范围大、事故易发点多、事故后果严重,因而起重机的安全格外重要。

4.2 起重伤害事故及原因

4.2.1 起重伤害事故的形式

起重伤害事故是指在进行各种起重作业(包括吊运、安装、检修或试验)中发生的重物(包括吊具、吊重或吊臂)坠落、起重机失稳倾翻、挤压、高处跌落、触电等事故。起重伤害事故可造成重大人员伤亡或财产损失。据不完全统计,在事故多发的特殊工种作业中,起重作业事故的比例高,事故后果严重,重伤、死亡人数比例大,已引起有关方面的高度重视。

1) 重物坠落

吊具或吊装容器损坏、物件捆绑不牢、挂钩不当、电磁吸盘突然失电、起升机构的部件故障(起重臂折断、制动器失灵或钢丝绳断裂)等都会引发重物坠落,如视频 4.1 和视频 4.2 所示。处于高位置的物体具有势能,坠落时势能迅速转化为动能。上吨重的吊载意外坠落或起重机的金属结构件破坏、坠落,都可能造成严重后果。

视频 4.1　起重机吊臂折断　　　视频 4.2　起重机钢丝绳断裂

2) 起重机失稳倾翻

起重机失稳主要有两大类:一是由于操作不当(如超载、臂架变幅或旋转过快等)、支腿未找平或地基沉陷等原因使倾翻力矩增大,导致起重机倾翻;二是由于坡度或风载荷作用,使起重机沿路面或轨道滑动,导致脱轨翻倒,如图 4.8 和视频 4.3 所示。

3) 挤　压

起重机轨道两侧缺乏良好的安全通道或与建筑结构之间缺少足够的安全距离,可能使运行或回转的金属结构对人员造成夹挤伤害;运行机构的操作失误或制动器失灵可能引起溜车,造成碾压伤害等。

4) 高处跌落

人员在离地面大于 2 m 的高度进行起重机的安装、拆卸、检查、维修或操作等作业时,从高处跌落可能造成伤害。

图 4.8　起重机失稳倾翻

视频 4.3　起重机倾覆

5）触　电

起重机在输电线附近作业时，其任何组成部分或吊物与高压带电体距离过近，出现感应带电或触碰带电物体，都可能引发触电伤害。

6）其他伤害

其他伤害是指人体与运动零部件接触引起的绞、碾、戳等伤害，液压起重机的液压元件破坏造成的高压液体的喷射伤害，飞出物件的打击伤害，装卸高温液体金属及易燃易爆、有毒、腐蚀等危险品时由于坠落或包装捆绑不牢而破损引起的伤害等。

4.2.2　起重伤害事故的特点

起重伤害事故的特点主要表现为：

(1) 事故大型化、群体化，一起事故有时涉及多人，并可能伴随大面积设备、设施损坏。

(2) 事故类型集中，一台设备发生多起不同性质的事故不常见。

(3) 事故后果严重，只要是伤及人，往往是恶性事故，一般不是重伤就是死亡。

(4) 伤害涉及的人员可能是司机、司索工和作业范围内的其他人员，其中司索工被伤害的比例最高。文化素质低的人群是事故高发人群。

(5) 在安装、维修和正常起重作业中都可能发生事故。其中，起重作业中发生的事故最多。

(6) 事故高发行业中，建筑、冶金、机械制造和交通运输等部门较多。这与这些部门起重设备数量多、使用频率高及作业条件复杂有关。

(7) 起重事故类别与机种有关。重物坠落是各种起重机共同的易发事故，此外还有桥式起重机的夹挤事故、汽车起重机的倾翻事故、塔式起重机的倒塌折臂事故、室外轨道起重机在风载作用下的脱轨翻倒事故，以及大型起重机的安装事故等。

4.2.3 事故原因分析

1）起重机的不安全状态

首先是设计不规范带来的风险；其次是制造缺陷，如选材不当、加工质量问题、安装缺陷等，使带有隐患的设备投入使用。大量问题存在于使用环节，如不及时更换报废零件、缺乏必要的安全防护、保养不良、带病运转，导致造成运动失控、零件或结构破坏等。总的来说，设计、制造、安装、使用等任何环节的安全隐患都可能带来严重后果。起重机的安全状态是保证起重安全的重要前提和物质基础。

2）人的不安全行为

人的行为受生理、心理和综合素质等多种因素的影响，其表现多种多样。例如，操作技能不熟练，缺少必要的安全教育和培训；非司机操作，无证上岗；违章违纪蛮干，操作习惯不良；判断操作失误，指挥信号不明确，起重司机与起重工配合不协调等。总的来说，安全意识差和安全技能低下是引发事故的主要人为原因。

3）环境因素

超过安全极限或卫生标准的不良环境，室外起重机受气候条件的影响，都会直接影响人的操作水平，使失误机会增多，身体健康受到损伤。另外，不良环境还会造成起重机系统功能降低，甚至加速零件、部件、构件的失效，形成安全隐患。

4）安全卫生管理缺陷

安全卫生管理包括领导的安全意识水平、对起重设备的管理和检查实施、对人员的安全教育和培训、安全操作规章制度的建立等。管理上的任何疏忽和不到位都会给起重安全埋下隐患。

起重机的不安全状态和操作人员的不安全行为是事故的直接原因，环境因素和管理是事故发生的间接条件。事故的发生往往是多种因素综合作用的结果。只有加强对相关人员、起重机、环境及安全制度整个系统的综合管理，才能从根本上解决问题。

4.3 起重机使用安全技术

4.3.1 起重机的安全装置

起重机的安全装置包括对起重机在作业时产生的各种危险进行预防的安全技术措施。不同种类的起重机应根据不同需要安装必要的安全装置。安全装置配备是否齐全、装置的性能是否可靠，是起重机安全检查的重要内容。

起重机的安全装置按安全功能大致可分为安全防护装置、安全控制装置、防坠安全装置和指示报警装置等。

1）安全防护装置

安全防护装置是通过设置实体障碍，将人与危险隔离的装置。例如，走台栏杆、暴露的活动零部件的防护罩、导电滑线的防护板、电气设备的防雨罩，以及起重作业范围内临时设置的安全栅栏等。

2）安全控制装置

安全控制装置是通过自身的结构功能，可以限制或防止起重作业的某种危险发生的装置。安全控制装置可以是单一功能装置，也可以是与防护装置联用的组合装置。

安全控制装置还可以进一步分为：

（1）限制载荷的装置。例如，超载限制器、力矩限制器、缓冲器、极限力矩限制器等。

（2）限定行程位置的装置。例如，上升极限位置限制器、下降极限位置限制器、运行极限位置限制器、防止吊臂后倾装置、轨道端部止挡器等。

（3）定位装置。例如，支腿回缩锁定装置、回转定位装置、夹轨钳和锚定装置或铁鞋等。

（4）其他安全控制装置。例如，联锁保护装置、安全钩、扫轨板等。

3）防坠安全装置

应设置吊笼超速运行时防止吊笼坠落的防坠安全装置。防坠安全装置不应借助电气、液压或气动装置来动作；防坠安全装置或其制停装置应安装在吊笼上，并由吊笼超速来直接触发。防坠安全装置应能使载有1.3倍额定载荷的吊笼停止并保持停止状态。防坠安全装置停止吊笼时的制动距离和减速度应符合相关产品标准的要求。如果允许对重的下方设置人可以到达的空间，则对重应配备防坠安全装置。

4）指示报警装置

指示报警装置是用于显示起重机工作状态的装置，是人们观察和监控系统过程的手段。有些装置与控制调整联锁，有些装置兼有报警功能。属于此类装置的有偏斜调整和显示装置、幅度指示计、水平仪、风速风级报警器、登机信号按钮、倒退报警装置、危险电压报警器等。

4.3.2　起重机的安全信息

起重机的安全信息包括信号指示和危险部位标志。

起重机总电源开合状态在司机室内应有明显的信号指示，可根据需要设置故障信号或报警信号。信号装置应设置在司机室或有关人员视力、听力可及之处。室外总高在30 m

以上有相碰可能的起重机,在最高点应设置红色障碍灯。塔式起重机臂端、港口起重机臂端和装卸桥桥架端也应设置障碍灯。要保证障碍灯电源线路不受起重机停机的影响。

起重机上有一些凸出和悬伸的装置或构件,在起重作业过程中可能对人员造成碰撞、打击或夹挤危险。采用以对比色为背景的安全色能提醒人们注意,以便迅速发现危险部位并尽快做出反应,或在非正常状态下准确识别并及时采取行动,以避免危险,减少事故的发生。

1) 警告标志

警告标志用于提示人们注意可能发生的危险,一般采用黄黑相间倾斜条纹标志,如果标志背景会使效果减弱,允许使用红白相间标志。要求设置警告标志的位置有:

(1) 吊钩滑轮组侧板、取物装置和起重横梁。

(2) 臂架类型起重机回转尾部及平衡重。

(3) 动臂式臂架类型起重机的臂架头部。

(4) 起重机外伸支腿和排障器。

(5) 除流动式起重机和铁路起重机外,与地面距离小于 2 m 的司机室和检修吊笼的底边、台车均衡梁和下横梁两侧。

(6) 桥式起重机的端梁外侧(有人行通道时)和两端面,移动式司机室的走台与梯子接口处的防护栏杆。

(7) 夹轨器、大车滑线防护板。

2) 语句提示与警告

警告语和提示语一般为黄色背景和黑色文字。要求设置语句提示与警告的有:

(1) 流动式起重机的基本臂两侧用文字标志:“起重臂下严禁站人”。

(2) 流动式起重机的回转尾部两侧用文字标志:“作业半径内注意安全”。

(3) 各类起重机的额定起重量用大字标牌设置在结构的醒目位置,如桥架类型起重机的主梁、臂架类型起重机的臂架。

3) 禁止和停止标志

禁止和停止标志多为制止或在一般情况下不准人们发生某种行动而设置的标牌,一般采用红色标志。要求设置禁止和停止标志的位置有:

(1) 紧急开关。

(2) 缓冲器、扫轨板、轨道端部止挡器和上升极限位置限制器。

(3) 大小车滑线、电缆卷筒。

4.3.3 起重机械的安全监察

起重设备安全管理的重点是起重机械的产品安全和起重设备的使用安全,为此应从保证起重机械安全状态、操作人员的安全行为和建立安全管理规章制度等方面考虑。根据相关法规和技术标准规范，采取使用单位自我检查和国家有关部门安全监察相结合的方式，对起重机械的全寿命周期，包括设计、制造、安装、使用、修理、报废和处理等各环节实施全面安全管理。

1）起重机械产品安全监察

起重机械产品安全主要涉及设计、制造和安装三个环节。起重机的安全主要是由设计决定的，设计是安全保障的源头；制造是实现产品的工艺过程，是质量保证的关键环节；安装是制造的延续，是起重机由商品转入使用的中间过渡环节。这些阶段的安全监察主要是对设计、制造和安装起重机械单位的资质进行安全认证，对起重机械产品市场准入进行安全认证。

(1) 起重机械的设计单位及设计人员应对所设计的起重机械的安全性能负责，应将主要安全技术资料报所在地区的省级有关主管部门备案。

(2) 起重机械的制造、安装、修理单位必须取得有关部门的安全认可，由有关部门核发安全认可证书。安全认可证书有效期为三年，每三年进行一次复审。

(3) 生产出来的起重机械产品的安全技术性能经自检合格后，还须经主管安全技术部门监督检验，取得起重机械安全技术监督检验合格证书。起重机械出厂时，必须将起重机械安全技术监督检验合格证书列入随机文件。

2）起重机械设备使用安全监察

对起重机械设备的使用，应从保证起重机械安全状态，操作人员的安全教育、培训和建立安全管理规章制度三个方面进行安全监察。

(1) 起重机械使用单位必须购置有安全技术监督检验合格证书的产品。

(2) 安装后的起重机械必须经安全技术检验机构的安全检验，合格并取得准用证后方可投入使用。

(3) 起重机械使用单位必须建立起重机械安全管理规章制度，起重机械作业人员必须持有劳动部门考核后签发的安全操作证。

(4) 对在用起重机械及其安全防护装置的安全性能，还须经安全技术检验机构每两年一次的定期监督检验，核发起重机械准用证后才可继续使用。

3）起重机械作业人员考核与发证

起重机械作业人员属于特种作业人员，实行持证上岗制度。对特种作业人员的考核与发证，实行国家监察。有关部门对取得合格证者每两年复审一次，未按期复审或复审不合格者，操作证自行取消。需要特别指出的是，流动式起重机（如汽车式起重机、轮胎式起重机）司机除按规定考取驾驶执照外，还须取得起重机司机操作证才能上岗。

4.3.4 使用单位对起重机械的安全管理

使用单位对起重机械的安全管理包括起重机械安全技术档案、安全管理规章制度、检查检验制度，以及培训和教育。

1）起重机械安全技术档案

起重机械安全技术档案的项目包括：设备出厂技术文件；安装、修理记录和验收资料；使用、维护、保养、检查和试验记录；安全技术监督检验报告；设备及人身事故记录；设备的问题分析及评价记录。

2）起重机械安全管理规章制度

起重机械安全管理规章制度的项目包括：司机守则和起重机械安全操作规程；起重机械维护、保养、检查和检验制度；起重机械安全技术档案管理制度；起重机械作业和维修人员安全培训、考核制度；起重机械准用证的管理，起重机械使用单位应按期向所在地的主管部门申请在用起重机械安全技术检验，更换起重机械准用证。

3）起重机械检查检验制度

使用单位对起重机的自我检查，除作业人员每班次的常规检查外，还要根据起重机的工作繁重程度与环境恶劣程度进行相应检查。

（1）年度检查。每年对所有在用的起重机械至少进行一次全面检查。停用一年以上、遇四级以上地震或发生重大设备事故、露天作业的起重机械，以及经受九级以上风力后的起重机械，使用前都应做全面检查。其中，载荷试验可以吊运相当于额定起重量重物的方式进行，并按额定速度进行起升、运行、回转、变幅等操作，检查起重机工作机构的安全和技术性能，金属结构的变形、裂纹、腐蚀，以及焊缝、铆钉、螺栓等的连接情况等。

（2）每月检查。检查项目包括：安全装置、制动器、离合器等有无异常，可靠性和精度情况；重要零部件（如吊具、钢丝绳滑轮组、制动器、吊索及辅具等）的状态，有无损伤，是否应报废等；电气、液压系统及其部件的泄漏情况和工作性能；动力系统和控制器等。

（3）停用一个月以上的起重机械，使用前也应做上述检查。

（4）在每天作业前，应检查各类安全防护装置、制动器、操纵控制装置、紧急报警装置的安全状况，轨道的安全状况，以及钢丝绳的安全状况。检查发现有异常情况时，必须及时处理，严禁带病运行。

4）起重作业人员培训和教育

起重作业是由指挥人员、起重机司机和起重司索工群体配合的集体作业，其中人员的安全素质是安全作业的关键。要求起重作业人员不仅应具备基本文化素质和身体条件，还必须了解有关法规和标准，学习起重作业安全技术理论和知识，掌握实际操作和安全救护的技能。起重机司机必须经过专门考核并取得合格证者方准独立操作。指挥人员与司索工也应经过专业技术培训和安全技能训练，了解所从事工作的危险和风险，并有自我保护和保护他人的能力。

指挥信号是起重作业的安全信息，信号随意、不统一会成为起重作业安全的一大隐患。应根据起重吊运指挥信号的国家标准，统一规定现场指挥人员和起重机司机所使用的旗语、手势、音响和语言，以保证起重作业规范、有序和安全。

4.3.5 起重作业安全操作技术

安全操作规程是对人的行为的规范，是保证起重机使用安全的重要方面。应提高作业人员对安全重要意义的认识，熟练掌握操作技能，养成良好的劳动习惯，严肃劳动纪律。在起重作业的全过程安全操作技术中，特别是有较大危险的操作环节，应对有关人员进行有针对性的培训和考核，不留安全死角。

4.3.5.1 吊运前的准备

吊运前的准备工作包括：

(1) 正确佩戴个人防护用品，包括安全帽、工作服、工作鞋和手套。高处作业时还必须佩戴安全带和工具包。

(2) 检查清理作业场地，确定搬运路线，清除障碍物。室外作业要了解当天的天气情况。流动式起重机要将支撑地面垫实垫平，防止作业中地基沉陷。

(3) 对使用的起重机和吊装工具、辅件进行安全检查。不使用报废元件，不留安全隐患。

(4) 熟悉被吊物品的种类、数量、包装状况以及与周围的联系，根据有关技术数据(如重量、几何尺寸、精密程度、变形要求)进行最大受力计算，确定吊点位置和捆绑方式。

(5) 编制作业方案。对大型、重要物件的吊运或多台起重机共同作业的吊装，事先要在有关人员参与下，由指挥、起重机司机和司索工共同讨论，编制作业方案，必要时报请有关部门审查批准。

(6) 预测可能出现的事故，采取有效的预防措施，选择安全通道，制定应急对策。

4.3.5.2 起重机司机通用安全操作要求

起重机司机通用安全操作要求主要为：

(1) 有关人员应认真交接班，认真检查吊钩、钢丝绳、制动器、安全防护装置的可靠性，发现异常情况及时报告。

(2) 开机作业前，应确认以下情况处于安全状态方可开机：所有控制器是否置于零位；起重机上和作业区内是否有无关人员，作业人员是否撤离到安全区；起重机运行范围内是否有未清除的障碍物；起重机与其他设备或固定建筑物的最小距离是否在 0.5 m 以上；电源断路装置是否加锁或有警示标牌；流动式起重机是否按要求平整好场地，牢固可靠地打好支腿。

(3) 开车前，必须鸣铃或示警；操作中接近人时，应发出断续铃声或示警。

(4) 司机在正常操作过程中不得进行以下行为：利用极限位置限制器停车；利用打反车

进行制动；起重作业过程中进行检查和维修；带载调整起升、变幅机构的制动器，或带载增大作业幅度；吊物不得从人头顶上通过，吊物和起重臂下不得站人。

(5) 严格按指挥信号操作，对紧急停止信号，无论何人发出，都必须立即执行。

(6) 吊载接近或达到额定值，或起吊危险品(液态金属、有害物、易燃易爆物)时，吊运前认真检查制动器，并用小高度、短行程试吊，确认没有问题后再吊运。

(7) 起重机各部位、吊载及辅助用具与输电线的最小距离应满足安全要求。

(8) 有下述情况时，司机不应操作：起重机结构或零部件(如吊钩、钢丝绳、制动器、安全防护装置等)有影响安全工作的缺陷和损伤；吊物超载或有超载可能，吊物重量不清、埋置或冻结在地下、被其他物体挤压；吊物捆绑不牢或吊挂不稳，重物棱角与吊索之间未加衬垫，被吊物上有人或浮置物；作业场地昏暗，看不清场地、吊物情况或指挥信号。

(9) 工作中突然断电时，应将所有控制器置零，关闭总电源。重新工作前，应先检查起重机工作是否正常，确认安全后方可正常操作。

(10) 有主、副两套起升机构的，不允许同时利用主、副钩工作(设计允许的专用起重机除外)。

(11) 用两台或多台起重机吊运同一重物时，每台起重机都不得超载。吊运过程中应保持钢丝垂直，保持运行同步。吊运时，相关负责技术人员和安全技术人员应在场指导。

(12) 对露天作业的轨道起重机，风力大于 6 级时应停止工作，当工作结束时应锚定住起重机。

4.3.5.3 司索工安全操作要求

司索工主要从事地面工作，如准备吊具、捆绑吊物、摘钩卸载等，多数情况下还担任指挥任务。司索工的工作质量与整个搬运作业安全的关系极大。

按操作工序，对司索工的要求为：

1) 准备吊具

准确估计吊物的重量和重心，如果是目测估算，应增大 20%来选择吊钩；每次吊装前都要认真检查吊具，如果是旧吊索，应根据情况降级使用，绝不可侥幸超载或使用已报废的吊具。

2) 捆绑吊物

捆绑吊物时应注意：

(1) 对吊物进行必要的归类、清理和检查，吊物不能被其他物体挤压，被埋或被冻的物体要完全挖出，切断与周围管线的一切联系，以防止超载。

(2) 清除吊物表面或空腔内浮摆的杂物，将可移动的零件锁紧或捆牢，形状或尺寸不同的物品不经特殊捆绑不得混吊，以防止坠落伤人。

(3) 吊物捆扎部位的毛刺要打磨平滑，锋利棱角处应加垫物，以防止起吊吃力后损坏吊索。表面光滑的吊物应采取防止起吊后吊索滑动或吊物滑落的措施。

(4) 捆绑吊挂后余留的不受力绳索应紧系在吊物或吊钩上，不得留有绳头悬索，以防在吊运过程中钩挂人或物。

(5) 吊运大而重的物体时应加诱导绳。诱导绳长应能使司索工既可握住绳头,又能避开吊物正下方,以便发生意外时司索工可利用该绳控制吊物。

3) 挂钩起吊

挂钩起吊时应注意:

(1) 吊钩应位于被吊物重心的正上方,不准斜拉吊钩硬挂,以防止提升后吊物翻转、摆动。

(2) 吊物高大而需要垫物攀高挂钩、摘钩时,脚踏物一定要稳固垫实,禁止使用易滚动物体(如圆木、管子、滚筒等)做脚踏垫物,攀高必须佩戴安全带,以防止人员坠落跌伤。

(3) 挂钩要坚持“五不挂”,即超重或吊物重量不明不挂、重心位置不清楚不挂、锋利棱角和易滑工件无衬垫物不挂、吊具及配套工具不合格或报废不挂、包装松散捆绑不良不挂等,将安全隐患消除在挂钩前。

(4) 当多人吊挂同一吊物时,应由一人负责指挥,在确认吊挂完毕、所有人员都离开并站在安全位置后,才可发出起钩信号。

(5) 起钩时地面人员不应站在吊物倾翻、坠落波及的位置。如果作业场地为斜面,则应站在斜面上方(不可在死角),以防止吊物坠落后继续沿斜面滚移伤人。

4) 摘钩卸载

摘钩卸载时应注意:

(1) 吊物运输到位前应选择好安放位置,卸载时不要挤压电气线路和其他管线,不要阻塞通道。

(2) 针对不同吊物种类,应采取不同措施加以支撑、楔住、垫稳、归类摆放,不得混码、互相挤压、悬空摆放,防止吊物滚落、侧倒、塌垛。

(3) 摘钩时应等所有吊索完全松弛后再进行,确认所有吊索从钩上卸下后再起钩,不允许抖绳摘索,更不允许利用起重机抽索。

5) 搬运过程中的指挥

搬运过程中的指挥应注意:

(1) 无论采用何种指挥信号,必须规范、准确、明了。

(2) 指挥者所处位置应能全面观察作业现场,并使司机、司索工都能清楚地看到。

(3) 在作业进行的整个过程中(特别是重物悬挂在空中时),指挥者和司索工不得擅离职守,应密切注意观察吊物及周围情况,发现问题时及时发出指挥信号。

4.3.6 起重机械安全规章制度

起重机械安全方面的法规是进行起重吊运管理和保证安全作业的依据。现行国家标准主要有:《起重机械安全规程　第1部分:总则》(GB 6067.1—2010)、《起重机　安全标志和

危险图形符号　总则》(GB 15052—2010)、《起重机　安全使用　第1部分:总则》(GB/T 23723.1—2009)、《起重机　通道及安全防护设施　第1部分:总则》(GB/T 24818.1—2009)、《起重机械　安全监控管理系统》(GB/T 28264—2017)、《起重机械安全评估规范　通用要求》(GB/T 41510—2022),以及《起重机械安全技术规程》(TSG 51—2023)。

《起重机械安全技术规程》(TSG 51—2023)是在原有的《起重机械安全监察规定》(原国家质量监督检验检疫总局令第92号)、《起重机械安全技术监察规程——桥式起重机》(TSG Q0002—2008)、《起重机械型式试验规则》(TSG Q7002—2019)、《起重机械安装改造重大修理监督检验规则》(TSG Q7016—2016,含第1号修改单)、《起重机械定期检验规则》(TSG Q7015—2016)等的基础上,整合优化形成的起重机械综合性安全技术规范,于2023年5月23日由国家市场监督管理总局发布,2024年1月1日实施。

4.4 起重吊运安全事故案例分析

1) 事故概况

某年10月3日10时50分左右,某风景区发生一起索道钢丝绳断裂、缆车吊厢坠落事故,如图4.9(彩图4.6)所示。事故造成14人死亡,22人受伤。

该索道于1994年开工兴建,1995年竣工。经检查,该索道没有遵守原劳动部颁布的《客运架空索道安全运营与监察规定》,未将设计图样送国家索道检验中心进行审查,未经验收检验,未按规定取得客运架空索道安全使用许可证,违规运营;在设计上多处违反《客运架空索道安全规范》,存在严重安全隐患。发生事故的当时,索道严重超载,在限乘20人的吊厢中挤进了35人。当该索道从下站运行到上站时,由于没有备用制动器,仅有的一套制动器失灵后,索道失控,急速冲向下站,牵引钢丝绳断裂,吊厢坠落在下站站台。当场死亡5人,在抢救过程中又死亡9人,受伤22人,多数为重伤。

彩图4.6　事故缆车吊厢

图4.9　事故缆车吊厢

2）事故原因分析

事故原因主要为：

（1）违规设计、安装、使用。该索道违反原劳动部颁布的《客运架空索道安全运营与监察规定》，设计图样未经审查，竣工后未经安全管理部门审查和验收检验，在未取得客运架空索道安全使用许可证的情况下违规运营。

（2）设计严重违反安全规范，存在严重安全隐患。《客运架空索道安全规范》规定：每台驱动机上应配备工作制动和紧急制动两套制动器，两套制动器都能自动动作和可调节，并且彼此独立。其中一个制动器必须直接作用在驱动轮上，作为紧急制动器。而该索道设计、制造未执行以上标准规定，在驱动卷筒上没有装设紧急制动器，运行中唯一的制动器失灵，造成索道失控坠落。

（3）索道站长、操作司机和管理人员未经专业技术培训，无证上岗。

（4）运行管理混乱，工作人员违规操作。

（5）吊厢严重超载运行。

3）预防同类事故的安全技术措施

预防同类事故的安全技术措施包括：

（1）认真贯彻"安全第一、预防为主"的方针，从源头消除事故隐患，加强客运索道设计审查工作，未经设计审查合格的一律不得建设。

（2）加强行政执法，将客运索道列为重大危险源，实行重点监察；加强检验工作，坚决杜绝无证运营。

（3）严禁超载运行，索道站长、操作司机和管理人员必须持证上岗。

（4）加大宣传力度和安全教育，引导人民群众树立安全意识，不乘坐未经检验合格的客运索道。

思考题

1. 起重机械按结构类型可分为哪几种？
2. 起重机由哪几部分组成？
3. 起重伤害事故的形式有哪几种？
4. 起重机的安全防护装置按安全功能大致可分为哪几类？
5. 国家有关部门对起重机械设备使用的安全监察包括哪些方面？
6. 在哪些情况下起重机司机不得操作？

第 5 章　锅炉安全技术

内容导读

本章首先介绍锅炉安全基础知识，然后介绍锅炉的使用、检修安全技术，锅炉启动、运行与停炉，锅炉检修中的安全注意事项等，最后介绍锅炉典型事故及预防。

本章学习要点包括锅炉使用安全技术、锅炉检修安全技术、锅炉典型事故及预防措施。

5.1 锅炉安全基础知识

锅炉是生产和生活中广泛使用的用于提供热能的承压设备。锅炉承受较大压力，存在爆炸的危险，因此确保锅炉的安全运行具有特殊的意义。国家已将锅炉列为特种设备，要求企业进行特殊管理。

5.1.1 锅炉的工作原理

锅炉由“锅”和“炉”以及相配套的附件、自控装置、附属设备组成。“锅”是指锅炉接受热量，并将热量传给水、汽、导热油等工质的受热面系统，是锅炉中储存或输送锅水、蒸汽的密闭受压部分。“炉”是指燃料在燃烧设备中燃烧并产生高温烟气，将化学能转化为热能的空间和烟气流通的通道——炉膛和烟道。在火电厂中，锅炉的作用是将热能转换为蒸汽的动能，驱动汽轮发电机发电。锅炉在火力发电系统中占有重要地位。图 5.1 所示为典型的燃气锅炉，动画 5.1 所示为火电厂工作原理。

锅炉中的“锅”主要包括锅筒（或锅壳）、水冷壁、过热器、再热器、省煤器、对流管束及集箱等。

（1）锅筒（亦称汽包）是自然循环锅炉中最重要的受压元件。锅筒的作用主要是：锅筒是工质加热、蒸发、过热三过程的连接枢纽，保证锅炉正常的水循环；锅筒内部有汽水分离装置和连续排污装置，保证锅炉蒸汽品质；锅筒有一定水量，具有一定蓄热能力，可缓和汽压的变化速度；锅筒上有压力表、水位计、事故放水、安全阀等设备，保证锅炉安全运行。

图 5.1 燃气锅炉

动画 5.1 火电厂工作原理

(2) 水冷壁是锅炉的主要受热部分,由数排钢管组成,分布于锅炉炉膛的四周。它的内部为流动的水或蒸汽,外界接受锅炉炉膛火焰的热量。水冷壁最初设计的目的并不是受热,而是冷却炉膛,使之不受高温破坏。后来,由于其良好的热交换功能,逐渐取代汽包,成为锅炉主要受热部分。

(3) 过热器是锅炉中将一定压力下的饱和水蒸气加热成相应压力下的过热水蒸气的受热面。过热器由若干并联管子(对流管束)和集箱组成。这些管子中的水不断循环吸收热量并分离蒸汽,蒸汽往上集结在箱(筒)上部,底下部的水流入下面的箱(筒)中。上下集结箱(筒)称为锅炉集箱。

(4) 再热器是锅炉中将从汽轮机中出来的水蒸气加热成过热蒸汽的加热器。

(5) 省煤器的主要作用是吸收烟气余热,加热锅炉给水,降低排烟温度,提高锅炉热效率。

5.1.2 锅炉的工作特性

锅炉在运行时不仅要承受一定的温度和压力,还要遭受介质的侵蚀和飞灰的磨损,因此存在爆炸危险。如果锅炉在设计、制造及安装过程中存在缺陷,或维护不当、年久失修,或管理不善、违反操作规程等,都可能发生设备事故,造成减产、停产或影响产品质量,严重时甚至发生爆炸事故,从而给人民生命和国家财产造成巨大的损失。

锅炉的主要特性有:

(1) 爆炸的危害性。锅炉具有爆炸性。其在使用中发生破裂,使内部压力瞬时降至等于外界大气压的现象即爆炸。

(2) 易于损坏性。锅炉由于长期运行在高温高压的恶劣工况下,因而经常受到局部损坏。这种情况如不能及时发现并处理,会进一步导致重要部件和整个系统的全面受损。

(3) 使用广泛性。锅炉可为社会生产提供能源和动力,其应用范围极为广泛。

(4) 可靠的连续运行性。锅炉一旦投用,一般要求连续运行,而不能任意停车,否则会影响一条生产线、一座工厂甚至一个地区的生活和生产，间接经济损失巨大，有时还会造成恶劣后果。

5.1.3 锅炉的分类

锅炉有多种分类方式：

(1) 按用途分为电站锅炉、工业锅炉、生活锅炉、机车锅炉、船舶锅炉等。

(2) 按锅炉产生的蒸汽压力和蒸发量分为高压锅炉、中压锅炉、低压锅炉，以及大型、中型、小型锅炉。工业锅炉一般是小型低压锅炉，电站锅炉一般为大中型、中高压锅炉。

(3) 按载热介质分为蒸汽锅炉、热水锅炉和有机热载体锅炉。

(4) 按热能来源分为燃煤锅炉、燃油锅炉、燃气锅炉、余热锅炉。

(5) 按锅炉结构分为锅壳式锅炉、水管锅炉。

(6) 燃煤锅炉按燃烧方式分为层燃炉、沸腾炉、煤粉炉(室燃炉)。层燃炉又分为手烧炉、链条炉、往复炉、抛煤机炉、振动炉、排炉。

(7) 按蒸发段工质循环动力分为自然循环锅炉、强制循环锅炉和直流锅炉。

其中，余热锅炉是利用各种工业过程中的废气、废料或废液中的余热及其可燃物质燃烧后产生的热量将水加热到一定温度的锅炉。通过余热回收，其可生产热水或蒸汽，供给其他工段使用。余热锅炉可大大提高燃料燃烧释放的热量的利用率，所以这种锅炉十分节能。余热锅炉工作原理如图5.2(彩图5.1)所示。

彩图 5.1　余热锅炉工作原理

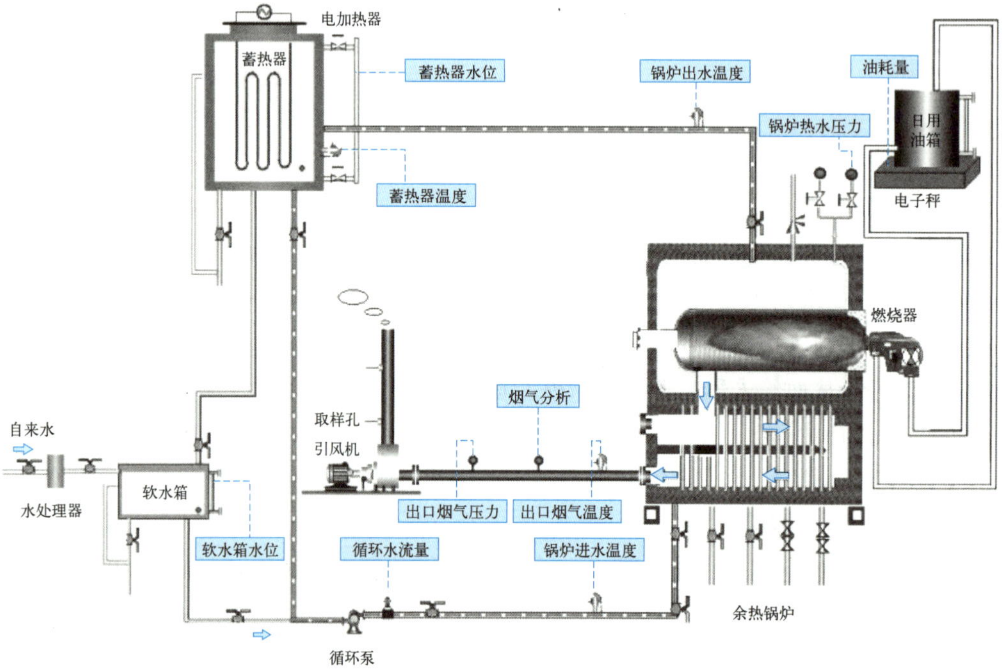

图 5.2　余热锅炉工作原理

5.1.4 锅炉的安全附件

1）安全阀

安全阀是锅炉的重要安全附件之一，对锅炉内部压力极限值的控制及对锅炉的安全保护起着重要作用。安全阀应按规定配置，安装合理，结构完整，灵敏可靠。应每年对安全阀检验、定压一次并铅封完好，每月自动排放试验一次，每周手动排放试验一次，做好记录并签名。

2）压力表

压力表用于准确测量锅炉上所需测量部分压力的大小。锅炉必须装有与锅筒（锅壳）蒸汽空间直接相连的压力表。根据工作压力选用压力表的量程范围，一般应为工作压力的1.5～3倍。表盘直径不应小于100 mm，表刻盘上应划有最高工作压力红线标志。压力表装置（压力表、存水弯管、三通旋塞）应齐全，每半年校验一次，并铅封完好。图5.3（彩图5.2）所示为锅炉多功能组合阀，兼有安全阀、压力表和自动排气功能。

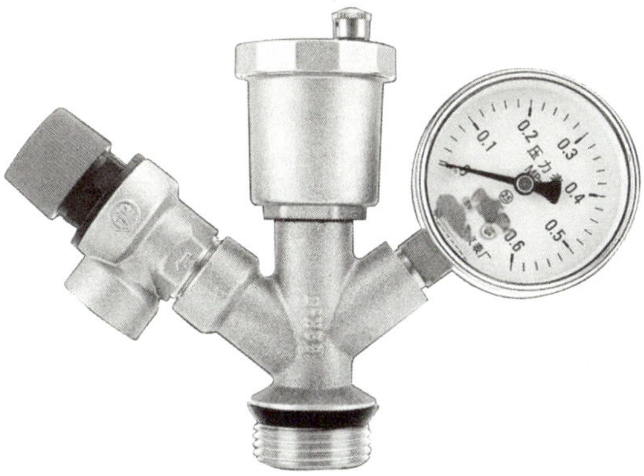

图5.3 锅炉多功能组合阀

彩图5.2 锅炉多功能组合阀

3）水位计

水位计用于显示锅炉内水位的高低。水位计应安装合理，便于观察且灵敏可靠。每台锅炉至少应装两个独立的水位计，额定蒸发量小于等于0.2 t/h的锅炉可只装一个。水位计应设置放水管并接至安全地点。图5.4（彩图5.3）所示为锅炉上使用的水位计，动画5.2所示为常见水位计工作原理。

4）温度测量装置

温度是锅炉热力系统的重要参数之一。为掌握锅炉的运行状况，确保锅炉的安全、经济运行，在锅炉热力系统中锅炉的给水、蒸汽、烟气等介质均需依靠温度测量装置进行测量监视。

彩图 5.3 锅炉水位计

动画 5.2 常见水位计工作原理

图 5.4 锅炉水位计

5）保护装置

保护装置主要包括：

（1）超温报警和联锁保护装置。超温报警装置安装在热水锅炉的出口处，当锅炉的水温超过规定的水温时自动报警，提醒司炉人员采取措施减弱燃烧。超温报警和联锁保护装置还能在超温报警的同时自动切断燃料的供应及停止鼓风和引风，以防止热水锅炉发生超温而导致锅炉损坏或爆炸。图 5.5 所示为超温报警和联锁保护示意图。

图 5.5 超温报警和联锁保护示意图

（2）高低水位警报和低水位联锁保护装置。当锅炉的水位高于最高安全水位或低于最低安全水位时，水位警报器自动发出警报，提醒司炉人员采取措施，以防止事故发生。

（3）锅炉熄火保护装置。当锅炉熄火时，锅炉熄火保护装置可切断燃料供应并发出相应信号。

6）排污阀或放水装置

排污阀或放水装置的作用是排放锅水蒸发残留下的水垢、泥渣及其他有害物质，将锅水的水质控制在允许范围内，使受热面保持清洁，以确保锅炉的安全、经济运行。

7）防爆门

为防止炉膛和尾部烟道再次燃烧而造成破坏，常在炉膛和烟道易爆处装设防爆门。防爆门的作用是，当炉膛发生爆燃或烟道发生二次燃烧时，烟气压力突然升高，在压力作用下防爆门首先开启（如重力式防爆门），让部分烟气泄出，使炉膛或烟道内压力降低（这时防爆门自动关闭），以防止锅炉受热面、炉墙或烟道在压力作用下损坏。

8）锅炉自动控制装置

可通过工业自动化仪表对温度、压力、流量、物位、成分等参数进行测量和调节，达到监视、控制和调节生产的目的，使锅炉在最安全和经济的条件下运行。图5.6所示为锅炉自动控制流程图。

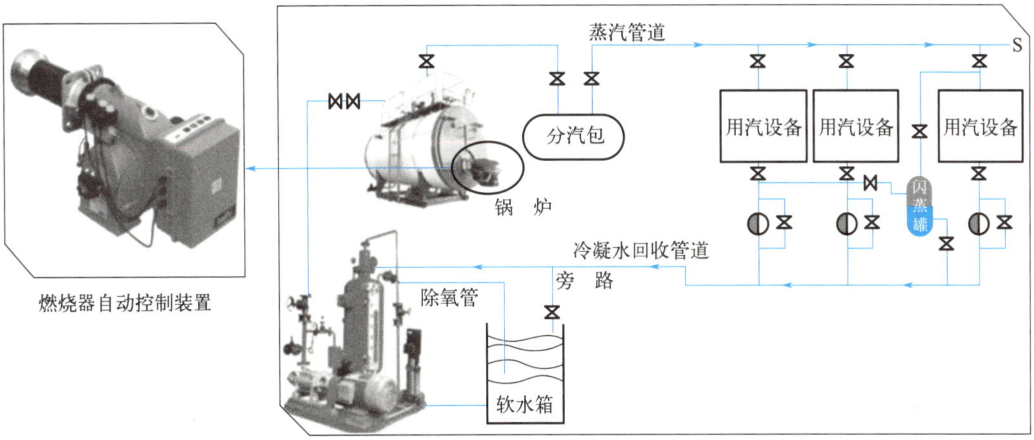

图5.6 锅炉自动控制流程图

5.2 锅炉使用安全技术

5.2.1 安全管理要点

锅炉安全管理的要点主要是：

（1）使用定点厂家的合格产品。国家对锅炉压力容器的设计、制造有严格的要求，实行定点生产制度。锅炉压力容器的制造单位必须具备保证产品质量所必需的加工设备、技术力量、检验手段和管理水平。购置、选用的锅炉压力容器应是定点厂家的合格产品，并有齐全的技术文件、产品质量合格证明书和产品竣工图。

（2）登记建档。锅炉压力容器在正式使用前必须到当地特种设备安全监察机构登记，经审查批准入户建档，取得使用证后方可使用。使用单位也应建立锅炉压力容器的设备档案，保存设备的设计、制造、安装、使用、修理、改造和检验等过程的技术资料。

(3) 专责管理。使用锅炉压力容器的单位应对设备进行专责管理，并设置专门机构，责成专门的领导和技术人员负责管理设备。

(4) 持证上岗。锅炉司炉、水质化验人员及压力容器操作人员应分别接受专业安全技术培训并考试合格，持证上岗。

(5) 照章运行。锅炉压力容器必须严格依照操作规程及其他法规操作运行，任何人在任何情况下不得违章作业。

(6) 定期检验。定期检验是指在设备的设计使用期限内，每隔一定时间对其承压部件和安全装置进行检查，或做必要的试验。实行定期检验是及早发现缺陷、消除隐患、保证设备安全运行的行之有效的措施。锅炉压力容器定期检验分为外部检验、内部检验和耐压试验。实施特种设备法定检验的单位须取得国家市场监督管理总局特种设备安全监察局的核准资格。

(7) 监控水质。水中杂质会使锅炉结垢、腐蚀及产生汽水共腾，降低锅炉效率、寿命及供汽质量。必须严格监督，控制锅炉给水及锅水水质，使之符合锅炉水质标准的规定。

(8) 报告事故。锅炉压力容器在运行中发生事故，除紧急妥善处理外，应按规定及时、如实上报主管部门及当地特种设备安全监察部门。

5.2.2 锅炉启动

5.2.2.1 锅炉启动步骤

锅炉启动步骤为：

(1) 检查准备。对新装、迁装和检修后的锅炉，启动前要对其进行全面检查。主要检查内容有：检查受热面、承压部件的内外部，看其是否处于可投入运行的良好状态；检查燃烧系统各环节是否处于完好状态；检查各类门孔、挡板是否正常，使之处于启动所要求的位置；检查安全附件和测量仪表是否齐全、完好并处于启动所要求的状态；检查锅炉架、楼梯、平台等钢结构部分是否完好；检查各种辅机特别是转动机械是否完好。

(2) 上水。从防止产生过大热应力出发，上水温度最高为 90 ℃，水温与筒壁温差不超过 50 ℃。对水管锅炉，全部上水时间在夏季不小于 1 h，在冬季不小于 2 h。冷炉上水至最低安全水位时应停止上水，以防受热膨胀后水位过高。

(3) 烘炉。新装、迁装、大修或长期停用的锅炉，其炉膛和烟道的墙壁非常潮湿，骤然接触高温烟气将产生裂纹、变形，甚至发生倒塌事故。为防止此类情况发生，此类锅炉在上水后，启动前要进行烘炉。

(4) 煮炉。对新装、迁装、大修或长期停用的锅炉，在正式启动前必须煮炉。煮炉的目的是清除蒸发受热面中的铁锈、油污和其他污物，减少受热面腐蚀，提高锅水和蒸汽品质。

(5) 点火升压。一般锅炉上水后即可点火升压。点火方法因燃烧方式和燃烧设备而异。层燃炉一般用木材引火，严禁用挥发性强烈的油类或易燃物引火，以免造成爆炸事故。

对自然循环锅炉，升压过程与日常的压力锅升压相似，即锅内压力是由加热产生的，升压过程与受热过程紧密联系。

(6) 暖管与并汽。暖管即用蒸汽慢慢加热管道、阀门、法兰等部件，使其温度缓慢上升。应避免向冷态或较低温度的管道突然供入蒸汽，以防热应力过大而损坏管道、阀门等部件，同时将管道中的冷凝水驱出，防止在供汽时发生水击。并汽也称并炉、并列，即新投入运行锅炉向共用的蒸汽母管供汽。并汽前应减弱燃烧，打开蒸汽管道上的所有疏水阀，充分疏水以防水击；冲洗水位表，并使水位维持在正常水位线以下；使锅炉的蒸汽压力稍低于蒸汽母管内压力，慢慢打开主汽阀及隔绝阀，使新启动的锅炉与蒸汽母管连通。

5.2.2.2 锅炉点火升压阶段的安全注意事项

锅炉点火升压阶段的安全注意事项主要为：

1) 防止炉膛爆炸

锅炉点火时需防止炉膛爆炸。点火前，锅炉炉膛中可能残存可燃气体或其他可燃物，也可能预先混入可燃物，如不注意清除，这些可燃物与空气的混合物遇明火即可能爆炸，这就是炉膛爆炸。燃气锅炉、燃油锅炉、煤粉锅炉等点火时必须特别注意防止炉膛爆炸。

防止炉膛爆炸的措施为：点火前，开动引风机给锅炉通风 5～10 min，没有风机的可自然通风 5～10 min，以清除炉膛及烟道中的可燃物质。点燃气、油、煤粉炉时应先送风，然后投入点燃火炬，最后送入燃料。一次点火未成功需要重新点燃火炬时，一定要在点火前给炉膛烟道重新通风，待充分清除可燃物后再进行点火操作。

2) 控制升温升压速度

升压过程也是锅水饱和温度不断升高的过程。随着锅水温度的升高，锅筒和蒸发受热面的金属壁温也随之升高，金属壁面会存在不稳定的热传导作用，这时应注意热膨胀和热应力问题。

为防止产生过大的热应力，锅炉的升压过程一定要缓慢进行。点火过程中，应对各热承压部件的膨胀情况进行监督。如果发现有卡住现象应停止升压，待排除故障后再继续升压；发现膨胀不均匀时也应采取措施消除。

3) 严密监视和调整仪表

点火升压过程中，锅炉的蒸汽参数、水位及各部件的工作状况不断变化。为防止出现异常情况及事故，必须严密监视各种指示仪表，将锅炉压力、温度和水位控制在合理范围内。同时，各种指示仪表本身同样会经历从冷态到热态、从不承压到承压的过程，也会产生热膨胀，在某些情况下甚至会出现卡住、堵塞、转动或开关不灵等情况，出现无法投入运行或工作不可靠的故障。因此，在点火升压过程中，保证指示仪表的准确可靠十分重要。

在一定时间内，压力表上的指针应离开原点。如锅炉内已有压力而压力表指针不动，须将火力减弱或停熄，校验压力表并清洗压力表管道，待压力表正常后方可继续升压。

4）保证强制流动受热面的可靠冷却

自然循环锅炉的蒸发面在锅炉点火后开始受热，产生循环流动。启动过程加热比较缓慢，蒸发受热面中产生的蒸汽量较少，水循环还不正常，各水冷壁受热不均匀的情况比较严重，但蒸发受热面一般不至于在启动过程中烧坏。

由于锅炉在启动中不向用户提供蒸汽及不连续经省煤器上水，省煤器、过热器等强制流动受热面中因没有连续流动的水汽介质冷却而可能被外部连续流过的烟气烧坏，故必须采取可靠的措施，保证强制受热面在启动过程中不会过热损坏。

对过热器的保护措施为：在升压过程中，开启过热器出口集箱疏水阀、对空排气阀，使一部分蒸汽流经过热器后被排除，从而使过热器得到足够的冷却。

对省煤器的保护措施为：对钢管省煤器，在省煤器与锅筒间连接再循环管，在点火升压期间将再循环管上的阀门打开，使省煤器中的水经锅筒、再循环管（不受热）重回省煤器，进行循环流动。但是，在上水时应将再循环管上的阀门关闭。

5.2.3 锅炉运行

锅炉正常运行中应做好的监督调节主要为：

1）锅炉水位的监督调节

在锅炉运行中，运行人员应不间断地通过水位表监督锅内的水位。锅炉水位应经常保持在正常水位线处，并允许在正常水位线上下 50 mm 内波动。

由于水位的变化与负荷、蒸发量和气压的变化密切相关，因此水位的调节常常不是孤立地进行，而是与气压、蒸发量的调节联系在一起的。

为使水位保持正常，锅炉在低负荷运行时的水位应稍高于正常水位，以防负荷增加时水位降得过低；锅炉在高负荷运行时的水位应稍低于正常水位，以防负荷降低时水位升得过高。

2）锅炉气压的监督调节

在锅炉运行中，蒸汽压力应基本上保持稳定。锅炉气压的变动通常是由负荷变动引起的，当锅炉蒸发量和负荷不相等时，气压就要变动。若负荷小于蒸发量，气压就上升；若负荷大于蒸发量，气压就下降。调节锅炉气压就是调节其蒸发量，而蒸发量的调节是通过燃烧调节和给水调节来实现的。运行人员根据负荷变化相应增减锅炉的燃料量、风量、给水量，以改变锅炉蒸发量，使气压保持相对稳定。

对间断上水的锅炉，为保持气压稳定，要注意上水均匀。上水间隔时间不宜过长，一次上水不宜过多。在燃烧减弱时不宜上水，人工烧炉在投煤、扒渣时也不宜上水。

3）气温的调节

锅炉负荷、燃料及给水温度的改变都会造成过热器气温的改变。过热器本身的传热特性不同，上述因素改变时气温变化的规律也不相同。

4）燃烧的监督调节

燃烧调节的任务是：使燃料燃烧供热适应负荷的要求，维持气压稳定；使燃烧完好正常，尽量减少未完全燃烧损失，减轻金属腐蚀和大气污染；对负压燃烧锅炉，应维持引风和鼓风的均衡，使炉膛保持一定的负压，以保证操作安全和减少排烟损失。

5）排污和吹灰

在锅炉运行中，为保持受热面内部清洁，避免锅水发生汽水共腾及蒸汽品质恶化现象，除对给水进行必要且有效的处理外，还必须坚持排污。

燃煤锅炉的烟气中含有许多飞灰微粒，在烟气流经蒸发受热面、过热器、省煤器及空气预热器时，一部分烟灰会沉积到受热面上，如果不及时吹扫清理，往往越积越多。由于烟灰的导热能力很差，受热面上积灰会严重影响锅炉传热，降低锅炉效率，影响锅炉运行工况（特别是蒸汽温度），对锅炉安全也会造成不良影响，因此应定期吹灰。

5.2.4 锅炉停炉及停炉保养

1）停 炉

正常停炉是预先计划内的停炉。停炉中应注意的主要问题是防止降压降温过快，以避免锅炉部件因降温收缩不均匀而产生过大的热应力。

停炉操作应按规程规定的次序进行。大体上说，锅炉正常停炉的次序应是先停燃料供应，随之停止送风，减弱引风；同时，逐渐降低锅炉负荷，相应减少锅炉上水，但应维持锅炉水位稍高于正常水位。对燃气、燃油锅炉，炉膛停火后，引风机至少要继续引风 5 min 以上。锅炉停止供汽后，应隔断与蒸汽母管的连接，排气降压。为保护过热器，防止其金属超温，可打开过热器出口集箱疏水阀适当放气。在降压过程中，司炉人员应连续监视锅炉，待锅内无气压时开启空气阀，以免锅内因降温形成真空。

停炉时应打开省煤器旁通烟道，关闭省煤器烟道挡板，但锅炉进水仍需经省煤器。对钢管省煤器，锅炉停止进水后应开启省煤器再循环管；对无旁通烟道的可分式省煤器，应密切监视其出口水温，并连续经省煤器上水、放水至水箱中，使省煤器出口水温低于锅筒压力下饱和温度 20 ℃。

为防止锅炉降温过快，在正常停炉的 4～6 h 内应紧闭炉门和烟道挡板。之后打开烟道挡板，缓慢加强通风，适当放水。停炉 18～24 h，在锅水温度降至 70 ℃以下时方可全部放水。

锅炉出现下列情况之一时应紧急停炉：

(1) 锅炉水位低于水位表的下部可见边缘。

(2) 不断加大向锅炉进水及采取其他措施，但水位仍继续下降。

(3) 锅炉水位超过最高可见水位（满水），经放水仍不能见到最高可见水位。

(4) 给水泵全部失效或给水系统故障,不能向锅炉进水。

(5) 水位表或安全阀全部失效。

(6) 设置在汽空间的压力表全部失效。

(7) 锅炉元件损坏,危及操作人员安全。

(8) 燃烧设备损坏、炉墙倒塌或锅炉构件被烧红等,严重威胁锅炉安全运行。

(9) 其他危及锅炉安全运行的异常情况。

紧急停炉的操作次序是:立即停止添加燃料和送风,减弱引风;同时,设法熄灭炉膛内的燃料,对一般层燃炉可用砂土或湿灰灭火,链条炉可开快挡以使炉排快速运转,将红火(指正在燃烧的煤炭或其他燃料呈现出的红色火焰状态)送入灰坑;灭火后即将炉门、灰门及烟道挡板打开,以加强通风冷却;锅内可以较快降压并更换锅水,锅水冷却至 70 ℃左右允许排水。因缺水紧急停炉时,严禁给锅炉上水,并不得开启空气阀及安全阀快速降压。

紧急停炉是为防止事故扩大而不得不采取的非常规停炉方式,有缺陷的锅炉应尽量避免紧急停炉。

2) 停炉保养

锅炉停炉后,本来容纳水汽的受热面及整个汽水系统依旧是潮湿的或残存有剩水。由于受热面及其他部件置于大气中,空气中的氧有充分的条件与潮湿的金属接触或更多地溶解于水中,这会加剧金属的电化学腐蚀。另外,受热面的烟气侧在运行过程中常黏附有灰粒及可燃物质,停炉后在潮湿的气氛下也会加剧对金属的腐蚀。实践表明,停炉期的腐蚀往往比运行中的腐蚀更严重。

停炉保养主要是指锅内保养,即汽水系统内部为避免或减轻腐蚀而进行的防护保养。常用的停炉保养方式有压力保养、湿法保养、干法保养和充气保养。

5.3 锅炉检修安全技术

5.3.1 锅炉检修前的准备工作

锅炉检修前的准备工作主要包括:

(1) 锅炉检修前要让锅炉按正常停炉程序停炉,缓慢冷却,用锅水循环和炉内通风等方式逐步将锅内和炉膛内的温度降低下来。当锅水温度降到 80 ℃以下时,将被检验锅炉上的各门孔统统打开。打开门孔时需注意防止被蒸汽、热水或烟气烫伤。

(2) 将被检验锅炉上蒸汽、给水、排污等管道与其他运行中锅炉相应管道的通路隔断。隔断所用的盲板要有足够的强度,以免被运行中的高压介质鼓破。隔断位置要明确标示出来。

(3) 被检验锅炉的燃烧室和烟道要与总烟道或其他运行锅炉相通的烟道隔断。烟道闸门要关严密,并在隔断后进行通风。

5.3.2 锅炉检修中的安全注意事项

检修中的安全注意事项主要为：

（1）注意通风和监护。在进入锅筒、容器前，必须将锅筒、容器上的人孔和集箱上的手孔全部打开，使空气对流一定时间，充分通风。进入锅筒、容器进行检验时，锅筒、容器外必须有人监护。在进入烟道或燃烧室检查前，也必须进行通风。

（2）注意用电安全。在锅筒和潮湿的烟道内检验时，如采用电灯照明，照明电压不应超过 24 V；当比较干燥时，在有妥善的安全措施的情况下可采用不高于 36 V 的照明电压。进入容器检验时，应使用电压不超过 12 V 或 24 V 的低压防爆灯。当检验仪器和修理工具的电源电压超过 36 V 时，必须采用绝缘的软线和可靠的接地线。锅炉、容器内严禁采用明火照明。

（3）禁止带压拆装连接部件。检验锅炉和压力容器时，如需要卸下或上紧承压部件的紧固件，必须将压力全部泄放后方能进行，不能在器内有压力的情况下卸下或上紧螺栓等紧固件，以防发生意外事故。

（4）禁止自行以气压试验代替水压试验。锅炉的耐压试验一般都用水作为加压介质，不能用气体作为加压介质，否则十分危险。个别容器由于结构等方面的原因，不能用水做耐压试验时，即使设计规定可以用气压代替水压，也要在试验前经过全面检查，核算强度，按设计规定认真采取可靠的措施后方能进行，并应事先取得有关部门的同意。

5.4 锅炉典型事故及预防

5.4.1 锅炉爆炸事故

1）水蒸气爆炸

锅炉中容纳水及水蒸气较多的大型部件（如锅筒及水冷壁集箱等）在正常工作时要么处于水汽两相共存的饱和状态，要么充满了饱和水，容器内的压力等于或接近锅炉的工作压力，水的温度则是该压力对应的饱和温度。一旦容器破裂，容器内液面上的压力瞬间下降为大气压力，与大气压力相对应的水的饱和温度是 100 ℃。原工作压力下高于 100 ℃的饱和水此时成为极不稳定、在大气压力下难以存在的“过饱和水”，其中的一部分瞬时汽化，体积骤然膨胀许多倍，在容器周围空间形成爆炸。

2）超压爆炸

超压爆炸指由于安全阀、压力表不齐全、损坏或装设错误，操作人员擅离岗位或放弃监视责任，关闭或关小出汽通道，无承压能力的生活锅炉改作承压锅炉等原因，致使锅炉筒体、封头、管板、炉胆等主要承压部件承受的压力超过其承载能力而造成的锅炉爆炸。

3）缺陷导致爆炸

缺陷导致爆炸指锅炉承受压力并未超过额定压力，但因锅炉主要承压部件出现裂纹、严重变形、腐蚀、组织变化等情况，导致主要承压部件丧失承载能力，突然大面积破裂爆炸。

缺陷导致的爆炸是锅炉常见的爆炸情况之一。预防这类爆炸，除加强锅炉的设计、制造、安装、运行中的质量控制和安全监察外，还应加强锅炉检验，发现锅炉缺陷应及时处理，避免锅炉主要承压部件带缺陷运行。

4）严重缺水导致爆炸

锅炉的锅筒、封头、管板、炉胆等主要承压部件不少是直接受火焰加热的。锅炉一旦严重缺水，上述主要承压部件将得不到正常冷却，金属温度急剧上升甚至被烧红。这样的缺水情况是严禁加水的，应立即停炉。如给严重缺水的锅炉上水，往往酿成爆炸事故。长时间缺水干烧的锅炉也会爆炸。防止这类爆炸的主要措施是加强运行管理。

5.4.2 锅炉重大事故

5.4.2.1 缺水事故

1）锅炉缺水的后果

当锅炉水位低于水位表最低安全水位刻度线时，即形成锅炉缺水事故。锅炉缺水时，水位表内往往看不到水位，表内发白发亮。缺水发生后，低水位警报器动作并发出警报，过热蒸汽温度升高，给水流量不正常地小于蒸汽流量。

锅炉缺水是锅炉运行中的常见事故之一，往往会造成一些后果：严重缺水会使锅炉蒸发受热面管子过热变形，甚至烧塌，胀口渗漏，胀管脱落，受热面钢材过热或过烧，降低或丧失承载能力，管子爆破，炉墙损坏。如锅炉缺水处理不当，甚至会导致锅炉爆炸。

2）常见锅炉缺水原因

锅炉缺水的原因主要为：

(1) 运行人员疏忽大意，对水位监视不严，或者运行人员擅离职守，放弃了对水位及其他仪表的监视。

(2) 水位表故障造成假水位但操作人员未及时发现。

(3) 水位报警器或给水自动调节器失灵但未及时发现。

(4) 给水设备或给水管路故障，无法给水或水量不足。

(5) 操作人员排污后忘记关排污阀，或排污阀泄漏。

(6) 水冷壁、对流管束或省煤器管子爆破漏水。

3）锅炉缺水的处理

发现锅炉缺水时，应首先判断是轻微缺水还是严重缺水，酌情予以不同处理。通常判断缺水程度的方法是“叫水”。“叫水”的操作方法为：首先打开水位表的放水旋塞冲洗汽连管及水连管，然后关闭水位表的汽连管旋塞，最后关闭放水旋塞。如果此时水位表中有水位出现，则为轻微缺水。如果“叫水”后水位表仍无水位出现，说明水位已降到水连管以下甚至更严重，属于严重缺水。

轻微缺水时，可以立即向锅炉上水，使水位恢复正常。如果上水后水位仍不能恢复正常，应停炉检查。严重缺水时，必须紧急停炉。在未判定缺水程度或已判定属于严重缺水的情况下，严禁给锅炉上水，应停炉。

5.4.2.2 满水事故

1）锅炉满水的后果

锅炉水位高于水位表最高安全水位刻度线的现象称为锅炉满水。满水发生后，高水位的报警器动作并发出警报，过热蒸汽温度降低，给水流量不正常地大于蒸汽流量。严重满水时，锅水可进入蒸汽管道和过热器，造成水击及过热器结垢。满水的主要危害是降低蒸汽品质，损害甚至破坏过热器。

2）常见锅炉满水原因

锅炉满水的原因主要为：

（1）运行人员疏忽大意，对水位监视不严，或运行人员擅离职守，放弃了对水位及其他仪表的监视。

（2）水位表故障造成假水位但运行人员未及时发现。

（3）水位报警器及给水自动调节器失灵但未及时发现。

3）锅炉满水的处理

发现锅炉满水后，应冲洗水位表，检查水位表有无故障；一旦确认满水，应关闭给水阀，停止向锅炉上水，启用省煤器再循环管路，减弱燃烧，开启排污阀及过热器、蒸汽管道上的疏水阀；待水位恢复正常后，关闭排污阀及各疏水阀；查清事故原因并予以消除，恢复正常运行。如果满水时出现水击，则在恢复正常水位后还须检查蒸汽管道、附件、支架等，确定无异常情况才可恢复正常运行。

5.4.2.3 汽水共腾

1）汽水共腾的后果

锅炉蒸发表面（水面）汽水共同升起，产生大量泡沫并上下波动翻腾的现象称为汽水共腾。发生汽水共腾时,水位表内也出现泡沫,水位急剧波动,汽水界线难以分清;过热蒸汽温度急剧下降,严重时蒸汽管道内发生水冲击。汽水共腾与满水一样,会使蒸汽带水,降低蒸汽品质,造成过热器结垢及水击振动,损坏过热器或影响用汽设备的安全运行。

2) 汽水共腾的原因

汽水共腾的原因主要为:

(1) 锅水品质差。由于给水品质差、排污不当等原因,造成锅水中悬浮物或含盐量太高,碱度过高。由于汽水分离,锅水表面层附近含盐浓度更高,锅水黏度很大,气泡上升阻力增大。当负荷增加、汽化加剧时,大量气泡被黏阻在锅水表面而来不及分离出去,形成大量泡沫,使锅水表面上下翻腾。

(2) 负荷增加过快和压力降低过快。当水位高、负荷增加过快、压力降低过快时,会使水面汽化加剧,造成水面波动及蒸汽带水。

3) 汽水共腾的处理

发现汽水共腾时,应减弱燃烧力度,降低负荷,关小主汽阀;加强蒸汽管道和过热器的疏水;全开连续排污阀,并打开定期排污阀放水,同时上水,以改善锅水品质;待水质改善、水位清晰时,可逐渐恢复正常运行。

5.4.2.4 锅炉爆管

1) 锅炉爆管的后果

锅炉爆管指锅炉蒸发受热面管子在运行中爆破的现象。锅炉爆管包括水冷、对流管束管子爆破及烟管爆破。锅炉爆管时往往能听到爆破声,随之水位降低,蒸汽及给水压力下降,炉膛或烟道中有汽水喷出声响,负压减小,燃烧不稳定,给水流量明显大于蒸汽流量,有时还有其他比较明显的症状。

2) 锅炉爆管的原因

锅炉爆管的原因主要为:

(1) 水质不良、管子结垢并超温爆破。

(2) 水循环故障。

(3) 严重缺水。

(4) 制造、运输、安装中管内落入异物,如钢球、木塞等。

(5) 烟气磨损而导致管壁减薄。

(6) 管子膨胀受阻碍,由于热应力造成裂纹。

(7) 吹灰不当而造成管壁减薄。

(8) 管路缺陷或焊接缺陷在运行中发展扩大。

3）锅炉爆管的处理

锅炉爆管时，通常必须紧急停炉修理。由于导致锅炉爆管的原因很多，有时往往是几方面因素共同影响而造成事故，所以防止锅炉爆管必须从做好锅炉设计、制造、安装、运行管理、检验等环节入手。

5.4.2.5 省煤器损坏

1）省煤器损坏的后果

省煤器损坏指由省煤器管子破裂或省煤器零件损坏所造成的事故。省煤器损坏时，给水流量不正常地大于蒸汽流量；严重时，锅炉水位下降，过热蒸汽温度上升；省煤器烟道内有异常声响，烟道潮湿或漏水，排烟温度下降，烟气阻力增大，引风机电流增大。省煤器损坏会造成锅炉缺水而被迫停炉。

2）省煤器损坏的原因

省煤器损坏的原因主要为：

(1) 烟速过高或烟气含灰量过大，飞灰磨损严重。

(2) 给水品质不符合要求，特别是未进行除氧，管子水侧被严重腐蚀。

(3) 省煤器出口烟气温度低于其酸露点，在省煤器出口段烟气侧产生酸性腐蚀。

(4) 材质缺陷或制造安装时存在缺陷。

(5) 水击或炉膛、烟道爆炸剧烈振动省煤器并使之损坏等。

3）省煤器损坏的处理

省煤器损坏时，如能经直接上水管给锅炉上水，并使烟气经旁通烟道流出，则可不停炉进行省煤器修理，否则必须停炉进行修理。

5.4.2.6 过热器损坏

1）过热器损坏的后果

过热器损坏主要指过热器爆管。这种事故发生后，蒸汽流量明显下降，且不正常地小于给水流量；过热蒸汽温度上升，压力下降；过热器附近有明显声响，炉膛负压减小，过热器后的烟气温度降低。

2）过热器损坏的原因

过热器损坏的原因主要为：

(1) 锅炉满水、汽水共腾或汽水分离效果差而造成过热器内进水结垢，导致过热爆管。

(2) 受热偏差或流量偏差使个别过热器管子超温而爆管。

(3) 启动、停炉时对过热器保护不善，导致过热爆管。

(4) 工况变动(负荷变化、给水温度变化、燃料变化等)使过热蒸汽温度上升，造成金属超温爆管。

(5) 材质缺陷或材质错用(如在需要用合金钢的过热器上错用了碳素钢)。

(6) 制造或安装时的质量问题，特别是焊接缺陷。

(7) 管内异物堵塞。

(8) 被烟气中的飞灰严重磨损。

(9) 吹灰不当、损坏管壁等。

在锅炉受热面中过热器的使用温度最高，而引起过热蒸汽温度变化的因素很多，相应造成过热器超温的因素也很多。因此，过热器损坏的原因比较复杂，往往与温度工况有关，在分析问题时需要综合各方面因素进行考虑。

3) 过热器损坏的处理

过热器损坏通常需要停炉修理。

5.4.2.7 水 击

1) 水击的后果

水在管道中流动时，因速度突然变化导致压力突然变化，形成压力波并在管道中传播的现象称为水击。发生水击时管道承受的压力骤然升高，发生猛烈振动并发出巨大声响，常造成管道、法兰、阀门等的损坏。

2) 水击的原因

锅炉中易产生水击的部位为给水管道、省煤器、过热器、锅筒等。这些部位易出现水击的原因为：

(1) 给水管道的水击常是管道阀门关闭或开启过快造成的。如阀门突然关闭，高速流动的水突然受阻，其动压在瞬间转变为静压，对内门、管道造成强烈冲击。

(2) 省煤器管道的水击分两种情况：一种是省煤器内部分水变成蒸汽，蒸汽与温度较低的(未饱和)水相遇时，水将蒸汽冷凝，原蒸汽区压力降低，使水速突然发生变化并造成水击；另一种则与给水管道的水击相同，是由阀门的突然开闭造成的。

(3) 过热器管道的水击常发生在满水或汽水共腾事故中，在暖管时也可能出现。造成水击的原因是蒸汽管道中出现水，水使部分蒸汽降温甚至冷凝，形成压力降低区，蒸汽携水向压力降低区流动，使水速突然变化而产生水击。

(4) 锅筒的水击有两种情况：一种是上锅筒内水位低于给水管出口而给水温度又较低时，大量低温进水造成蒸汽凝结，使压力降低而导致水击；另一种是下锅筒内采用蒸汽加热时，进汽速度太快，蒸汽迅速冷凝而形成低压区，造成水击。

3）水击的预防与处理

为预防水击，给水管道和省煤器管道的阀门启闭不应过于频繁，开闭速度要缓慢；对可分式省煤器的出口水温要严格控制，使之低于同压力下的饱和温度40 ℃；防止满水和汽水共腾事故，暖管前应彻底疏水；上锅筒进水速度应缓慢，下锅筒进汽速度也应缓慢。

发生水击时，除立即采取措施使之消除外，还应认真检查管道、阀门、法兰等，无异常情况时才能继续运行锅炉。

5.4.2.8 炉膛爆炸

1）炉膛爆炸的后果

炉膛爆炸指炉膛内积存的可燃性混合物瞬间同时爆燃，从而使炉膛烟气侧压力突然升高，超过设计允许值而造成水冷壁、刚性梁及炉顶、炉墙破坏的现象，即正压爆炸。此外还有负压爆炸，即在送风机突然停转时引风机继续运转，烟气侧压力急降，造成炉膛、刚性梁及炉墙破坏的现象。

发生炉膛爆炸（外爆）需要同时具备三个条件：一是燃料必须以游离状态存在于炉膛中；二是燃料和空气的混合物达到爆燃的浓度；三是有足够的点火能源。

炉膛爆炸常发生在燃油、燃气、燃煤粉的锅炉中。不同可燃物的爆炸极限和爆炸范围各不相同。

由于爆炸过程中火焰传播速度非常快，每秒达数百米甚至数千米，火焰激波按球面向各方向传播，邻近燃料同时被点燃，烟气容积突然增大，因来不及泄压，造成炉膛内压力陡增而发生爆炸。

2）炉膛爆炸的原因

炉膛爆炸的原因主要为：

(1) 在设计上缺乏可靠的点火装置、可靠的熄火保护装置及联锁、报警和跳闸系统，炉膛及刚性梁结构抗爆能力差，制粉系统及燃油雾化系统有缺陷。

(2) 在运行过程中操作人员误判断、误操作，此类事故占炉膛爆炸事故总数的90%以上。有时因采用“爆燃法”点火而发生爆炸。此外，还有因烟道闸板关闭而发生的炉膛爆炸事故。

3）炉膛爆炸的预防

为防止炉膛爆炸事故的发生，应根据锅炉的容量和大小装设可靠的炉膛安全保护装置，如防爆门、炉膛火焰和压力检测装置，联锁、报警、跳闸系统及点火程序，熄火程序控制系统。同时，尽量提高炉膛及刚性梁的抗爆能力。此外，应加强使用管理，提高司炉工人技术水平。在启动锅炉点火时要认真按操作规程进行点火，严禁采用“爆燃法”，点火失败后应通风吹扫5～10 min后才能重新点火；当燃烧不稳、炉膛负压波动较大时，如除积灰、燃料变更、制粉系统及雾化系统发生故障，低负荷运行时应精心控制燃烧，严格控制负压。

5.4.2.9 尾部烟道二次燃烧

1）尾部烟道二次燃烧的后果

尾部烟道二次燃烧主要发生在燃油锅炉上。当锅炉运行中燃烧不完全时，部分可燃物随烟气进入尾部烟道，积存在烟道内或黏附在尾部受热面上，在一定条件下这些可燃物自行着火。尾部烟道二次燃烧常将空气预热器、省煤器破坏。

引起尾部烟道二次燃烧的条件是在锅炉尾部烟道上有可燃物堆积，并达到一定温度，有一定量的空气可供燃烧。这三个条件同时满足时，可燃物有可能自燃或被引燃着火。尾部烟道二次燃烧易在停炉后不久发生。

2）尾部烟道二次燃烧的原因

尾部烟道二次燃烧的原因主要为：

（1）可燃物在尾部烟道积存。锅炉启动或停炉时燃烧不稳定、不完全，可燃物随烟气进入尾部烟道，积存在尾部烟道；燃油雾化不良，来不及在炉膛内完全燃烧而随烟气进入尾部烟道；鼓风机停转后炉膛内负压过大，引风机有可能将尚未燃烧的可燃物吸引到尾部烟道。

（2）达到可燃物着火的温度条件。刚停炉时尾部烟道上尚有烟气存在，烟气流速很低甚至不流动，受热面上沉积有可燃物，传热系数差，难以向周围散热；在较高温度的情况下，可燃物自氧化加剧，放出一定能量，从而使温度进一步上升。

（3）存在一定空气量。尾部烟道门孔和挡板关闭不严密，或空气预热器密封不严，导致空气进入。

3）尾部烟道二次燃烧的预防

为防止产生尾部烟道二次燃烧，要提高燃烧效率，尽可能减少不完全燃烧损失，减少锅炉的启停次数；加强尾部受热面吹灰；保证烟道各门孔及烟气挡板密封良好；在燃油锅炉尾部烟道上装设灭火装置。

5.4.2.10 锅炉结渣

1）锅炉结渣的后果

锅炉结渣是灰渣在高温下黏结在受热面、炉墙、炉排之上并越积越多的现象。燃煤锅炉结渣是普遍性问题，层燃炉、沸腾炉、煤粉炉也都有可能结渣。由于煤粉炉炉膛温度较高，煤粉燃烧后的细灰呈飞腾状态，因而更易在受热面上结渣。结渣会使受热面吸热能力减弱，降低锅炉的出力和效率；局部水冷壁管结渣会影响和破坏水循环，甚至造成水循环故障；结渣会造成过热蒸汽温度的变化，使过热器金属超温；严重的结渣会妨碍燃烧设备的正常运行，甚至造成被迫停炉。结渣对锅炉的经济性、安全性都有不利影响。

2）锅炉结渣的原因

产生锅炉结渣的原因主要是煤的灰渣熔点低、燃烧设备设计不合理、运行操作不当等。

3）锅炉结渣的预防

预防锅炉结渣的主要措施有：

（1）在设计上要控制炉膛燃烧热负荷，在炉膛中布置足够的受热面，控制炉膛出口温度，使之不超过灰渣变形温度；合理设计炉膛形状，正确设置燃烧器，在燃烧器结构性能设计中充分考虑结渣问题；控制水冷壁间距以使其不要太大，将炉膛出口处受热面管间距拉开；炉排两侧装设防焦集箱等。

（2）在运行上要避免超负荷运行；控制火焰中心位置，避免火焰偏斜和火冲墙；合理控制过量空气系数，减少漏风。

（3）对沸腾炉和层燃炉要控制送煤量，均匀送煤，及时调整燃料层和煤层厚度。

（4）发现锅炉结渣后应及时清除。清渣应在负荷较低、燃烧稳定时进行，操作人员应注意防护和安全。

5.5 锅炉事故案例分析

1）事故概况

某化工厂有机热载体锅炉发生严重损坏事故，造成1死1重伤，直接经济损失24万元。

事发前一天中午，该化工厂二氯甲苯车间的新锅炉出现故障，负责人决定使用已被安全监察部门责令停用的旧锅炉。事发当日上午，蒸馏釜内一批物料蒸馏结束，操作工黄某告知车间主任武某蒸馏已经结束。15 min后，黄某关闭了蒸馏釜进油阀。45 min后，锅炉房开始着火。炉膛内受热面盘管呈淡蓝色过烧状，油气分离器底端封板撕裂脱落，其顶部与高位油槽连接的管子已拉裂，其附近墙壁出现撞击裂痕，电控箱烧损，如图5.7（彩图5.4）所示。

2）事故原因分析

（1）直接原因。关闭蒸馏釜进油阀后未及时开启油路旁通阀，而放空阀亦未开启，致使该锅炉导热循环系统停止循环，锅炉内油温急剧升高，管路压力升高。此时操作人员开启了旁通阀门，导致高温导热油迅速汽化，造成非受压的油气分离器承压爆裂，导热油喷出后遇明火燃烧。

（2）间接原因。违章操作，启动该炉时未打开膨胀槽放空阀，停止供油前未及时打开旁通阀。

（3）该炉操作人员均无锅炉操作许可证。

彩图 5.4　锅炉爆炸现场

图 5.7　锅炉爆炸现场

3）预防同类事故的安全技术措施

预防同类事故的安全技术措施主要有：

（1）特种作业人员应经过专业安全技术培训，经考核合格取得相应操作许可证方可上岗。

（2）对持有有效证件的特种作业人员进行安全操作技能、安全生产法律法规知识考核，提高特种作业人员的安全操作技能和安全意识。

（3）旧炉启用前必须经有关单位检验合格，报安全监察部门批准后方可运行。

思考题

1. 试简述锅炉的主要特性。
2. 锅炉安全附件有哪些？各有何作用？
3. 锅炉的安全管理要点有哪些？
4. 锅炉上水时对水温和上水时间有何要求？
5. 锅炉检修中的安全注意事项有哪些？
6. 锅炉爆炸事故主要有哪几类？
7. 什么是汽水共腾？其原因是什么？
8. 什么是炉膛爆炸事故？发生炉膛爆炸要同时具备哪些条件？

第 6 章　压力容器安全技术

内容导读

本章首先介绍压力容器安全基础知识，分析压力容器的危险因素，然后介绍压力容器使用安全技术、压力容器检修安全技术，最后分析压力容器典型事故及预防。

本章学习要点包括压力容器使用安全技术、压力容器检修安全技术、压力容器典型事故及预防措施。

6.1　压力容器安全基础知识

压力容器一般泛指在工业生产中盛装用于完成反应、传质、传热、分离和储存等生产工艺过程的气体或液体，并能承载一定压力的密闭设备。压力容器广泛用于石油、化工、能源、冶金、机械、轻纺、医药、国防等工业领域，如图 6.1(彩图 6.1)所示。

图 6.1　压力容器

彩图 6.1　压力容器

6.1.1 压力容器基础知识

6.1.1.1 压力容器的操作条件

1）压　力

压力容器的压力涉及容器外产生（增大）的压力和容器内产生（增大）的压力。

最高工作压力多指在正常操作情况下容器顶部可能出现的最高压力。设计压力指在相应设计温度下用于确定容器壳体厚度及其元件尺寸的压力，即标注在容器铭牌上的设计压力。压力容器的设计压力值不得低于最高工作压力。当容器各部位或受压元件所承受的液体静压力达到5%设计压力时，应取设计压力和液柱压力之和进行该部位或元件的设计计算。对装有安全阀的压力容器，其设计压力不得低于安全阀的开启压力或爆破压力。容器的设计压力确定应符合《压力容器　第3部分：设计》（GB/T 150.3—2024）的相应规定。

2）温　度

金属温度指容器受压元件沿截面厚度的平均温度。在任何情况下，元件金属的表面温度不得超过钢材的允许使用温度。

设计温度指容器正常操作时，在相应设计压力下壳壁或元件金属可能达到的最高或最低温度。当壳壁或元件金属的温度低于－20 ℃时，按最低温度确定设计温度；除此之外，设计温度一律按最高温度选取。设计温度不得低于元件金属可能达到的最高金属温度；对0 ℃以下的金属温度，设计温度不得高于元件金属可能达到的最低金属温度。容器设计温度（即标注在容器铭牌上的设计温度）指壳体的设计温度。

3）介　质

压力容器所涉及的介质品种繁多，分类方法也有多种。按物质状态，可分为气体、液体、液化气体等；按化学特性，可分为可燃、易燃、惰性和助燃4种；按介质的危害性，可分为易爆介质、毒性介质、腐蚀性介质等。

腐蚀性介质是能够通过化学或电化学作用破坏材料的物质。有的介质中含有杂质，会使腐蚀性加剧。腐蚀介质的种类和性质各不相同，加上工艺条件不同，介质的腐蚀性也不相同。这要求压力容器在选用材料时除满足使用条件下的力学性能要求外，还要具备足够的耐腐蚀性，必要时还要采取一定的防腐措施。

6.1.1.2 压力容器的分类

压力容器分类方法很多，下面介绍其中几种分类方法。

1）按用途分类

压力容器按用途分为反应容器、传热容器、分离容器和储运容器。

(1) 反应容器。主要用于完成工作介质的物理、化学反应的容器称为反应容器，如反应器、发生器、聚合釜、合成塔、变换炉等。

(2) 传热容器。主要用于完成介质的热量交换的容器称为传热容器，如热交换器、冷却器、加热器、硫化罐等。

(3) 分离容器。主要用于完成介质的流体压力平衡、气体净化或分离等功能的容器称为分离容器，如分离器、过滤器、集油器、缓冲器、洗涤塔、铜洗塔、干燥器等。

(4) 储运容器。主要用于盛装生产和生活用的原料气体、液体、液化气体的容器称为储运容器，如储槽、储罐、槽车等。

2）按压力分类

按设计压力的大小，压力容器可分为低压、中压、高压和超高压 4 类。其划分界限见表 6.1。对气瓶而言，设计压力 $p<12.25$ MPa 为低压，$p\geqslant 12.25$ MPa 为高压。

表 6.1　压力容器按压力分类的界限

压力等级	压力范围/MPa
低　压	$0.1\leqslant p<1.6$
中　压	$1.6\leqslant p<10$
高　压	$10\leqslant p<100$
超高压	$100\leqslant p$

3）我国压力容器分类

按照特种设备安全技术规范《固定式压力容器安全技术监察规程》(TSG 21—2016)中的划分，先按介质划分为第一组介质和第二组介质，再按照压力和容积划分为Ⅰ类、Ⅱ类和Ⅲ类。

Ⅰ. 介质分组

压力容器的介质分为以下两组，包括气体、液化气体或最高工作温度高于或等于标准沸点的液体。

第一组介质：毒性程度为极度危害、高度危害的化学介质，易爆介质，液化气体。

第二组介质：除第一组以外的介质。

Ⅱ. 介质危害性

介质危害性指压力容器在生产过程中因事故致使介质与人体大量接触，发生爆炸或者因经常泄漏引起职业性慢性危害的严重程度。它用介质毒性程度和爆炸危害程度表示。

毒性程度综合考虑急性毒性、最高容许浓度和职业性慢性危害等因素。极度危害的最高容许浓度小于 0.1 mg/m^3；高度危害的最高容许浓度为 0.1～1.0 mg/m^3；中度危害的最高容许浓度为 1.0～10.0 mg/m^3；轻度危害的最高容许浓度大于或等于 10.0 mg/m^3。

易爆介质指气体或液体的蒸气、薄雾与空气混合形成的爆炸性混合物，且其爆炸下限小于 10%，或爆炸上限和爆炸下限的差值大于或者等于 20%的介质。

具体介质毒性危害程度和爆炸危险程度按《压力容器中化学介质毒性危害和爆炸危险程度分类标准》(HG/T 20660—2017)确定。该标准没有规定的，由压力容器设计单位参照《职业性接触毒物危害程度分级》(GBZ 230—2010)中的原则确定介质组别。

Ⅲ. 分类方法

(1) 基本分类。压力容器分类时应先依据介质特性，按照要求选择分类图(对第一组介质，压力容器分类如图 6.2 所示；对第二组介质，压力容器分类如图 6.3 所示)，再根据设计压力 p 和容积 V 标出坐标点，确定压力容器类别。

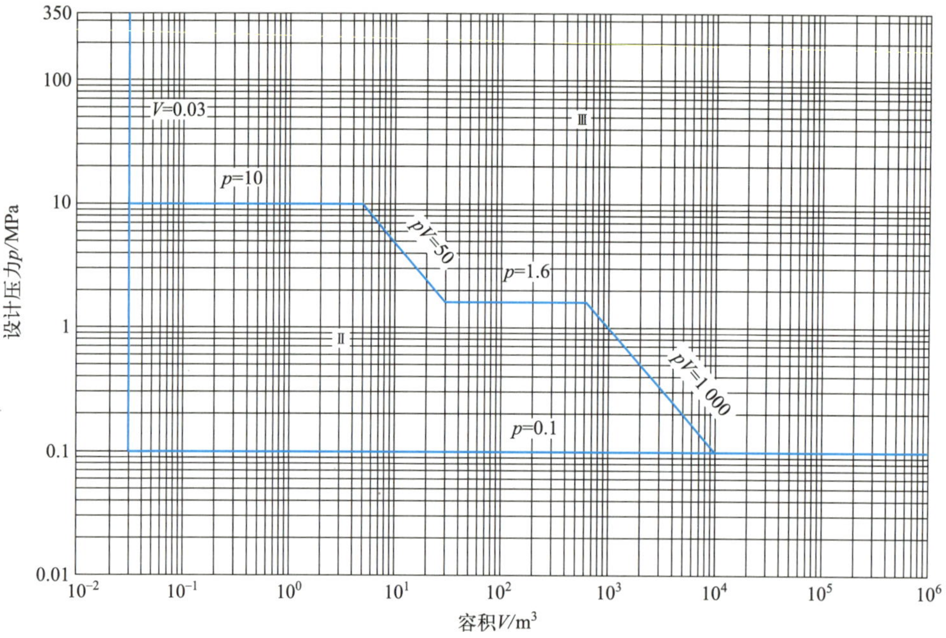

图 6.2 压力容器分类——第一组介质

(2) 多腔压力容器分类。多腔压力容器(如热交换器的管程和壳程、夹套压力容器等)按类别高的压力腔作为该容器的类别，且按该类别进行使用管理，但应按每个压力腔各自的类别分别提出设计、制造技术要求。对各压力腔进行类别划定时，设计压力取本压力腔的设计压力，容积取本压力腔的几何容积。

(3) 同腔多种介质压力容器分类。一个压力腔内有多种介质时，按组别高的介质分类。

(4) 介质含量极小的压力容器分类。当某一危害性物质在介质中含量极小时，应按其危害程度及含量综合考虑，由压力容器设计单位确定介质组别。

(5) 特殊情况分类。坐标点位于图 6.2 或图 6.3 的分类线上时，按较高的类别划分其类别。对《职业性接触毒物危害程度分级》(GBZ 230—2010)、《压力容器中化学介质毒性危害和爆炸危险程度分类标准》(HG/T 20660—2017)中没有明确规定的介质，应按化学性质、危害程度及含量综合考虑，由压力容器设计单位决定介质组别。

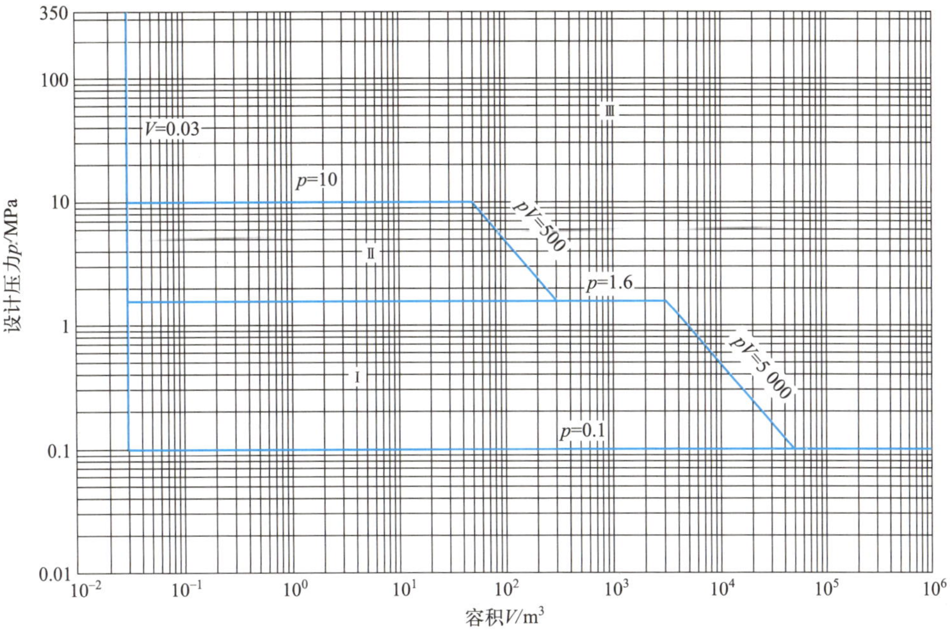

图 6.3　压力容器分类——第二组介质

6.1.2　安全附件

1）安全阀

安全阀是一种由进口静压开启的自动泄压阀。它依靠介质自身的压力排出一定数量的流体介质，以防止容器或系统内的压力超过预定的安全值。当容器内压力恢复正常后，阀门自行关闭，并阻止介质继续排出。

安全阀可分为全启式安全阀和微启式安全阀。安全阀按整体结构和加载方式可分为静重式、杠杆式、弹簧式和先导式 4 种，如图 6.4 所示。其中，先导式安全阀由一个主阀（安全阀）和一个先导阀（直接作用式安全阀）组成。主阀是真正的安全阀，而先导阀用于感受受压系统压力并使主阀开启和关闭，其工作原理可参考动画 6.1。

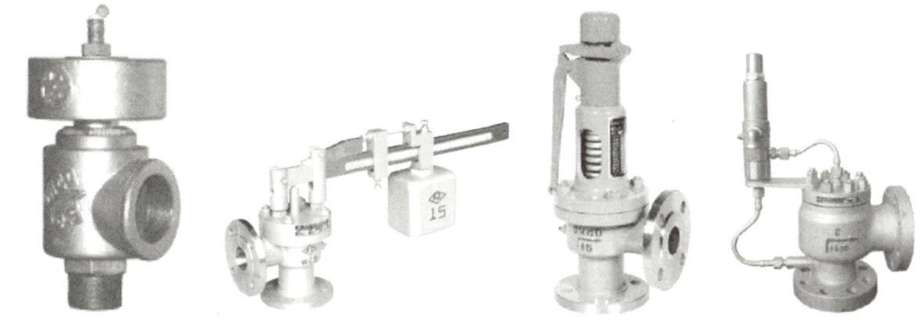

(a) 静重式安全阀　(b) 杠杆式安全阀　(c) 弹簧式安全阀　(d) 先导式安全阀

图 6.4　各种安全阀

动画 6.1　先导式安全阀工作原理示意

2）爆破片

爆破片又称爆破膜或防爆膜。爆破片装置是一种断裂型泄压装置，由进口静压使爆破片受压爆破而泄放出介质，以防止容器或系统内的压力超过预定的安全值。

与安全阀相比，爆破片具有结构简单、泄压反应快、密封性能好、适应性强等特点。

3）安全阀与爆破片的组合

安全阀与爆破片并联组合时，爆破片的标定爆破压力不得超过容器的设计压力。安全阀的开启压力应略低于爆破片的标定爆破压力。

当安全阀进口和容器之间串联安装爆破片时，应满足下列条件：

(1) 安全阀和爆破片组合的泄放能力应满足要求。

(2) 爆破片破裂后的泄放面积应不小于安全阀进口面积，同时应保证爆破片破裂的碎片不影响安全阀正常动作。

(3) 爆破片与安全阀之间应装设压力表、旋塞、排气孔或报警指示器，以检查爆破片是否破裂或渗漏。

当安全阀出口串联安装爆破片时，应满足下列条件：

(1) 容器内的介质应是洁净的，不含胶着物质或阻塞物质。

(2) 安全阀的泄放能力应满足要求。

(3) 当安全阀与爆破片之间存在负压时，阀仍能在开启压力下准确开启。

(4) 爆破片的泄放面积不得小于安全阀的进口面积。

(5) 安全阀与爆破片之间应设置放空管和排污管，以防止该空间的压力累积。

4）爆破帽

爆破帽为一端封闭，中间有一薄弱层面的厚壁短管。其爆破压力误差较小，泄放面积较小，多用于超高压容器。超压时其断裂的薄弱层面在开槽处。由于它在工作时通常受温度影响，因此一般均选用热处理性能稳定且随温度变化较小的高强度材料（如 34CrNi3Mo 等）制造。爆破帽的爆破压力与材料强度之比一般为 0.2～0.5。

5）易熔塞

易熔塞属于“熔化型”（“温度型”）安全泄放装置，其动作取决于容器壁的温度，主要用于中、低压的小型压力容器，在盛装液化气体的钢瓶中应用更为广泛。

6）紧急切断阀

紧急切断阀是一种特殊结构和特殊用途的阀门，其工作原理可参考动画 6.2。它通常与截止阀串联安装在紧靠容器的介质出口管道上。其作用是在管道发生大量泄漏时紧急止漏，一般还具有过流闭止及超温闭止的功能，并能在近程和远程独立进行操作。按操作方式的不同，紧急切断阀可分为机械（或手动）牵引式、油压操纵式、气压操纵式和电动操纵式等多种。前两种目前在液化石油气槽车上应用非常广泛。

7）减压阀

减压阀的工作原理是利用膜片、弹簧、活塞等敏感元件改变阀瓣与阀座之间的间隙，在介质通过时产生节流，使得压力下降而减压。其工作原理可参考动画 6.3。

动画 6.2　紧急切断阀工作原理示意　　动画 6.3　减压阀工作原理示意

8）压力表、液位计和温度计

（1）压力表。压力表是指示容器内介质压力的仪表，是压力容器的重要安全装置。按结构和作用原理，压力表可分为液柱式、弹性元件式、活塞式和电量式四大类。其中，活塞式压力表通常作为校验用的标准仪表，液柱式压力表一般只用于测量很低的压力。压力容器广泛采用的是各种类型的弹性元件式压力表。

（2）液位计。液位计又称液面计，是用于观察和测量容器内液体位置变化情况的仪表。特别是对盛装液化气体的容器，液位计是必不可少的安全装置。

（3）温度计。温度计是用于测量物质冷热程度的仪表，可用于测量压力容器介质的温度。对需要控制壁温的容器，必须装设测试壁温的温度计。

6.1.3　压力容器的危险因素

压力容器类似锅炉，是承受压力的密闭容器。有些压力容器盛装可燃气体介质，一旦发生泄漏，这些可燃气体会立即与空气混合并达到爆炸极限，若遇火源即可导致二次爆炸和燃烧等，造成特大火灾、爆炸和伤亡事故。

2015 年 7 月 16 日 7 时 30 分左右，某石化公司液化石油气球罐区在倒罐作业过程中发生着火爆炸事故，造成 2 名消防员轻伤、7 辆消防车毁坏、部分球罐及周边设施和建（构）筑物不同程度损坏，罐区周边 1 km 范围内居民房屋门窗被震坏，如图 6.5（视频 6.1）所示。

由于压力容器是在压力状态下运行，内部介质又可能是有毒可燃的，所以压力容器一旦发生事故，必须进行周密的检查和采取必要的技术措施。

压力容器破裂按破裂原因一般可分为韧性破裂、脆性破裂、疲劳破裂、腐蚀破裂和蠕变破裂等。

视频 6.1　压力容器爆炸

图 6.5　压力容器爆炸

6.2 压力容器使用安全技术

6.2.1 压力容器安全操作

1）基本要求

Ⅰ. 平稳操作

加载和卸载应缓慢，并保持运行期间载荷的相对稳定。压力容器开始加载时，速度不宜过快，尤其要防止压力突然升高。过高的加载速度会降低材料的断裂韧性，可能使存在微小缺陷的压力容器在压力快速冲击下发生脆性断裂。对高温容器或工作壁温在 0 ℃以下的容器，加热和冷却都应缓慢进行，以减小壳壁中的热应力。

操作中压力的频繁和大幅度波动对压力容器的抗疲劳强度是不利的，应尽可能避免，保持操作压力平稳。

Ⅱ. 防止超载

防止压力容器过载主要是防止超压。对压力来自外部（如气体压缩机、蒸汽锅炉等）的压力容器，超压大多是由于操作失误引起的。为防止操作失误，除装设联锁装置外，还可实行安全操作挂牌制度。在一些关键性的操作装置上挂牌，牌上用明显标记或文字注明阀门等的开闭方向、开闭状态、注意事项等。对通过减压阀降低压力后才进气的压力容器，要密切注意减压装置的工作情况，并装设灵敏可靠的安全泄压装置。

由于内部物料的化学反应而产生压力的压力容器，往往因加料过量或原料中混入杂质，使反应后生成的气体密度增大或反应过快而造成超压。要预防这类压力容器超压，必须严格控制每次投料的数量及原料中杂质的含量，并有防止超量投料的严密措施。

对储装液化气体的压力容器，为防止液体受热膨胀而超压，一定要严格计量。对液化气体储罐和槽车,除密切监视液位外,还应防止压力容器意外受热而造成超压。如果压力容器内的介质是容易聚合的单体,则应在物料中加入阻聚剂,并防止混入可促进聚合的杂质。物料储存的时间也不宜过长。

Ⅲ. 防止超温运行

除防止超压外,压力容器的操作温度也应严格控制在设计规定范围内,长期超温运行也可能直接或间接导致压力容器破坏。

2) 压力容器运行期间的检查

压力容器专职操作人员在压力容器运行期间应经常检查其工作状况,以及时发现设备出现的不正常状态,采取相应的措施进行调整或消除,防止异常情况扩大或延续,保证压力容器安全运行。

对运行中的压力容器进行检查,包括工艺条件、设备状况及安全装置等方面。

(1) 在工艺条件方面,主要检查操作压力、操作温度、液位是否在安全操作规程规定的范围内,压力容器工作介质的化学组成,特别是那些影响压力容器安全(如产生应力腐蚀、使压力升高等)的成分是否符合要求。

(2) 在设备状况方面,主要检查各连接部位有无泄漏、渗漏现象,压力容器的部件和附件有无塑性变形、腐蚀及其他缺陷或可疑迹象,压力容器及其连接有无振动、磨损等现象。

(3) 在安全装置方面,主要检查安全装置及与安全有关的计量器具是否保持完好状态。

3) 压力容器的紧急停止运行

压力容器在运行中出现下列情况时,应立即停止运行:压力容器的操作压力或壁温超过安全操作规程规定的极限值,且采取措施仍无法控制,并有继续恶化的趋势;压力容器的承压部件出现裂纹、鼓包变形、焊缝或可拆连接处泄漏等危及压力容器安全的迹象;安全装置全部失效、连接管件断裂、紧固件损坏等,难以保证安全操作;操作岗位发生火灾,威胁到压力容器的安全操作;高压容器的信号孔或警报孔泄漏。

6.2.2 压力容器的维护保养

应做好压力容器的维护工作,使压力容器保持完好状态,从而提高工作效率,延长容器使用寿命。

压力容器的维护保养主要包括以下方面:

(1) 保持完好的防腐层。工作介质对材料有腐蚀作用的压力容器,常采用防腐层来防止介质对器壁的腐蚀,如涂漆、喷镀或电镀、衬里等。如果防腐层损坏,工作介质将直接接触器壁而产生腐蚀,所以要经常检查,保持防腐层完好无损。若发现防腐层损坏,即使是局部的,也应先经修补等妥善处理后再继续使用。

(2) 消除产生腐蚀的因素。有些工作介质只有在某种特定条件下才会对压力容器产生腐蚀,因此要尽力消除这种能引起腐蚀的条件,特别是应力腐蚀的条件。例如,一氧化碳气体只在含有水分的情况下才可会对钢制容器产生应力腐蚀，故应尽量采取干燥、过滤等措施；碳钢容器的碱脆需要具备温度、拉伸应力和较高的碱液浓度等条件，故介质中含有稀碱液的压力容器必须采取措施消除使稀液浓缩的条件；对盛装氧气的压力容器，常因底部积水造成水和氧气交界面的严重腐蚀，要防止这种腐蚀，最好使氧气经过干燥，或在使用中经常排放压力容器中的积水。

(3) 消灭压力容器的“跑、冒、滴、漏”，经常保持压力容器的完好状态。“跑、冒、滴、漏”不仅浪费原料和能源，污染工作环境，还常常造成设备的腐蚀，严重时还会引起压力容器破坏事故。

(4) 加强压力容器在停用期间的维护。对长期或临时停用的压力容器，应加强维护。停用的压力容器必须将内部介质排除干净，腐蚀性介质要经过排放、置换、清洗等技术处理。要注意防止压力容器的“死角”积存腐蚀性介质。要经常保持压力容器的干燥和清洁，防止大气腐蚀。试验证明，在潮湿的情况下，钢材表面有灰尘、污物时，大气对钢材才有腐蚀作用。

(5) 经常保持压力容器的完好状态。压力容器上所有的安全装置和计量仪表应定期进行调整校正，使其始终保持灵敏、准确；压力容器的附件、零件必须保持齐全和完好无损，连接紧固件残缺不全的压力容器禁止投入运行。

6.3 压力容器检修安全技术

6.3.1 压力容器检修前的注意事项

压力容器应定期进行检验，每年至少进行一次外部检查，每 3 年至少进行一次内外部检验，每 6 年至少进行一次全面检验；使用期达 20 年的，每年至少进行内外部检验，并根据检验情况确定全面检验时间和作出能否使用的结论。

压力容器的壳体及受压元件不得有裂纹存在，对经内外部检验发现有严重裂纹的压力容器，应分析原因，采取措施加以消除、修理、更换或报废。

压力容器检验前，必须切断压力容器与其他还有压力或气体的设备的连接管道，特别是与含可燃或有毒介质的设备的通路。不仅要关闭阀门，还必须用盲板严密封闭，以免阀门漏气，致使可燃或有毒气体漏入压力容器内而引起着火爆炸或中毒事故。

压力容器内部的介质要全部排净。盛装可燃、有毒或窒息性介质的压力容器还应进行清洗、转换或消毒等技术处理，并经取样分析合格。与压力容器有关的电源，如压力容器的搅拌装置、翻转机构等的电源必须切断，并有明显的禁止接通的指示标志。

6.3.2 压力容器检修中的注意事项

在对压力容器进行定期检验或检修时，应认真做好安全防护工作，防止发生意外事故。

（1）彻底隔断与其他设备的连接管道。特别是通向易燃或有毒气体源的管路，更应严密封死，防止泄漏，以免发生着火燃烧或中毒事故。

（2）切断电源。压力容器的转动装置（如搅拌机、翻转机等）、加热装置及其他与压力容器有关的电源都应切断，并应挂上“不准合闸”“不得启动”的标志牌。

（3）压力容器内的介质应排除干净。充装易燃、有毒或窒息性气体的压力容器，还应用空气进行置换、冲洗，经检验证明压力容器内的空气符合安全要求后检修人员才能进入。

（4）使用安全电压。检修中应使用电压低于 36 V 的照明灯。一切电压高于 36 V 的仪器或用具都要有良好的接地设施。进入压力容器检验时，应使用电压不超过 12 V 或 24 V 的低压防爆灯。

（5）禁止带压紧固或卸下承压部件。必须先将压力容器内的压力卸除，不准带压操作，以免发生意外。

6.4 压力容器典型事故及预防

6.4.1 压力容器爆炸的危害

1）冲击波及其破坏作用

冲击波超压会造成人员伤亡和建筑物破坏。冲击波超压大于 0.1 MPa 时，在其直接冲击下大部分人员会死亡；0.05～0.1 MPa 的超压可严重损伤人的内脏或引起死亡；0.03～0.05 MPa 的超压会损伤人的听觉器官或产生骨折；超压 0.02～0.03 MPa 也可使人体受到轻微伤害。

锅炉压力容器因严重超压而爆炸时，其爆炸能量远大于按工作压力估算的爆炸能量，破坏和伤害情况也严重得多。

2）爆破碎片的破坏作用

锅炉压力容器破裂爆炸时，高速喷出的气流可将壳体反向推出，有些壳体破裂成块或片向四周飞散。这些具有较高速度或较大质量的碎片在飞出过程中具有较大的动能，也会造成较大的危害。

碎片对人的伤害程度取决于其动能，碎片的动能与其质量及速度的平方成正比。碎片在脱离壳体时常有 80～120 m/s 的初速度，即使飞离爆炸中心较远时也常有 20～30 m/s 的速度。在此速度下，质量为 1 kg 的碎片的动能可达 200～450 J，足可致人重伤或死亡。碎片还可能损坏附近的设备和管道，引起爆炸或火灾，造成更大危害。

3）介质伤害

介质伤害主要是有毒介质的毒害和高温蒸汽的烫伤。

在压力容器所盛装的液化气体中有很多是毒性介质，如液氨、液氯、二氧化硫、二氧化氮、氢氟酸等。盛装这些介质的容器破裂时，大量液体瞬间汽化并向周围大气扩散，会造成大面积毒害，不仅造成人员中毒，致死致病，也会严重破坏生态环境，危及中毒区的动植物。有毒介质从压力容器泄放汽化后，体积会增大100～250倍。所形成的毒害区的大小及毒害程度取决于压力容器内有毒介质的质量、压力容器破裂前的介质温度和压力、介质毒性。

锅炉爆炸释放的高温汽水混合物会使爆炸中心附近的人员烫伤。其他高温介质泄放汽化也会灼烫伤害现场人员。

4）二次爆炸及燃烧危害

当压力容器所盛装的介质为可燃液化气体时，压力容器破裂爆炸会在现场形成大量可燃蒸气，并迅速与空气混合而形成可爆性混合气，在扩散中遇明火即形成二次爆炸。

可燃液化气体压力容器的这种燃烧爆炸常使现场附近变成一片火海，造成严重后果。

5）压力容器快开门事故危害

快开门式压力容器开关盖频繁，在容器泄压未尽前或带压下打开端盖，以及端盖未完全闭合就升压，极易造成快开门式压力容器发生爆炸事故。

6.4.2 压力容器事故的预防

为防止压力容器发生爆炸，应采取下列措施：

（1）在设计上，应采用合理的结构，如采用全焊透结构及能自由膨胀等，避免应力集中、几何突变；针对设备使用工况，选用塑性、韧性较好的材料；强度计算及安全阀排量计算符合标准。

（2）制造、修理、安装、改造时加强焊接管理，提高焊接质量并按规范要求进行热处理和探伤；加强材料管理，避免采用有缺陷的材料或用错钢材、焊接材料。

（3）在压力容器的使用过程中加强管理，避免出现操作失误，超温、超压、超负荷运行，失检、失修、安全装置失灵等。

6.5 压力容器事故案例分析

1）事故概况

某年6月27日15时20分，某市油脂化工厂癸二酸车间两台正在运行的蓖麻油水解釜（设备类别为Ⅰ类压力容器）突然发生爆炸，设备完全炸毁，癸二酸车间厂房东侧被炸倒塌，距该车间北侧6 m的动力站房东侧也被炸毁倒塌，与癸二酸车间厂房东侧相隔18 m的新建药用甘油车间西墙被震裂，玻璃全部被震碎，钢窗大部分损坏，个别墙体被飞出物击穿，癸二酸车间因爆炸局部着火。现场及动力站、药用甘油车间当即死亡 5 人，另有 1 人在送往医院途中死亡，1 人在医院抢救中死亡；厂外距离爆炸点西 183 m 处，1 老人在路旁休息，被爆炸后飞出的 40 kg 的水解釜残片拦腰击中身亡。这次事故共死亡 8 人，重伤 4 人，轻伤 13 人，直接经济损失 36 万余元。

爆炸的两台水解釜是油脂化工厂委托该市锅炉厂设计制造的。锅炉厂根据油脂化工厂提供的介质无腐蚀性的介绍(油脂化工厂不了解介质对设备内壁具有较强的腐蚀性和磨损作用)选取了有关设计参数。水解釜筒体直径为 1 800 mm，材质为 20g，筒体壁厚为 14 mm，封头壁厚为 16 mm，容积为 15.3 m^3。工作压力为 0.78 MPa，工作温度为 175 ℃，工作介质为蓖麻油、氧化锌、蒸汽、水及水解反应后生成的甘油和蓖麻油酸(这些介质对设备内壁具有较强的腐蚀性和磨损作用)。釜顶装有安全阀和压力表。某锅检所于事故前一年的 7 月 5 日进行过一次使用登记前的外部检查，但没有测量设备的壁厚，只根据介质对设备内壁基本无腐蚀的介绍，认为壁厚没有减薄，而在报告上填写了设备原始资料中记载的壁厚数据。爆炸事故当年的 6 月 23 日，爆炸的 1 号釜曾发生泄漏事故。分析认为是由于水解釜内介质在加压和较高温度下，对釜壁的腐蚀及介质对釜内壁的冲刷和磨损造成釜体壁厚迅速减薄，使水解釜不能承受工作压力。次日，癸二酸车间在既没有报告工厂有关部门也没有分析泄漏原因的情况下，对 1 号釜泄漏部分进行补焊。补焊后第 4 天(6 月 27 日)发生了爆炸事故。每台釜实际累计运行时间约为 19 个月。

2）事故原因分析

这起爆炸事故的原因是水解釜内介质在加压和较高温度下对釜壁的腐蚀以及介质对釜内壁的冲刷和磨损造成釜体壁厚迅速减薄，使水解釜不能承受工作压力，从而发生了物理性爆炸。

(1) 设计时依据的数据不够准确。某市锅炉厂在设计两台水解釜时，对介质造成水解釜内壁腐蚀和磨损考虑不够，只是根据油脂化工厂提供的介质无腐蚀性的介绍选取了有关设计参数。油脂化工厂也不了解介质对设备内壁具有较强的腐蚀性和磨损作用，并会在较短时间内造成壁厚迅速减薄。

(2) 检验时没有测量实际壁厚。检验人员对两台设备进行外部检查时，没有测量设备的壁厚及取得相应的数据，只根据介质对设备内壁基本无腐蚀的介绍，认为壁厚没有减薄，而在报告上填写了设备原始资料中记载的壁厚数据。

(3) 对已产生的事故苗头没有引起足够重视。爆炸设备中有一台在爆炸前 4 天曾发生泄漏，但生产车间没有引起重视，未向工厂有关部门报告，在泄漏原因未查明前自主决定进行补焊后继续使用。

3）预防同类事故的安全技术措施

预防同类事故的安全技术措施主要为：

(1) 压力容器设计单位选取的设计参数要正确、可靠，设计人员对所承担的设计产品的使用性能应了解，以保证设计结果符合实际使用状况。

(2) 检验人员应按国家有关规定认真履行检验职责，保证检验质量，检验报告的填写应完整、正确。

(3) 使用单位应对有关操作人员做好培训教育，使其能正确操作。当设备发生异常现象时应认真分析原因，在原因查找正确的前提下采取有效防范措施，及时消除事故隐患。

思考题

1. 压力容器设计压力的概念是什么？

2. 压力容器设计温度的概念是什么？什么条件下按最低温度确定设计温度？什么条件下按最高温度选取？

3. 压力容器按其内介质对人类的毒害程度分为哪几级？

4. 压力容器按用途分为哪几类？

5. 压力容器的安全附件有哪些？

6. 压力容器检修中的安全注意事项有哪些？

第 7 章　工业通风

内容导读

本章首先介绍通风的任务和功能，然后介绍通风的类型及原理、通风管道和设备、通风系统的施工及验收，最后介绍特殊场景的通风。

本章学习的要点包括通风的任务和功能、通风的类型及原理、通风设备设施的技术要求和规范、通风系统的施工及验收要求。

7.1 通风的任务和功能

生产过程往往会不同程度地产生有害气体、灰尘、余湿、余热等，如图 7.1 所示。通常将这些物质称为工业有害物，它会使室内工作条件恶化，危害操作者健康，影响产品质量，降低劳动生产率。

图 7.1　工业有害物

7.1.1 通风的任务

创造良好的空气环境条件（如温度、湿度、空气流速、洁净度等），对保障人们的健康、提高劳动生产率、保证产品质量是必不可少的。这一任务的完成是由通风来实现的。

通风是用自然或机械的方法向某一房间或空间送入室外空气，或由某一房间或空间排出空气的过程。送入的空气可以是经过处理的，也可以是不经处理的。也就是说，通风是利用室外空气（称为新鲜空气或新风）来置换建筑物内的空气（简称室内空气），以改善室内空气品质。

7.1.2 通风的功能

通风的功能主要有：

（1）提供人呼吸所需要的氧气。

（2）稀释室内污染物或气味。

（3）排除室内工艺过程产生的污染物。

（4）除去室内多余的热量（称余热）或湿量（称余湿）。

（5）提供室内燃烧设备燃烧所需的空气。

建筑中的通风系统可能只完成其中的一项或几项任务。利用通风除去室内余热和余湿的功能是有限的，它受室外空气状态的限制。

7.2 通风的类型及原理

通风的主要目的是置换室内空气及改善室内空气品质。通风是以建筑物内的污染物为主要控制对象的。

根据换气方法不同，通风可分为排风和送风。排风是在局部地点或整个房间将不符合卫生标准的污染空气直接或经过处理后排至室外；送风是将新鲜或经过处理的空气送入室内。为排风和送风设置的管道及设备等装置分别称为排风系统和送风系统，统称为通风系统。

此外，按系统作用范围大小，通风还可分为全面通风和局部通风。按空气流动的作用动力，通风方法可分为自然通风和机械通风。

7.2.1 自然通风

自然通风利用自然风压、空气温差、空气密度差等对室内、矿井或井巷等区域进行通风输气。自然通风依靠室外风力造成的风压和室内外空气温度差造成的热压促使空气流动，实现建筑室内外空气交换。

7.2.1.1 自然通风的概念

自然通风是利用建筑物内外空气的密度差引起的热压或室外大气运动引起的风压来引进室外新鲜空气，达到通风换气作用的一种通风方式。它不消耗电能，不消耗机械动力，同时在适宜的条件下能获得巨大的通风换气量，是一种比较经济的通风方式。自然通风在一般的居住建筑、普通办公楼、工业厂房（尤其是高温车间）有广泛应用，能经济有效地满足室内人员的空气品质要求和生产工艺的一般要求。动画 7.1 所示为一种自然通风示意。

动画 7.1 一种自然通风示意

7.2.1.2 自然通风的特点

自然通风的特点主要是：降低能耗；提高空间利用率；提高舒适度；经济且无设备噪声；依靠自然力；受室外空气品质制约。

7.2.1.3 自然通风的作用

自然通风是一项古老的技术，与复杂、耗能的空调技术相比，自然通风是一项能适应气候的廉价且成熟的技术措施。通常认为自然通风有提供新鲜空气、生理降温（舒适自然通风）、释放建筑结构中蓄存的热量三大主要作用。

7.2.1.4 自然通风的技术原理

自然通风是在自然压差作用下，使室内外空气通过建筑物围护结构的孔口流动的通风换气。根据压差形成的机理，可分为风压作用下的自然通风、热压作用下的自然通风及风压和热压共同作用下的自然通风。

1）风压作用下的自然通风

当风吹向建筑时，因受到建筑的阻挡，会在建筑的迎风面产生正压力。同时，气流绕过建筑的各侧面及背面，会在相应位置产生负压力。风压通风就是利用建筑的迎风面和背风面之间的压力差实现空气的流通，如图 7.2 所示。

影响风压通风的气候因素包括空气温度、相对湿度、空气流速。影响风压通风效果的因素有建筑物进排风口的面积、开口位置、风向和开口夹角。

风压计算公式为：

$$p = Kv^2\rho/2$$

式中 p——风压，Pa；

K——空气动力系数，迎风面为正，背风面为负；

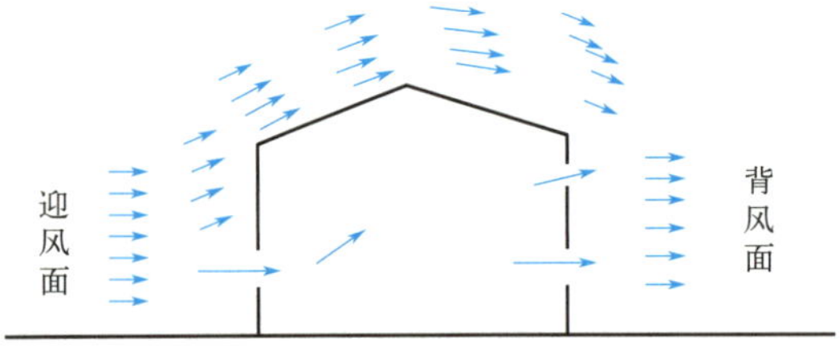

图 7.2　风压作用的自然通风示意图

v——风速，m/s；

ρ——室外空气密度，kg/m^3。

当建筑物仅在迎风面有门窗时，室外气体会顺着气流方向进入室内，而室内的压力会越来越高，直至与迎风面压力一致。当建筑物的迎风面和背风面都有门窗时，将会形成流动于建筑物内部的空气流，这种通风模式称为穿堂风。穿堂风在温度调节和通风换气方面具有优势，是工业建筑设计人员关注的焦点之一。

2）热压作用下的自然通风

热压是室内外空气的温度差引起的。由于温度差的存在，室内外产生密度差，沿建筑物墙面垂直方向出现压力梯度。如果室内温度高于室外，建筑物上部将会有较高的压力，而下部存在较低的压力。当这些位置存在孔口时，空气通过较低的开口进入，从上部流出。如果室内温度低于室外温度，气流方向相反。因此，可利用室内外空气温差所导致的空气密度和进排风口的高度差来实现通风，如图 7.3 所示。

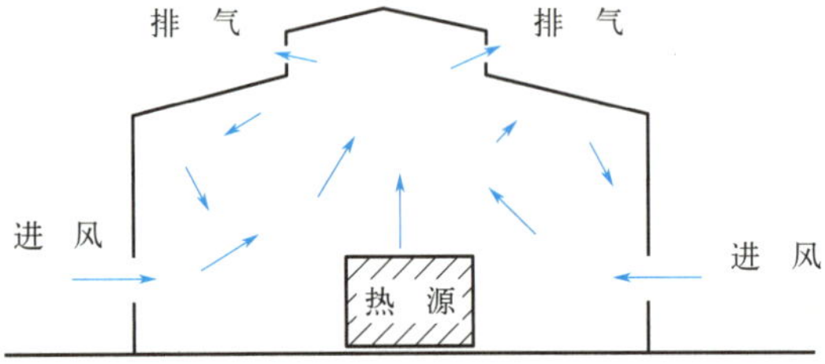

图 7.3　热压作用的自然通风示意图

热压计算公式为：

$$p=(\rho_{外}-\rho_{内})gh$$

式中　p——热压，Pa；

h——进排风口的中心距离，m；

$\rho_{内}$，$\rho_{外}$——分别为室内和室外空气密度，kg/m^3；

g——重力加速度。

对多层建筑物，在热压通风的作用下易产生烟囱效应，当室内温度高于室外时室内外会产生压力差，室外空气会通过低层房间的门窗缝隙进入室内，并经过楼内的楼梯间或电梯井等垂直通道向上流动，最后从上层房间的门窗缝隙排出。烟囱效应的强度与楼层的高度及室内外温差有关，一般情况下，建筑物越高、室内外温差越大，烟囱效应越强烈。

3）风压和热压共同作用下的自然通风

实际建筑中的自然通风是风压和热压共同作用的结果，两种作用有时相互加强，有时相互抵消。由于风压受天气、室外风向、建筑物形状、周围环境等因素的影响，风压和热压共同作用时并不是简单的线性关系，如图7.4所示。

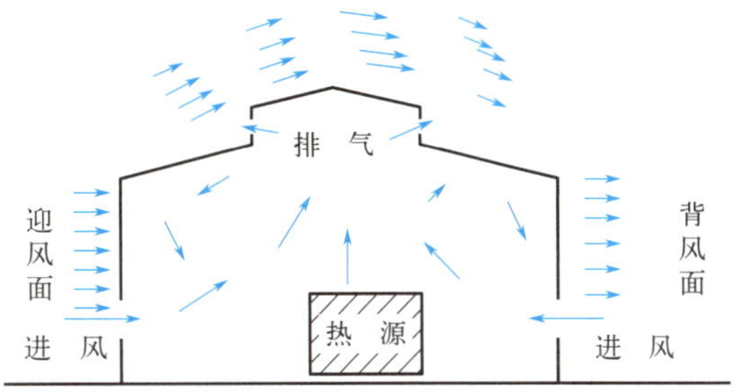

图7.4 风压和热压共同作用下的自然通风

当建筑迎风面外墙下部开口且室内温度大于室外时，热压作用和风压作用下的风向一致，建筑物外墙下部的进风量增加，当建筑物迎风面外墙上部开口时，热压作用和风压作用的风向相反，热压作用下建筑物外墙上部开口处的排风量减少，甚至出现灌风。当建筑物背风面外墙上部开口时，风压作用和热压作用的风向一致，上部开口处的排风量增加，而当背风面外墙下部开口时，进风量将会减少。

7.2.1.5 现行规范要求

利用自然通风的建筑在设计时应符合下列规定：

(1) 利用穿堂风进行自然通风的建筑，其迎风面与夏季最主要风向宜成60°～90°，且不应小于45°，同时应考虑可利用的春秋季风向，以充分利用自然通风。

(2) 建筑群平面布置应重视有利自然通风因素，如优先考虑错列式、斜列式等布置形式。

(3) 自然通风应采用阻力系数小、噪声低、易操作和维修的进排风口或窗扇。严寒寒冷地区的进排风口还应考虑保温措施。

(4) 采用自然通风的建筑，自然通风量的计算应同时考虑热压及风压的作用。

7.2.1.6 自然通风的影响因素

1）进深和净高

建筑进深过大会对气流产生衰减作用，空气在室内的流通受阻，远离风口或窗户的位置出现通风不良、污浊空气难以有效排出的情况。可以通过设计建筑的进深和净高来提高自然通风效果。

一般建筑的进深超过室内净高的5倍时，将不利于穿堂风的形成。对普通建筑，层高一般为3 m左右，空间进深不宜大于15 m。建筑面形态修长、狭窄（说明面宽较大而进深较小），自然通风效果会比较好。

2）建筑物朝向和遮挡物

建筑物朝向对自然通风有显著影响，合理选择建筑物朝向可以降低能耗，最大程度地利用自然气流。在选择朝向时，应充分考虑建筑所处环境，尽量迎着适宜自然通风季节的主导风向，并尽可能避开冬季的主导风向。同时，需要考虑建筑周围遮挡物的影响。遮挡物可能会阻挡气流的流动，形成湍流和紊流，改变气流的风向，因此在进行建筑物设计时要综合考虑建筑所处的气候条件和地形条件。

3）出入口数目

通风路径是风流从建筑入口到出口所经过的路径。通风路径越长，风流在建筑内部的阻力越大，通风效果越差。因此，为提高通风效果，应尽量缩短通风路径。合理设置多个出入口并使其分布均匀，可使建筑内部形成更短的通风路径，提高通风效果。

4）开窗角度

开窗角度的选择要与实际需求相结合。在夏季，可以适当开启较大角度的窗户以达到通风换气的目的；在冬季，可以选择较小的开窗角度，使新鲜空气流入。

5）开口相对位置

进风口的位置会对风在室内的通风路径产生影响。当进风口位于建筑迎风面中部时，进风口上下两侧压力相等，进入室内的气流方向基本不变；当进风口位于建筑迎风面下侧时，进风口下侧的压力偏小，上侧的压力偏大，气流的方向会受压差的影响，在流经进风口后偏向下侧（压力小的一侧），如图 7.5 所示；反之，当进风口位于建筑迎风面上侧时，进风口上侧的压力偏小，下侧的压力偏大，气流的方向会受压差的影响，在流经进风口后偏向上侧（压力小的一侧），如图 7.6 所示。

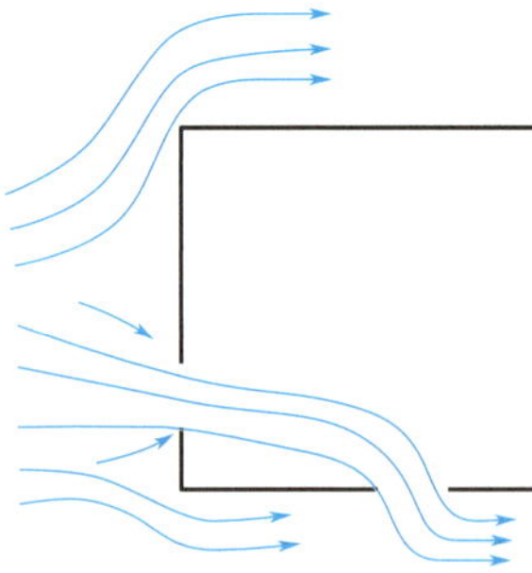
图 7.5　下侧进风口通风路径

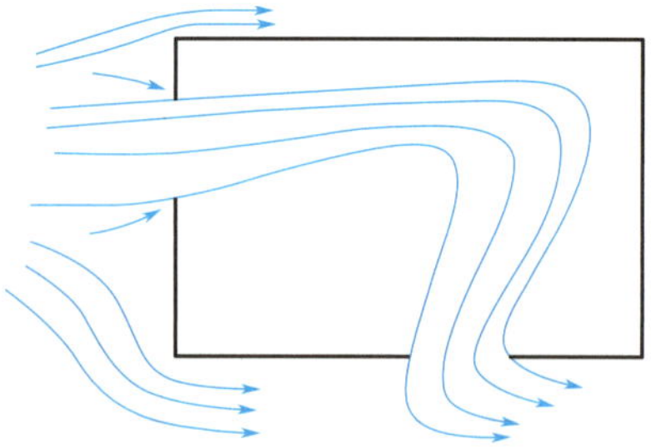
图 7.6　上侧进风口通风路径

开口的相对位置会影响通风路径的复杂程度。通风路径越复杂，气流速度相对越慢。合理设置开口相对位置，可在保证新鲜空气充分混合并覆盖整个室内空间的同时简化通风路径，提高通风效果。

当进排风口位于相对墙面且正对风向时，气流会直进直出，室内其他空间气流微弱甚至没有气流，换气效率偏低，如图 7.7(a)所示。

当进排风口位于同一墙面时，可能会产生短路效应，新鲜空气从进风口流入室内后直接从排风口排出，导致废气、有害气体无法有效排出，换气效率较差，如图 7.7(b)所示。

当进排风口位于相邻墙面、进风口正对风向并位于墙面上侧时，流经进风口的气流会在压差作用下向上偏移，遇到障碍物(如墙面)后方向偏转，从排风口排出，此时的通风效果较好，如图 7.7(c)所示。

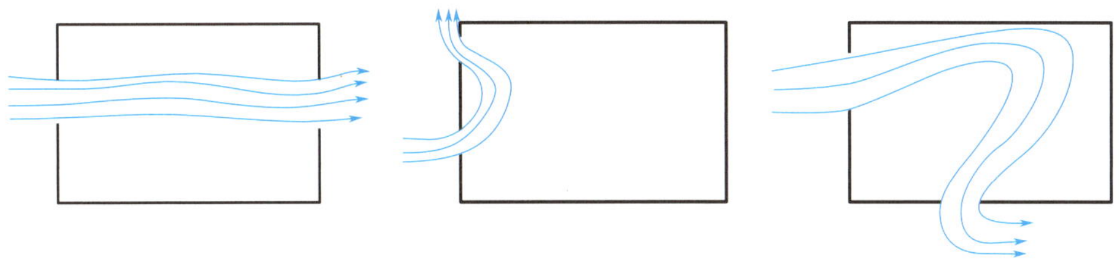

图 7.7 不同开口相对位置通风路径

6) 开口面积

开口面积会对室内的进风量和风速造成影响。当进排风口面积相同时，增大排风口面积，排风量增加，气体进入室内的风速会相应增大，而增大进风口面积，进风量增加，废气排出室外的速度会随之加快。

7.2.1.7 自然通风的适用范围

自然通风的适用范围主要为：

(1) 适用于气候温和的地区，在这些地区，室内室外温差较小，自然通风可达到良好的通风效果。

(2) 适用于低湿度环境及对通风需求较小的场所。

(3) 适用于具备良好通风条件的建筑，这些建筑的形状、朝向及开窗位置可利用自然气流，达到良好的通风效果。

需要注意的是，对高温度、高湿度、粉尘，或有害气体浓度高、空气污染，或因安全要求应对进风进行过滤处理等特殊情况，自然通风效果有限甚至不适用。这些情况需要采用机械通风或其他通风方案来满足需求。在选择或设计通风系统时，需要考虑建筑条件、外界环境、适用需求等多种因素。

7.2.2 机械通风

依靠通风机提供动力，迫使空气流通来进行室内外空气交换的方式就是机械通风。

7.2.2.1 机械通风的优点

机械通风的优点主要为：

(1) 可对进入车间的空气先进行预处理，如加热、冷却、干燥加湿等。

(2) 可对排出车间的空气进行净化处理，除去粉尘、有害气体等。

(3) 可将新鲜空气按工艺布置特点分送到各特定地点，按需分配空气量，还可将废气从工作地点直接排出。

7.2.2.2 机械通风的不足

机械通风的不足主要为：

(1) 需设置各种空气处理设备、动力设备(通风机)，各类风道、控制附件和器材，故投资大。

(2) 各种设备需要占用建筑空间和面积并需要专门人员管理，通风机还会产生噪声。

7.2.2.3 机械通风的分类

根据工作原理，机械通风主要包括正压通风和负压通风。正压通风是将新鲜空气通过送风机送入室内，使室内空气处于相对高压状态，在室内形成流向室外空气的气流，从而将废气排至室外。这种机械通风方式可防止外界污染物进入内部空间，保持室内空气质量。负压通风是通过设置排风口，使室内产生较高的排风量，此时室内气压低于室外，维持负压状态，室外空气会进入室内，从而排出室内有害物质。这种通风方式可防止有害物质扩散至其他区域。

根据有害物分布状况，按系统作用范围，机械通风可分为全面通风和局部通风。全面通风包括全面送风系统和全面排风系统，局部通风包括局部送风系统和局部排风系统。

7.2.3 全面通风

全面通风又称稀释通风，可对整个房间通风换气。其原理是用一定量的清洁空气进入房间，稀释室内污染物，使其浓度达到卫生规范的允许浓度，并将等量的室内空气连同污染物排到室外。

7.2.3.1 通风系统

利用机械实施全面通风的系统可分为机械送风系统和机械排风系统，如图 7.8 和图 7.9所示。

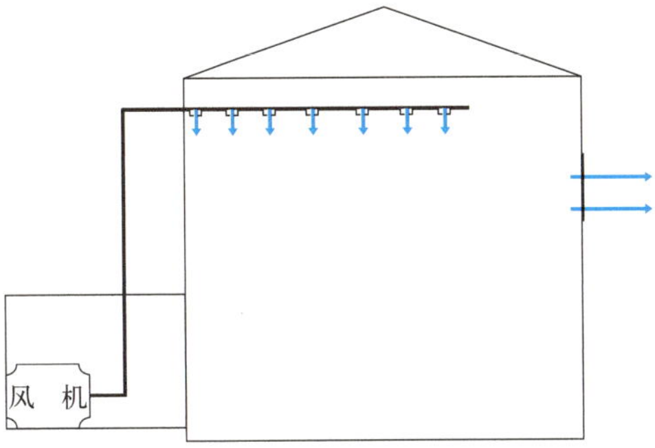

图 7.8 机械送风系统

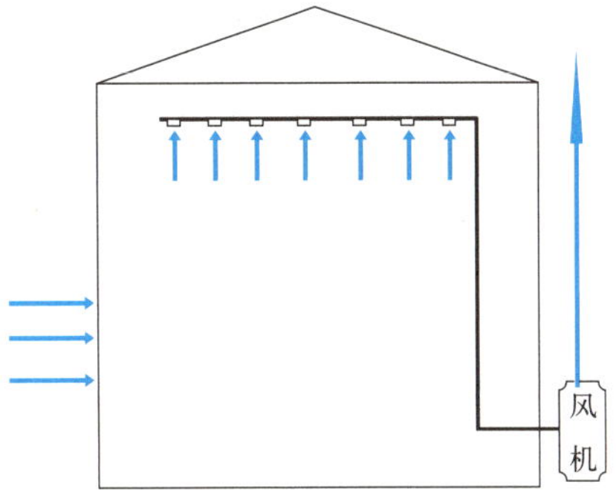

图 7.9 机械排风系统

对某一房间或区域,可有以下系统组合方式:

(1) 既有机械送风系统又有机械排风系统。

(2) 只有机械排风系统,室外空气靠门窗自然渗入。

(3) 机械送风系统与局部排风系统相结合。

(4) 机械送风系统与机械排风、局部排风系统相结合。

(5) 机械排风系统与空调系统相结合。

(6) 机械送风系统与空调系统相结合,或由空调系统实现全面通风任务。

7.2.3.2 总体设计原则

全面通风的总体设计原则为:

(1) 对散发热、湿及有害气体的房间,当发生源分散或不固定而无法采用局部排风,或设置局部排风仍难以达到卫生要求时,应采用或辅以全面通风。

(2) 对同时放散热、蒸汽和有害气体,或仅放散密度比空气小的有害气体的生产厂房,除设置局部排风外,宜在上部地带进行自然或机械全面排风,且不宜小于每小时换气一次。当房间高度大于 6 m 时,排风量可按每平方米地面面积每小时 6 m^3 计算。

(3) 全面通风包括自然通风、机械通风或自然通风与机械通风联合使用等多种方式。设计时应尽量采用自然通风,以达到节能、节省投资和避免噪声干扰的目的。当自然通风难以保证卫生要求时,可采用机械通风或机械通风与自然通风联合的方式。

(4) 对设置集中供暖且有排风的生产房间,应首先考虑自然补风的可能性。对换气次数小于 2 h 的全面排风系统或每班运行不到 2 h 的局部排风系统,可不设机械送风系统补偿所排风量。当自然补风达不到室内卫生条件、生产要求或在技术经济上不合理时,宜设置机械送风系统。

(5) 对要求清洁的房间,当周围环境较差时,送风量应大于排风量,以保证房间正压;对产生有害气体的房间,为避免污染相邻房间,送风量应小于排风量,以保证房间负压。送风量一般可为排风量的 80%～90%。

(6) 对冬季全面通风进行空气平衡和热平衡计算时,应视具体情况考虑相关因素:对允许短时间温度降低或间断排风的房间,其排风在空气热平衡计算中可不予考虑;对稀释有害物质的全面通风的进风，应采用冬季供暖室外计算温度。

（7）消除余湿、余热用的全面通风耗热量，可采用冬季通风室外计算温度。

7.2.3.3 气流设计原则

全面通风的气流设计原则为：

（1）全面通风的进风和排风应避免含有大量湿、热或有害物质的空气流入没有或仅有少量湿、热或有害物质的场所。一般来说，进风口应尽量靠近工作地点，排风口应尽量靠近有害物源或有害物质浓度高的区域。

（2）车间内所要求的卫生条件比周围的卫生条件高时，保持室内为正压状态。

（3）只产生粉尘的工作地点，要求从工作地点的上部送入空气，以避免送风引起粉尘二次飞扬。

（4）在全面通风房间内，应尽量使进风气流均匀分布，减少涡流，避免有害物质在局部作业场所积聚。

（5）进风口和排风口的相对位置安排得当，防止形成气流短路，即进风气流不经污染之处而直接排出室外。

图 7.9（彩图 7.1）所示为某实验室全面通风系统，动画 7.2 所示为一种新风系统。

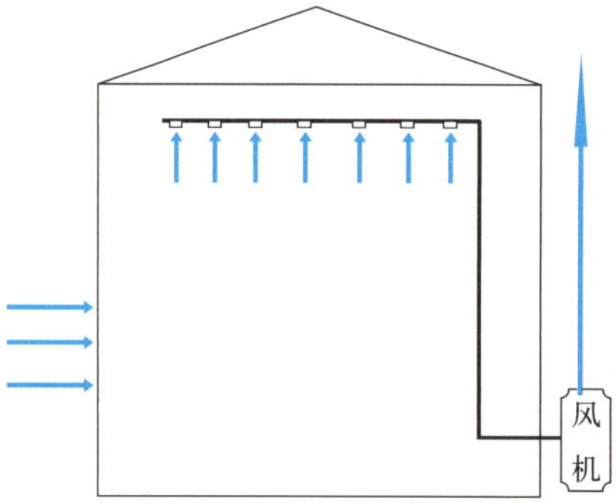

图 7.9　某实验室全面通风系统示意图

彩图 7.1　某实验室全面通风系统现场

动画 7.2　一种新风系统

7.2.4 局部通风

7.2.4.1 局部通风的基本概念

局部通风采用局部吸气罩，直接从尘源点采用较小的风量和较高的风速补集烟气，经净化后排出室外。局部通风系统可直接排除尘源点附近的有害物质，且消耗的空气量较少，如图 7.10 和图 7.11 所示。

局部通风可分为局部送风和局部排风两大类，可依据气流方式进行选择。局部排风是对有限空间内的某部分进行排风的系统，其排风效果主要取决于污染物的捕集率。局部排

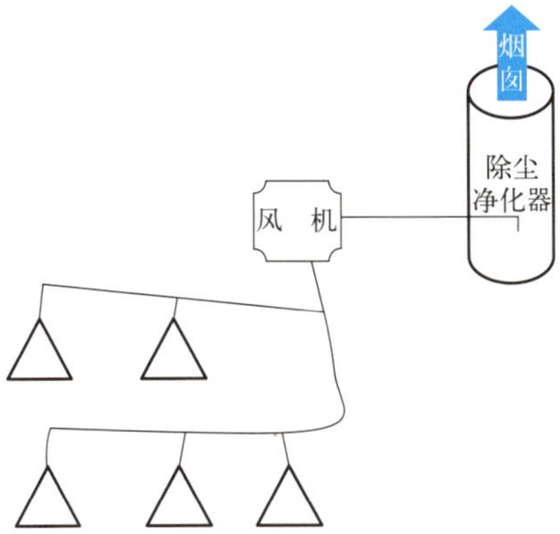

图 7.10 局部通风系统组成示意图

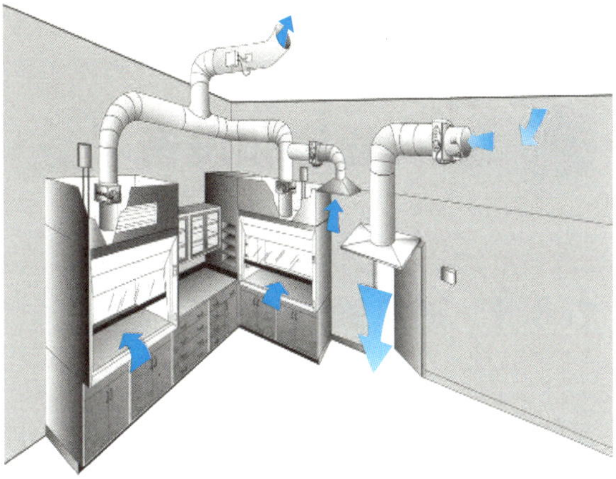

图 7.11 实验室局部通风系统组成示意图

风一般通过排风罩来控制烟尘的捕集效率，故排风罩形式对局部排风系统的效果具有很大的影响。如设计合理，用较小的排风量就能控制烟尘的散逸；反之，用很大的排风量可能也达不到预期目的。

7.2.4.2 局部通风的原理及系统组成

在正常工作状态下，局部通风系统通过排风机的作用，将吸风罩口设置在距离尘源点较近的位置，使有害物通过吸风罩口吸入通风管网。各支管路气体汇集至通风设备并进入静压沉降室，以使净化器中的过滤风速均匀，提高净化效率。净化气体到达清灰室后，再通过排风管道排到室外。

局部通风系统由吸风罩口、支管路、主通风管网、通风室体、净化器、通风排放系统、电控系统等组成。通风系统的效果取决于吸风罩口的吸收量、支管路的控制范围、吸风罩口的形式及净化效率等。局部吸风罩口的形式有多种，如悬臂吸风罩、上吸罩、下吸罩、条缝罩、密闭或半密闭罩等。根据作业工艺本身的多样性、灵活性的要求，所选用吸风罩口的形式也各不相同。这要求在设置通风系统时，结合工件形状、尺寸及工艺情况，分门别类地设置合理的罩口形式。

7.2.4.3 局部通风与全面通风的对比

局部通风采用局部气流，使人员工作的地点不受有害物质的污染，以造成良好的局部工作环境。局部通风具有通风效果好、风量节省等优点，适用于大型车间，尤其是大量余热的高温车间，可在全面通风无法保证室内所有地方都达到适宜程度时采用。但局部通风设计需要精确计算，否则无法保证通风程度。

全面通风是对整个房间进行通风换气，用送入室内的新鲜空气将房间内有害物质的浓度稀释到国家卫生标准的允许浓度以下，同时将室内被污染的污浊空气直接或经过净化处理后排放到室外大气中。全面通风能改善整个房间的室内环境，但耗费风量大，比较浪费能源。

7.3 通风管道和设备

7.3.1 通风管道

通风管道是通风系统中的主要部件之一，其作用是输送空气。通风管道常用的断面有圆形和矩形两种。截面积相同的风道，以圆形截面最节省材料，且其流动阻力小，因此采用圆形风道的较多。优先采用圆形通风管道或长短边之比不大于 4 的矩形截面。矩形截面的最大长短边之比不宜大于 10。通风管道的截面尺寸按国家标准《通风与空调工程施工质量验收规范》(GB/T 50243—2016)的规定执行。

通风管道的常用材料主要有金属薄板和非金属材料两大类。

1) 金属薄板

金属薄板是制作通风管道和部件的主要材料，常用的有普通薄壁钢板、镀锌薄壁钢板、不锈钢板、铝板和塑料复合钢板。其共同优点是易工业化加工制作、安装方便、能承受较高温度。板厚一般为 0.5～4 mm。图 7.12 所示为一种金属薄板通风管道。

图 7.12　金属薄板通风管道

2) 非金属材料

通风管道采用的非金属材料主要有硬聚氯乙烯塑料板、无机玻璃钢和保温玻璃钢。

硬聚氯乙烯塑料板用于有酸性腐蚀的通风系统，其表面光滑、制作方便，但不耐高温和严寒，适用于 0～60 ℃的环境，在太阳辐射作用下易脆裂。

玻璃钢通风管道的通风阻力小，通风时不会产生噪声，不会造成噪声污染。图 7.13所示为非金属通风管道。

图 7.13 非金属通风管道

7.3.2 阀 门

通风系统中的阀门主要用于风机的启动和系统中的阻力平衡，调节风量及防止系统火灾。常用阀门有闸板阀、蝶阀、止回阀等，如图 7.14 至图 7.16 所示。

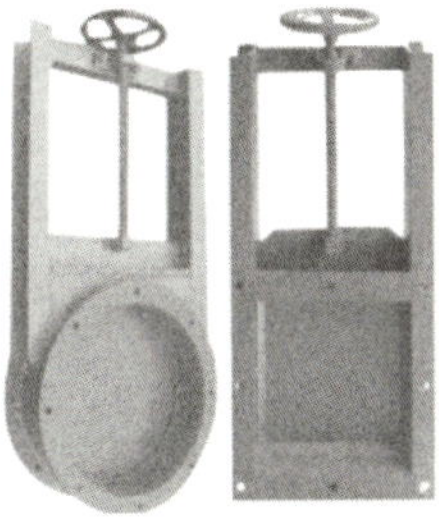

图 7.14 闸板阀

图 7.15 蝶阀

图 7.16 止回阀

闸板阀多作为开关用于通风机的出口或主干管上。这种阀门的特点是严密性好，但占地面积大。蝶阀多安装在分支管上或空气分布器前，用于风量调节。这种阀门只要改变阀板的转角就可调节风量，操作简便，但严密性较差，故不宜用于关断。止回阀的作用是当风机停止运转时阻止气流倒流。止回阀必须动作灵活，阀板关闭严密。

7.3.3 进风和排风装置

7.3.3.1 进风装置

进风装置的作用是从室外采集洁净空气，供给室内送风系统使用。进风装置可以是单独的进风塔，也可以是设在外墙上的进风窗口。

1）安装方式

进风装置的安装方式主要有：

（1）在墙上设百叶窗，如图 7.17 所示。

（2）在屋顶设置成百叶风塔的形式，如图 7.18 所示。

（3）多雨地区应采用防水百叶窗，为防止鸟类进入，还可外加金属网。

图 7.17　百叶窗

图 7.18　百叶风塔

2）安装位置

进风装置的安装位置应注意：

（1）设置在室外较清洁的地点，进风口处室外空气有害物浓度应小于室内最高许可浓度的 30%。

（2）远离排风口。

（3）进风口底部距室外地面不宜小于 2 m。

7.3.3.2　排风装置

排风装置的作用是将排风系统汇集的污浊空气排放至室外。

1）安装方式

排风装置的安装方式应注意：

（1）对侧墙形，加百叶风口，设在高出屋面 1 m 以上的位置。

（2）对屋顶形，按百叶风塔形，并加风帽。

2）安装位置

排风装置应安装在屋顶或侧墙位置。

7.3.4　室内送风和排风装置

室内送风口是送风系统中的风道末端装置，其任务是将各送风口所要求的风量按一定的方向和流速均匀地送入室内。送风口按送风方向可分为侧送风口、下送风口和上送风口，按送出气流的形式可分为扩散型送风口、轴向型送风口、线型送风口和面型送风口，按风口形式可分为百叶送风口、散流器、喷口、条缝风口和孔板风口等。

在民用建筑中常用活动百叶送风口。这种送风百叶格由固定的护风格、垂直活动叶片、小框和把手组成。把手用于改变活动叶片的位置，以便调节通过百叶格的空气量。当通风管道布置在隔墙内或暗装时，通常采用这种送风口。安装时可将其直接嵌在墙面上，如图 7.19所示。

在工业厂房中，通风量一般都很大，且风道多为明装形式，因此常采用空气分布器作为送风口，如图 7.20 所示。

图 7.19 百叶送风口

图 7.20 空气分布器

排风口按风口的形状可分为圆形排风口、方形排风口、喷口式排风口、桶形排风口和本体式排风口，按风口类型可分为百叶排风口和格栅排风口等。室内排风口一般采用单层百叶排风口。

7.3.5 通风机

通风机是通风系统中的重要设备，其作用是为通风系统提供使空气流动的动力，以克服风道和其他部件、设备对空气流动产生的阻力。

7.3.5.1 通风机的分类

1）按工作原理分类

按工作原理，通风机可分为：

(1) 离心风机，其通过离心力的作用产生气体的高压力和高速度。

(2) 轴流风机，其通过叶轮转子的推动让气体沿轴线方向流动。

(3) 混流风机，其为介于离心风机与轴流风机之间的风机，通过叶轮的高速旋转，混流风机使空气既有离心运动又有轴向运动，从而实现比轴流风机更高的风压和比离心风机更大的流量。

2）按结构形式分类

按结构形式，通风机可分为：

（1）管道风机，其主要用于管道内部运输，标准化程度高，出口风量和压力较稳定。

（2）箱式风机，其适用于空气或气体的提升或排放，结构紧凑、外形美观、使用方便。

（3）旋流风机，其利用旋转气流的惯性进行扫除。

3）按用途分类

按用途，通风机可分为：

（1）通风风机，其用于房屋、厂房、地下车库等场所的通风换气。

（2）工业风机，其用于工业热工设备的加热换气及气体输送。

（3）车载风机，其用于汽车、火车、船舶等交通工具上的通风换气。

（4）冷却风机，其用于散热器、空调等设备的降温换气。

4）按安装位置分类

按安装位置，通风机可分为：

（1）壁挂式风机，其安装在墙上，适用于空间狭小、需要通风换气的场所。

（2）屋顶式风机，其安装在屋顶，适用于大型厂房、仓库等需要大风量的场所。

（3）中央式风机，其安装在建筑物中央，通过通风管道将气体输送到需要通风换气的场所。

在选择和使用风机时需要根据具体的场合或需求，选择最适合的风机类型。

7.3.5.2 离心式通风机

离心式通风机主要由机壳、叶轮、机轴、集流器、排气口、轴承箱体、联轴器、皮带轮及底座等组成，如图 7.21 所示。

1）离心式通风机的工作原理

离心式通风机工作时，气流会从通风机轴向进入叶片空间，然后随高速旋转的叶片将气体抛出。这种设计产生的空气流动是径向的，垂直于设备的旋转轴。

2）离心式通风机的应用

离心式通风机能产生较大的空气压力，适用于需要较高空气压力的系统，如工业通风系统。

图 7.21　离心式通风机

7.3.5.3　轴流式通风机

轴流式通风机是借助叶片的推力作用迫使气体沿轴向流动的通风机。轴流式通风机常由集流器、叶轮、机壳和机轴等组成，如图 7.22 所示。

1）轴流式通风机的工作原理

轴流式通风机迫使空气沿轴向流动，气体在风机轴线方向被抽入并排出，形成平行于风机轴的气流。

2）轴流式通风机的应用

轴流式通风机产生的风压较低，通常用于对流量要求较高而对压力要求较低的场合，如通风降温、风扇冷却等。

图 7.22　轴流式通风机

7.3.5.4　混流式通风机

混流式通风机结合了轴流式通风机和离心式通风机的特征，外形看起来更像传统的轴流式通风机。混流式通风机主要由叶轮、机壳、进口集流器、导流片、电动机等组成，如图 7.23所示。

1）混流式通风机的工作原理

混流式通风机的叶轮可让空气既有离心运动又有轴向运动，壳内空气的运动混合了轴流与离心两种运动形式，故称混流。

2）混流式通风机的应用

混流式通风机广泛用于隧道、地下车库、高级民用建筑、冶金、厂矿等场所的通风换气及消防高温排烟。

图 7.23　混流式通风机

7.3.6　风管及设备的防腐与保温

1）风管及设备的防腐

钢板风管内表面和需要保温的风管外表面应刷两遍防锈漆，不保温风管外表面应刷一遍防锈底漆和两遍调和漆，镀锌钢板可不刷漆，但咬口损坏处应刷漆，施工时如发现锈蚀处也应刷漆。

2）风管及设备的保温

当风管输送空气过程中的冷、热量损耗大，并要求空气温度保持恒定，或要防止风管穿过房间时对室内空气参数产生影响，或要防止风管表面结露等，不在空调房间布置的回风管、送风管，外表面结露的新风管，风管太长易引起室内参数波动的，均应保温。

7.4 通风系统的施工与验收

7.4.1 通风工程施工程序

1）施工前的准备工作

施工前的准备工作主要包括：

（1）施工前对工程所在地的环境条件、用途及通风需求等进行评估，根据施工现场评估结果仔细审查通风系统的设计文件，确保与实际需求一致。

（2）对施工人员进行相关安全和技术培训，以保证施工质量及施工人员安全。

（3）根据设计文件和施工计划，采购所需要的管道、通风设备等材料。

（4）在施工前需要清理场地，保持运输和消防道路通畅；划分施工区域，确保施工进程有序进行；设置必要的安全设施，如安全围栏和施工警示标识等。

2）通风设备的安装与测试

通风设备的安装与测试主要包括：

（1）根据图纸要求和施工规范安装通风系统所需的设备，在保证布局合理的情况下进行通风管道敷设。

（2）测试安装好的通风设备及管道的密封性与连接情况，保证能正常运行。

3）电气设备的安装与测试

安装通风系统所需要的电气设备，并连接电气系统进行测试，及时修复出现的问题，保证电气设备的正常运行。

4）通风系统整体的调试

对通风系统整体进行测试，并根据实际通风情况进行优化调整，以提高通风效果。

5）施工后的验收工作

施工完成后对整个通风系统进行验收检查，并整理施工过程中的文件资料，确保通风系统符合设计和标准要求。

6）施工后的培训与交付工作

对用户提供通风系统操作与维护的培训，并完成通风工程的交付，确保用户能正常使用系统。

7.4.2 通风工程风管系统的施工技术要点

通风工程风管系统的施工技术要点主要为：

（1）风管的制作与安装应按照所批准的施工图样、合同约定的内容、施工方案及相关标准规范的规定进行。

（2）风管制作与安装所采用的板材、型材及其他成品材料应符合国家相关产品标准的规定及设计要求，并具有相应的出厂检验合格证明文件。

（3）防排烟系统风管的耐火应符合设计规定，风管的本体、框架、连接固定材料与密封垫料、阀部件、保温材料及柔性短管等均符合要求。

7.4.3 风管系统的严密性检验与调试

风管系统安装后须进行严密性检验，合格后方能交付下道工序。

风管系统严密性检验中的被抽检系统全部合格，则视为通过；如有不合格，应再加倍抽检，直至全部合格。

7.4.4 通风工程调试的基本要求

通风工程调试的基本要求主要为：

（1）调试前编制运转调试方案并经批准，组成调试小组，熟悉和了解通风系统及相关技术参数、调试方法、各种仪器仪表的使用，以及调试环境等。

（2）通风工程调试的工艺流程为：组织现场调试小组→调试准备及现场勘测→系统调试前的各项检查→系统风量和水量的测定与调整→通风系统设备单机试运转→楼宇及消防自控系统相关设备检查→通风单体设备自控调试→通、防排烟系统自控联动调试→系统无生产负荷联合试运转及调试→资料整理和移交。

（3）调试的主要内容包括风量测定与调整、单机试运转，设备单机试运转合格后进行系统生产负荷联动试运转及调试。

（4）系统带生产负荷的综合效能试验在具备生产试运行条件下进行，由建设单位负责，设计及施工单位配合。

7.5 特殊场景的通风

7.5.1 火灾通风

在工业生产中经常涉及一些特殊物质，如易燃易爆物质、粉尘等。这些物质的存在要求通风系统不仅要有效实现通风换气和除尘功能，还必须考虑防火防爆设计，以降低火灾和爆炸的风险，并在事故发生后起到控制火势和防止次生灾害的关键作用。

7.5.1.1 防火防爆原则

对工业生产中存在易燃易爆物质的场所，需要参考以下原则采取通风措施：

(1) 对含可燃物质多、易燃易爆危险性大的厂房或仓库，排出的空气不能循环使用，应防止因含有易燃物质的空气重新进入厂房而增加火灾、爆炸的风险。

(2) 对易燃易爆危险性大的厂房或仓库，或不同有害物质混合后可能发生燃烧或爆炸的场所，通风系统应单独设置，以防止火灾爆炸事故的发生或传播。

(3) 在工业生产中涉及散发容易起火或爆炸危险性物质的厂房或局部空间，应采用局部通风控制和减少有害物质的扩散，及时排除有害气体，降低危险物质在空气中的浓度。同时，需要注意危险物质在排风管中的浓度，防止危险物质在风管中积聚而达到爆炸极限。

(4) 对含有易燃易爆物质的厂房或仓库，通风系统中的送风口和排风口应采用防火设计，防止火源通过通风系统传播到易燃易爆区域。例如，将送风口和排风口设置在室外无火花存在的区域。

(5) 对含有爆炸危险物质的房间，采用负压通风，确保空气流向为从周围环境进入室内空间，从而防止因爆炸危险物质泄漏而扩散至周围区域。

(6) 对处在爆炸危险区域但未设防爆设备的封闭空间，应采用正压通风系统，使空气流向为从室内流向外界环境，从而防止因外界易燃易爆气体进入室内而引发火灾爆炸危险。

(7) 通风系统采用防爆设备，确保工作过程中不会产生火花或高温表面，同时注意静电防护，防止静电积聚产生电火花，以减少引发爆炸的风险。

7.5.1.2 火灾发生时通风系统的作用

火灾发生时通风系统的作用主要为：

(1) 烟气排放。在发生火灾时，通风系统可有效排除火灾产生的烟雾和有毒气体，提高疏散通道的可见性，为救护创造条件，帮助受困人员脱离。

(2) 控制火势。通过调整通风系统的运行影响火源周围的气流,从而控制火势蔓延。例如,维持消防通道的正压、保持防火门的关闭,有助于减缓火势扩散的速度。

(3) 防止烟气贯通。通风系统可以通过正压送风或负压排烟的方式,防止烟气贯通到其他区域,维持非火源区域的相对安全。消防通道正压排烟系统如图 7.24(彩图 7.2)所示。

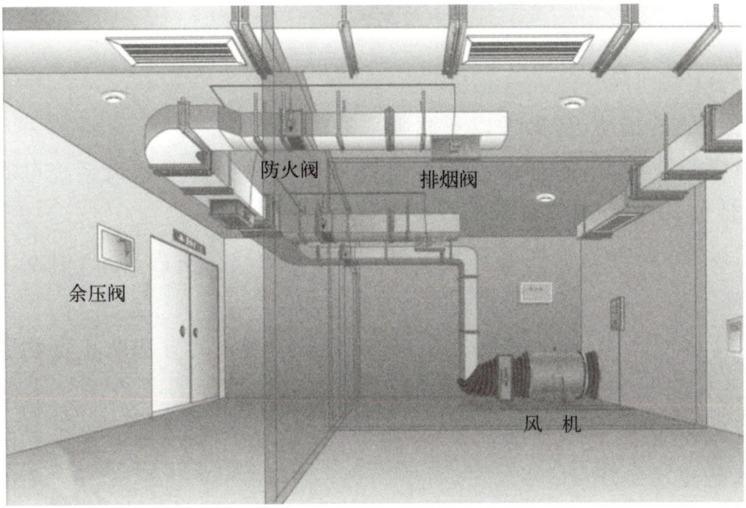

图 7.24 消防通道正压排烟系统

彩图 7.2 消防通道正压排烟系统

(4) 降低爆炸风险。通过通风系统控制风流,稀释易燃易爆物质在空间中的浓度,使其远离爆炸极限,同时防止易燃易爆物质扩散至火灾范围。

7.5.1.3 火灾常见的排烟方法

火灾常见的排烟方法主要有:

(1) 水平排烟。该方法通过设置水平通风通道,将建筑内产生的烟雾和有毒气体引导至室外。该方法在火灾初期方便快捷,但受环境的影响程度很大,存在一定的风险性。水平排烟适用于大型建筑。

(2) 垂直排烟。该方法通过设置垂直排烟通道,将火灾产生的烟雾和有毒气体从建筑底部直接排至室外。垂直排烟效率高,可第一时间排出烟气,避免热烟气聚集,但同样受环境的影响,可能会产生负面影响。

(3) 负压排烟。该方法通过在建筑物的高处设置排烟口,使用风机抽烟排气,形成负压差,使烟雾顺流而下并排出火场。负压排烟主要用于建筑的特殊区域,如大厅、走廊等。

(4) 正压排烟。该方法通过向建筑内部送入新鲜空气,使建筑内部产生正压,室内烟气在压力作用下排出室外。正压排烟可迅速开辟人员行动通道,但因会迅速补足空气,故存在加剧火势发展的风险。

7.5.2 受限空间通风

在工业生产中，通风系统可控制有毒气体扩散，及时排出空气中的有毒气体，改善空气质量。

7.5.2.1 防毒原则

对工业生产中存在有毒物质的场所，应参考以下原则采取通风措施。

（1）对散发极毒物质的房间或设备，需要单独设置排风系统。单独设置排风系统可有效将有毒物质排出，防止蔓延到其他区域。

（2）对含有极毒物质的场所，应避免空气循环使用，防止有毒物质在室内扩散，引发人员中毒。

（3）对散发极毒物质的厂房或仓库，不能使用自然通风，应采用密闭的方法防止毒物逸散，可采用负压通风系统将气体排出，防止有毒气体外泄至周围环境。

（4）当工作场所中含有多种毒物，且毒物混合后有协同作用时，应分别单独设置排风系统，并令排风系统保持负压，防止污染环境。

（5）应将产生有毒有害物质的源头设在自然通风或机械通风的下风侧，对多层建筑的场所，应将其设在建筑物上层，以将有毒物质快速排出，避免在建筑内部积聚。

（6）对含有有毒物质且危害性大的作业场所，应设置供发生紧急情况时使用的排气系统。

（7）对含有有毒物质的工作场所，进风口和排风口应保持一定的距离，防止排出的有毒气体被吸入室内。

（8）排放的有毒有害气体需要经过净化设备处理，达到国家排放标准后才能排放。

7.5.2.2 受限空间通风考虑的因素

在设计通风系统时，需要考虑受限空间的结构、所包含的有害气体类型等因素，同时需要防止进风口和排风口过近导致的废气再循环问题、从进风口送入新鲜空气后很快从排风口排出的短路问题。

（1）受限空间的结构。确定受限空间的尺寸和形状，以便设计合适的通风系统。受限空间的结构影响通风系统的布局和通风效果。对狭长形结构的受限空间，使用系列风机是一种有效的通风方法。该方法可将空气送入受限空间内部，确保空气在整个空间内循环。对纵深型受限空间，可将新鲜空气从底部吹入，让有害气体从顶部排出。

（2）气体的种类和浓度。在进行通风系统的设计前，需要了解受限空间可能存在的有毒气体种类、性质和浓度水平。对密度比空气大的有毒有害气体，趋向于向下沉积，在这种情况下，为有效排除下沉的有害气体，排风设备应放置在受限空间的底部，并从受限空间上部开口处送入新鲜空气。对密度比空气小的有毒有害气体，应从下部开口送入新鲜空气，从上部开口使用排风设备排除有害气体。

(3) 作业活动类型。根据作业活动类型,结合作业人员在受限空间的位置和移动情况设计通风口的位置,确定通风系统需要覆盖的区域,确保设计的通风系统能提供足够的保护。在地下有限空间内进行涂装作业、防水作业、防腐作业、明火作业、内燃机作业等活动时,应进行机械连续通风。

(4) 相关法律标准。确保通风系统的设计和操作符合当地的安全法律法规和标准。

7.5.2.3 受限空间常见通风类型

受限空间常见通风类型主要有:

(1) 负压吸风。负压吸风通过在有限空间内设置吸风设备,将有害气体吸入设备内,并通过管道排出。负压吸风适用于空间较小、有害气体浓度较高、污染物难以通过稀释通风去除的场所,如油罐等。

(2) 正压通风。正压通风通过向有限空间注入新鲜空气,使有限空间处于相对正压状态,有害气体自动从人孔等开口排出,从而实现通风换气。正压通风适用于污染物分布范围大、毒性低、作业人员与污染源距离足够远、有充足稀释时间的情况。

(3) 吹吸式通风。吹吸式通风采用强制送风将新鲜空气引入受限空间,并用排气机吸走有害气体。这种方法需要精确控制送风和排风的方向,以确保新鲜空气能有效替代受限空间内的污染空气。

受限空间通风示意图如图 7.25 所示。

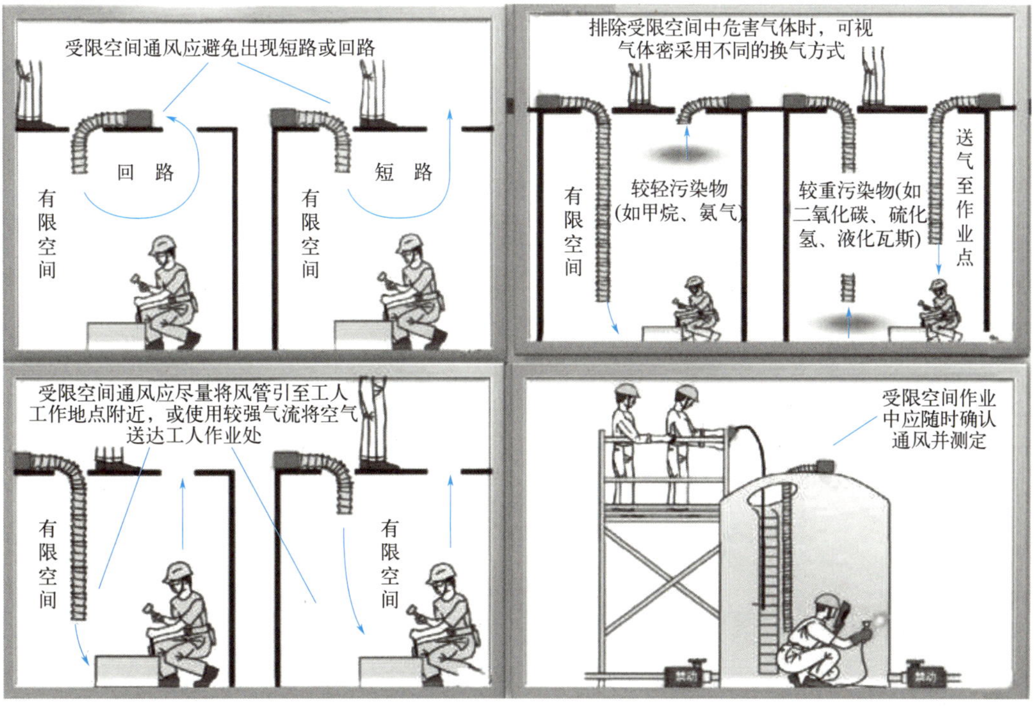

图 7.25 受限空间通风示意图

思考题

1. 什么是自然通风？其按机理分为哪几种？
2. 风压通风的原理及影响因素有哪些？
3. 热压通风的原理是什么？
4. 简述全面通风气流组织方式。
5. 局部通风和全面通风的优缺点有哪些？
6. 通风管道和设备有哪些？

第 8 章　油田生产安全技术

内容导读

本章介绍油气开采和油气储运中的安全技术，包括硫化氢防护、石油地球物理勘探、石油钻井、录井、测井、射孔、试油(气)、采油(气)、油气集输及石油工程建设施工等油田生产中的安全技术。

本章学习要点包括硫化氢防护及典型油田生产场景中的安全技术。

8.1 油气开采安全技术

8.1.1 硫化氢防护

1）硫化氢的理化性质

在油气开采过程中，常伴随生产出大量的硫化氢气体，从而对人体造成极大伤害。硫化氢为无色气体，具有臭鸡蛋味。硫化氢的分子式为 H_2S，相对分子质量为 34.08，相对密度为 1.19，熔点为 −82.9 ℃，沸点为 −61.8 ℃；易溶于水，易溶于甲醇、石油溶剂和原油；可燃上限为 45.5%，下限为 4.3%，燃点为 292 ℃。

2）硫化氢的危害

硫化氢与空气混合能形成爆炸性混合物，遇明火、高温能引起燃烧爆炸。硫化氢可与浓硝酸、发烟硝酸或其他强氧化剂剧烈反应，发生爆炸。硫化氢比空气重，能在较低处扩散至相当远的地方，遇明火迅速引着回燃。

硫化氢是强烈的神经毒物，侵入人体的主要途径是吸入，而且经人体黏膜吸收比皮肤吸收造成的中毒来得更快。硫化氢对黏膜的局部刺激作用由接触湿润黏膜后分解形成的硫化钠及本身的酸性所引起。由于人的中枢神经对缺氧最敏感，因而首先受到损害的是人的中枢神经。人若吸入 70～150 mg/m^3 的硫化氢 1～2 h，就会出现呼吸道及眼睛刺激症状：流泪、眼痛、畏光、视物模糊和流涕、咳嗽、咽喉灼热，吸入 2～5 min 后嗅觉疲劳，不再能闻到臭气，变得麻木。人若吸入 760 mg/m^3 的硫化氢 15～60 min，就会发生肺水肿、支气管炎、肺炎，出现头晕、头痛、恶心、呕吐、晕倒、乏力、意识模糊等症状。人若吸入 1 000 mg/m^3 的硫化氢数秒，很快就会出现急性中毒，突然昏迷，导致呼吸、心搏骤停，发生闪电型死亡。高浓度硫化氢接触眼结膜会发生水肿和角膜溃疡，而长期接触低浓度硫化氢会引起神经衰弱综合征和植物神经功能紊乱等。

3）硫化氢的防护

在含硫化氢的油气田进行施工作业和油气生产时，所有生产作业人员都应接受防护培训；来访者和其他非定期派遣人员在进入硫化氢危险区前，应接受临时安全教育，并在受过培训的人员随同下才允许进入危险区。

应在作业现场有可能出现硫化气体的部位安装固定式硫化氢探测仪，如图 8.1（彩图 8.1）所示；此外，还应配备便携式硫化氢探测仪，如图 8.2（彩图 8.2）所示；在作业人员易看到的地方应安装风向标、风速仪等标志信号。

彩图 8.1　固定式硫化氢探测仪

图 8.1　固定式硫化氢探测仪

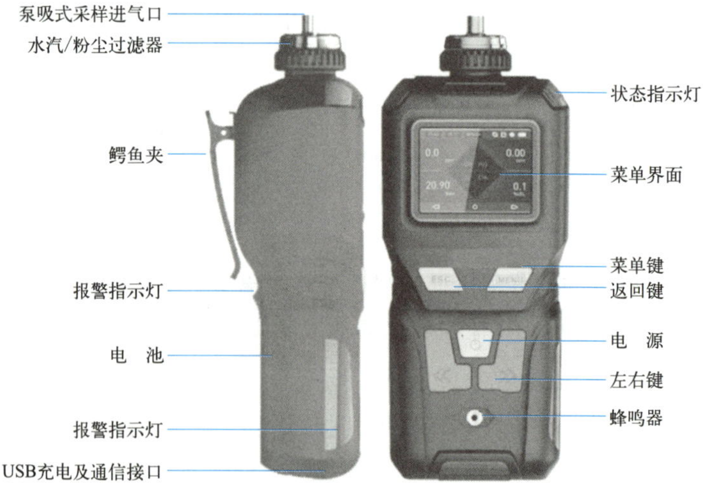

彩图 8.2　便携式硫化氢探测仪

图 8.2　便携式硫化氢探测仪

硫化氢作业现场应安装硫化氢报警系统。该系统应具有声、光报警功能，并能确保整个作业区域的人员都能看见和听到。第一级报警值应设置在阈限值（硫化氢含量 15 mg/m^3），达到此浓度时启动报警，提示现场作业人员硫化氢浓度超过阈限值，应采取相应措施；第二级报警值应设置在安全临界浓度（硫化氢含量 30 mg/m^3），达到此浓度时现场作业人员应佩戴正压式空气呼吸器，并采取相应措施；第三级报警值应设置在危险临界浓度（硫化氢含量 150 mg/m^3），报警信号应与第二级报警信号有明显区别，应立即组织现场人员撤离现场。

钻入油气层时，应依据现场情况加密对钻井液中硫化氢的测定；在新构造上钻预探井时，应采取相应的硫化氢监测和预防措施；钻进中发现硫化氢时，浓度达到 30 mg/m^3 时应暂时停止钻进，循环钻井液，采取相关措施；在钻探含硫化氢地层时应使用适合含硫化氢地层的钻井液，钻井液的 pH 值保持在 9.5 以上；钻到含硫化氢地层后，起钻时应使用钻杆刮泥浆器；钻穿含硫化氢地层后，应增加对工作区的监测；在钻井工程设计中，各层套管固井应尽量提高水泥上返高度或采取其他措施，防止套管腐蚀损坏；从岩心筒取出岩心时，操作人员要戴好正压式空气呼吸器。运送含硫化氢岩心时，岩心应密封好，并写明岩心含硫化氢字样；在预计含硫化氢的地层进行中途测试时，应落实防硫化氢措施，并将测试工作安排在白天进行，尽量减少测试器具附近的操作人员；严格限制在含硫化氢地层中用常规的中途测试工具进行测试；在含硫化氢地层试油时，应制定专门的防硫化氢措施，落实人员防护器具、人员急救等应急措施；在试油设备附近，应将人员减少到最低限，以保证人员安全；含硫化氢井作业时，应严格按照井控要求控制井喷。防喷器组及其管线闸门和附件应适合在含硫化氢条件下使用，并能满足预期的井口压力。

在作业现场，应根据现场作业人员情况配备相应数量的正压式空气呼吸器和空气补充装置，如图 8.3（彩图 8.3）所示。正压式空气呼吸器应存放在人员能迅速取到的安全位置，并应配备备用的正压式空气呼吸器。危险区通风设备的动力应符合防爆要求。在有可能形成硫化氢和二氧化硫聚集的地方，应有良好的通风。

图 8.3　正压式空气呼吸器

彩图 8.3　正压式空气呼吸器

8.1.2　石油地球物理勘探安全要求

石油地球物理勘探（简称石油物探）是利用人工地震产生的弹性波，经过不同岩性地层的传播，再由专用仪器接收并进行数据处理成像，得到地下地质剖面，用于探测地下是否埋藏有石油的专门技术。

营地是石油物探队临时性的生产和生活基地，如图 8.4(彩图 8.4)所示。营地应选择在地势平坦、干燥、道路畅通、取水便利、水源无污染和背风的地方，并应避开易燃、易爆或有毒、有害物品的工厂或场所及易受自然灾害侵袭的地方，同时应避开传染病、地方病的高发区。

彩图 8.4　石油地球物理勘探营地

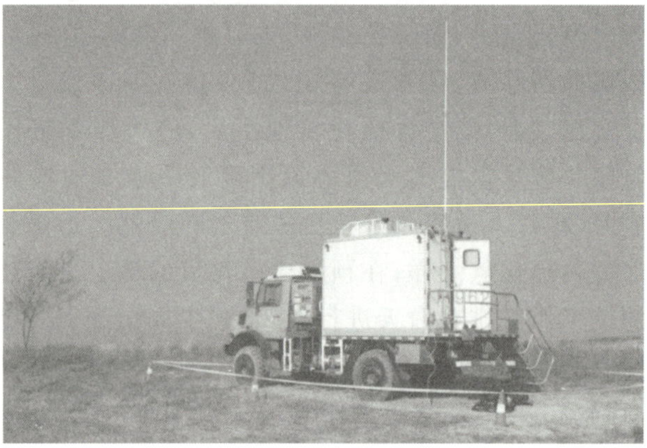

图 8.4　石油地球物理勘探营地

在荒漠、沼泽等无人烟地区施工时，施工人员应至少 2 人以上同行，并确保通信联络畅通；若遇险情，应采取求生措施，发出求救信号，及时组织营救；穿越陡坡、江河、急流、湖泊、沼泽、险沟、陡崖等地段，应提前实地查看，并采取防止淹溺、摔跌等安全监护措施。

在沙漠地区测量时，应在已确定的营地中心至测线工区道路两旁设置明显、牢靠的路标，路标间隔一般为 300～500 m，高低起伏地段应加密路标。

在进行爆炸作业时，在接近危险区的边界处应设警戒岗哨和安全标志，禁止人、畜、车(船)进入危险区域内；对盲炮应采取引爆方式处理，不应采用捅、挖的办法。

8.1.3　石油钻井作业安全要求

石油和天然气埋藏在地下几十米到几千米深度不等的有孔隙、裂缝或溶洞的岩石中。经过勘探发现储油气区块后，利用专用设备和技术，在预先选定的地表位置处向下或一侧钻出一定直径的圆柱孔眼，并钻达地下油气层的工作，称为石油天然气钻井。

1) 井　场

钻井井场是施工作业的场地，分为生产区和生活区两部分，如图 8.5(彩图 8.5)所示。井口距井队生活区不少于 300 m，距高压线及其他永久性设施不少于 75 m，距民宅不少于 100 m，距铁路、高速公路不少于 200 m，距学校、医院和大型油库等人口密集、高危场所不少于 500 m。

图 8.5 井场

彩图 8.5 井场

2）井控及复杂情况处理

钻井施工中应设专人坐岗观察，及时发现、控制溢流。起钻前应充分循环，排除钻井液中的油气，每起 3～5 柱钻具至少应向环空和钻具内灌满一次钻井液。起下钻应控制速度，防止压力过大而造成漏失或抽吸导致井下复杂，同时记录钻井液增量，警惕溢流发生。在溢流突然发生抢接回压阀无法实现井喷失控的情况下，可扔掉或剪断井内钻具、工具、电缆等，以达到迅速关井控制井口的目的。

高压天然气井、新区预探井、含硫化氢天然气井应安装剪切闸板防喷器；防喷器组合应根据压力及地层特点进行选择，节流管汇及压井管汇的压力等级和组合形式要与全井防喷器相匹配；应制定和落实井口装置、井控管汇、钻具内防喷工具、监测仪器、净化设备、井控装置的安装、试压、使用和管理规定。高压天然气井的放喷管线应不少于两条，出口距井口大于 75 m；含硫天然气井放喷管线出口接至距井口 100 m 以上的安全地带，固定牢靠，排放口处应安装自动点火装置。

3）固 井

天然气井各层套管水泥浆应返至地面，未返至地面时应采取补救措施；对低压漏失层、深井高温高压气层或长封固段固井，应采取尾管悬挂、悬挂回接、双级注水泥、管外封隔器及多凝水泥浆和井口憋回压等措施，确保固井质量。对天然气井，优选防气窜水泥添加剂，防止气窜；对漏失井，应在下套管前认真堵漏，直至合格。

8.1.4 录井作业安全要求

当发生井喷时，应按钻井施工单位的统一指挥，及时关闭所有录井用电，灭绝火种，并妥善保管资料；遇中途测试、泡油解卡、爆炸切割、打捞套铣等特殊作业，应严格遵守钻井施工单位的有关安全规定和应急措施；在新探区、新层系及已知含硫化氢地区录井时，应进行硫化氢监测，并配备相应的正压式空气呼吸器；吊套管上钻台作业时，核对入井套管编号的录井人员应远离钻台大门坡道 15 m 以上;固井时,录井人员不应进入高压警戒区;带电检修仪器应有可靠的安全措施,操作时应至少有 2 人在场实施监护。

8.1.5 测井作业安全要求

测井车接地良好,地面仪器、仪表应完好无损,电气系统不应有短路和漏电现象,电缆绝缘、电阻应达到规定要求。地滑轮应及时保养,做到灵活好用、牢固可靠。井口马达齿轮啮合良好,销子及齿轮轴不松不旷;深度系统、张力传感器的连线绝缘、导通良好,定期按标准校准。固定地滑轮尾链应完好无损,承受拉力不低于 120 kN 并定期检查。绞车链条固定处应无开焊、脱焊;深度、张力传感器和马笼头应定期检查保养。马笼头拉力棒应每 10 口井更换一次,遇硫化氢应随即更换,电缆应不定期做拉断试验并存档。

在测井作业中,若有井涌迹象,应按井控要求处理。遇有硫化氢气体等特殊测井作业,应制定测井方案,待批准后方可进行测井作业。

8.1.6 射孔作业安全要求

射孔前应按设计要求压井;在钻井平台(现场)存放爆炸物品时,应放在专用释放架上或指定区域;射孔时平台(现场)不应使用电、气焊。平台上或停靠在平台(作业现场)周围的船舶(车辆、人员)不应使用无线电通信设备。

装炮时应选择离开井口 3 m 以外的工作区,圈闭相应的作业区域。联炮前操作工程师应拔掉点火开关钥匙和接线排上的短路插头,并安装好控制闸门或装置和防喷装置。

射孔时应有专人观察井口,有外溢现象时应立即采取措施。下深未超过 200 m 时,不应检测井内的枪身或爆炸筒。

8.1.7 试油(气)和井下作业安全要求

起下管柱时应连续向井筒内灌入压井液,并控制起下钻速度;对井漏地层,在起下管柱前应向射开井段替入暂堵剂以暂堵地层。

起出井内管柱后,在等待时应下入部分管柱,并装好采油(气)树,严防空井井喷事故发生。

在压井作业中,当井下循环阀打不开时,可采用连续油管压井或向地层挤注法压井,然后对油管射孔或切割,实现循环压井。

在进行油气层改造时,施工的最高压力不能超过油管、工具、井口等设施中允许的最小许可压力;若油管注入泵压高于套管承压,应下入封隔器,并在采油(气)树上安装安全阀来限定套管压力。

井口操作应避免金属撞击产生火花。修井机排气管道应安装火花捕捉器。对特殊井应安装地滑车，将通井机安放在距井 18 m 以上的位置，进入井场车辆的排气管应安装阻火器。

发现封隔器失效时，应立即终止测试，采用反循环压井。

出现环空压力升高时，应通过节流管汇及时泄压。若泄压仍不能消除环空压力上升，立即终止测试。

发现地面油气泄漏时，视泄漏位置及时关闭油嘴管汇、紧急切断阀或采油树生产阀门，并对泄漏设备进行整改。

测试过程中若发现管柱自动上行，应及时关闭防喷器、环空憋压平衡管柱上行力。环空憋压不应达到井下压控测试阀操作压力。

地面与井口连接管线和高压管汇应按设计要求试压合格，各部阀门应灵活好用。井场内应设高压平衡管汇，各分支应有高压控制阀门。压裂、酸化、化堵施工所用高压泵安全销子的切断压力不应超过额定最高工作压力。设备和管线泄漏时，应停泵、泄压后检修。高压泵车所配的高压管线、弯头应按规定进行探伤、测厚检查。施工井口或高压管汇如发生故障，应立即采取措施进行处理。压裂作业中不应超压。压裂施工时井口装置应用钢丝绳绷紧固定。

8.1.8 采油（气）作业安全要求

1）油气井、站设计的安全原则

高温、高压、高含硫及二氧化碳的油气井应有自动关井装置。井场、计量站、集输站、集气站及其工艺管道设计应由具有资质的单位编制完成，场站设计应符合相关技术要求并按程序审批。工艺流程应安全、先进、合理，工艺管道的设计应有防腐、防冻、防堵、防爆裂内容。天然气集输站宜设非实体围墙，若设实体围墙，集输设施周围 30 m 内应按爆炸危险区布置。井场、计量站、集输站的平面布置与周围建(构)筑物、设施的防火间距，以及内部埋地集输管道与周围建(构)筑物、站与外部区域的防火间距应符合《石油天然气工程设计防火规范》(GB 50183—2015)和《油田油气集输设计规范》(GB 50350—2015)的规定。计量站、集输站避雷设施、电气装置及设备的接地执行《电气装置安装工程　接地装置施工及验收规范》(GB 50169—2016)的规定；进出集输站(包括天然气净化厂)两端管道防爆区外的安全位置，应设置紧急关断阀和水封井。

2）油气井站

油气井井场、计量站、集气站应有醒目的安全警示标志，建立严格的防火防爆制度；场站区器材应按照《建筑灭火器配置设计规范》(GB 50140—2005)的规定配备齐全，不同类型的灭火器应分别存放、专人管理、定期检查。运行的压力设备、管道等设施设置的安全阀、压力表、液位计等安全附件齐全、灵敏、准确，按时校验。

井口装置及其设备应完好不漏，油气井口阀门应开关灵活，油气井进行热洗清蜡、解堵等作业用的热洗清蜡车的施工管线应安装单流阀。施工作业的热洗清蜡车应距井口 20 m 以上。污油(水)罐离井口不应小于 20 m。

3) 油气井生产作业安全

采油(气)树应符合工作压力等级等于或大于生产和施工最高压力的要求,高压油气井宜安装井下安全阀。自喷井开关井、更换油嘴、清蜡等操作时,操作人员应避开油气出口方向。

采用天然气气举采油、注气和注蒸汽开采时,应做到:

(1) 气举井、注气井、压气站、配气站之间的管线及注蒸汽井口管线应安装单流阀,且应无渗漏。

(2) 压气站向配气站输送含水天然气时,应进行降低露点的预处理,应在配气站内管线上安装冷凝液分离器。

(3) 压气站到配气站的输气管线上应安装紧急放空管,放空管上应装阻火器。

(4) 压气站向多个配气站分输时,每个分支管线上应安装截止阀。

8.1.9 油气集输与处理安全要求

油气集输是将油气单井产出的原油和天然气(或伴生天然气)经过简单分离、计量后汇集输送至油气处理站,进行进一步油、气、水的三相分离、原油脱水、原油稳定等一系列工艺操作,使之成为符合国家质量标准的商品原油和天然气,并进行外输的过程。油气集输站流程如动画 8.1 所示。

动画 8.1 油气集输站流程

油气集输系统既具有点多、线长、面广的生产特性,又具有高温高压、易燃易爆、工艺复杂、生产连续性强、火灾危险性大的安全特点。因此,在生产中任意一环出现问题或微小的失误,都可能造成恶性火灾爆炸事故以及人身伤亡事故。

1) 原油集输站、集输管道防火防爆基本要求

原油集输站主要完成如下任务:

(1) 将各油井采出的气液混合物经油气混输管道输送至油气集中处理站(也称联合站或油气集输站)并进行气液分离、原油脱水和原油稳定等操作工艺,使处理后的原油符合国家质量标准。

(2) 将分离出的天然气或伴生天然气在处理厂进行再次脱水、脱酸处理或天然气凝液回收深加工,使之成为商品天然气及气田副产品(液化石油气、轻烃燃气、硫黄等)。

(3) 将合格原油外输至油田原油库。

油田原油集输联合站典型工艺流程如图 8.6 所示。

集输站、集输管道的工程建设设计及竣工验收应按《石油天然气工程设计防火规范》(GB 50183—2015)、《建筑设计防火规范》(GB 50016—2014)的规定;电气设备应按《爆炸危

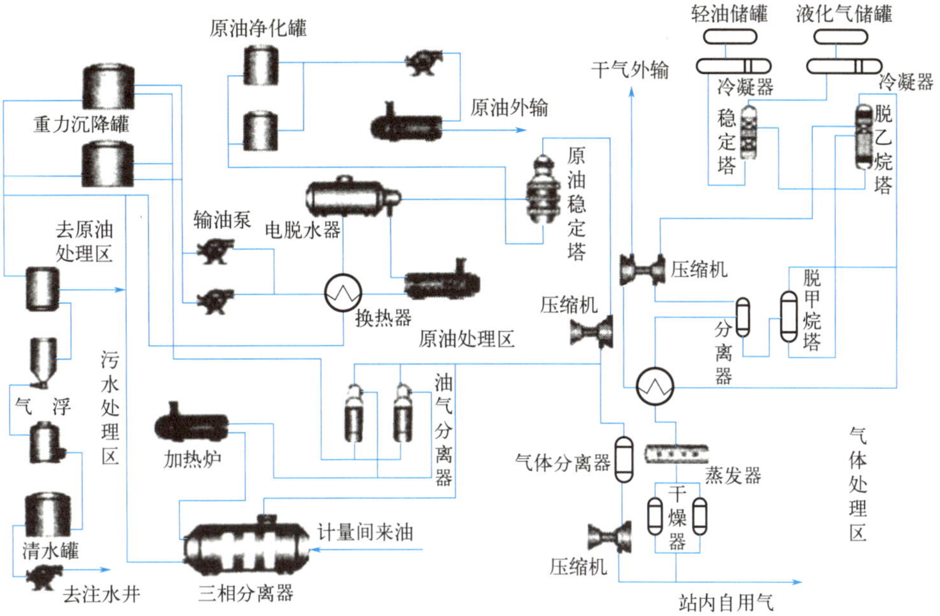

图 8.6 油田原油集输联合站典型工艺流程

险环境电力装置设计规范》(GB 50058—2014)的规定;输油站的生产区与办公区、生活区应有明显的分界标志,并设有“严禁烟火”等醒目的防火标志,机动车辆进入生产区,其排气管应装有阻火器;在生产区从事生产、检修、施工和抢修的职工,应穿戴防静电防护服、安全鞋和使用防爆工具,禁止使用手机等非防爆通信工具;生产区内不应使用汽油、轻质油、苯类溶剂等擦地板、设备和衣物;生产区域内应做到无油污、无杂草、无其他易燃物。站内的设备、管网做到完好无渗漏;集输泵房、阀组间、计量间、集输罐区应装有可燃气体浓度报警器,并符合《石油天然气工程设计防火规范》(GB 50183—2015)和《油田油气集输设计规范》(GB 50350—2015)的要求。

2) 天然气集输站场、管网的扩建、改建及检修与抢修

天然气集输系统是天然气从井口开始,通过管网输送至集输站场,依次经过预处理和气体净化工艺,成为合格商品天然气,最后外输至用户的整个生产过程,如图 8.7 及动画 8.2 和动画 8.3 所示。

天然气集输管线放空时,应先点火后放空;当采取多处放空管对输气管线的天然气进行放空时,处于低洼位置的放空管线将先于高处放空管线放完;放空管口火焰高度降到 1 m 以下时,应立即关闭放空阀,以避免负压吸入空气。天然气放空应有统一指挥,放空点应有专人监护。

集输气管线动火修理时,管线直径在 250 mm 以上的,应在更换管段两侧 3～5 m 处开孔放置隔离球,以隔绝管线余气。切割隔离孔时,宜采用机械开孔。隔离球充气应用惰性气体(氮气或二氧化碳),不应用氧气及其他可燃气体。在坑内或阀室内进行割焊作业时,应先用天然气检漏或测爆仪器对操作环境中的气体进行检测。如存在天然气散发现象,应采取强制通风措施,排除集聚的余气,达到动火条件后再进行动火作业。

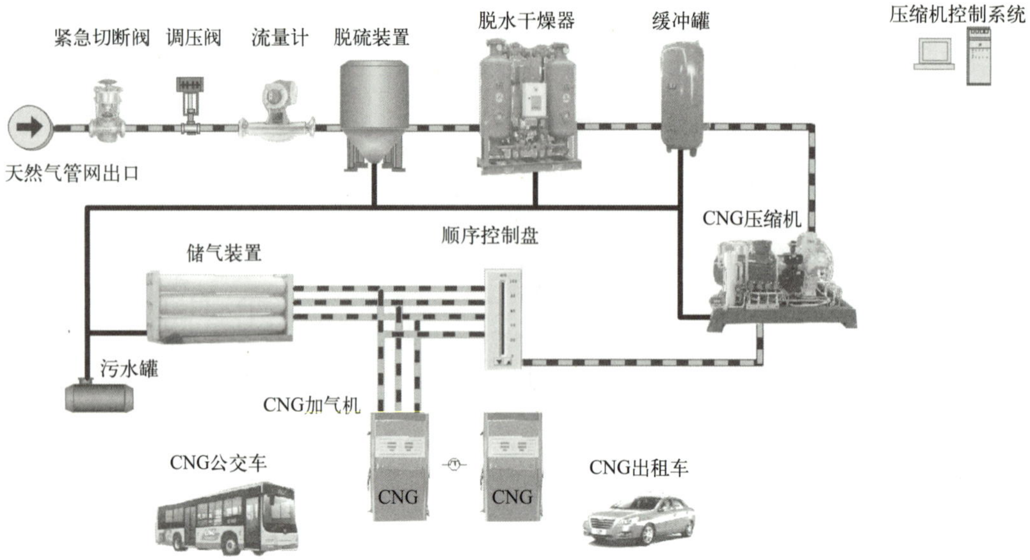

图 8.7　天然气集输流程示意图

动画 8.2　CNG 常规站流程

动画 8.3　CNG 子站流程

管线组焊、修口或封焊隔离球孔前，应先进行可燃气体浓度检测试验。当可燃气体浓度达到爆炸下限的 25%及以下时，方可进行动火作业。

3）天然气的储存与计量

气柜应装有容量上、下限标志，上限高度为气柜设计容积高度的 85%，下限高度为设计容积高度的 15%；经常检查气柜导轮系统，避免导轮卡死，防止气柜超压，气柜应有应急放空装置，并将气体引入火炬系统；天然气压力储罐（球罐、卧式罐）应装有紧急放空、安全泄压设施及压力液位显示仪表；天然气储罐、气柜应有良好的防雷、防静电接地装置，接地电阻不大于 10 Ω；天然气储罐（柜）检修动火时，应经放空、蒸汽吹扫、清洗、强制通风、取样分析，经检验气体中可燃介质浓度应低于其爆炸下限的 25%为合格；与外界可燃气体连通的进、出口法兰应加钢制盲板隔离，厚度不小于 6 mm；加强气柜的使用与安全管理，水槽内要保持正常水位，冬季要有保温防冻措施。对固定式储罐，夏季应有喷淋水或遮阳设施。

8.1.10　石油工程建设施工安全要求

施工现场及周围的山岗、悬崖、陡坡处应设置安全护栏。影响安全施工的坑、洼、沟等均应填平或铺设与地面平齐的盖板，其他障碍应予以清除。坑槽施工时，应经常检查土质稳固情况，采取加固措施，防止裂缝、疏松或支撑偏移造成坍塌事故。开挖管沟时，应根据土质情况决定边坡坡度，防止塌方。施工现场的排水设施应做全面规划，合理布局，上部需承受负荷的沟渠应设有盖板或修筑涵洞、敷设涵管。

施工用水、水蒸气、压缩空气、乙炔气、氧气、氮气等管网应布高适宜、固定牢靠，并按介质对管网进行冲洗、吹扫、除油、脱脂等处理，合格后方可使用。施工现场的供电和用电线路及设施应按总平面图布置，并应符合有关要求。大型设备吊装，射线作业，电气耐压试验，设备、容器及管道脱脂，试压和爆破作业等施工区域应设置明显的警告标志，并制定相应安全应急措施。

应对地沟、阀门井、排污井和低层设备、管道、阀门和仪表等采取隔离或封闭措施；进入容器、地沟等有限空间内进行施工或其他作业前，应对易燃、易爆、有毒、有害气体进行分析，并办理作业许可证。与容器相连的管道应采取隔离措施。

在易燃、易爆施工现场内进行易产生火花的作业时办理用火证，制定详细的作业方案和应急预案。在有易燃、易爆危险的场所内用火时，应经气体取样分析合格后方可用火。高处用火应采取遮挡措施，防止火花飞溅。

8.2 油气储运安全技术

8.2.1 输油气站场

输油气站场是给输油气管道中工质提供能量的装置，是长距离输油气管道系统的组成部分之一。按在输油气管道中所处的位置，输油气站场可分为首站、中间站和末站。首站是输油气管道起点的输油气站，任务是接收（计量、储存）原油，经加压、加热后向下一站输送；中间站按任务不同可分为加热站、加压站、热泵站（加压、加热）；末站接收所来油气并将油气输送给用户单位，配有储罐、计量、化验及运转设施等。图 8.8（彩图 8.6）所示为某输油气站场。

图 8.8　输油气站场

彩图 8.6　输油气站场

1）一般规定

输油气站场的进口处应设置明显的安全警示牌及进站须知。对进入输油气站场的外来人员，应进行安全注意事项及逃生路线等应急知识教育培训。对石油天然气站场总平面布置，应根据其生产工艺特点、火灾危险性等级功能要求，结合地形、风向等条件，经技术经济比较确定。石油天然气站场内的锅炉房、35 kV 及以上的变（配）电所、加热炉、水套炉等有明火或散发火花的地点，宜布置在站场或油气生产区边缘。

石油天然气站场总平面布置应符合下列规定：

（1）可能散发可燃性气体的场所和设施宜布置在人员集中场所及明火或散发火花地点全年最小频率风向的上风侧。

（2）甲、乙类液体储罐宜布置在站场地势较低处，当受条件限制或有特殊工艺要求时可布置在地势较高处，但应采取有效的防止液体流散的措施。

（3）当站场采用阶梯式竖向设计时，阶梯间应有防止泄漏可燃液体漫流的措施。

（4）天然气凝液和甲、乙类液体储罐组不宜紧靠排洪沟布置。

2）输油站

Ⅰ. 输油站的选址

输油站选址应满足管道工程走向的需要，满足工艺设计的要求；应符合国家现行的安全防火、环境保护、工业卫生等法律法规的规定；应满足居民点、工矿企业、铁路、公路等的相关要求。

应贯彻节约用地的基本国策，合理利用土地，不占或少占良田、耕地，努力扩大土地利用率，贯彻保护环境和水土保持等相关法律法规。

站场选址应选在地势平缓、开阔，避开人工填土、地震断裂带，具有良好的地形、地貌、工程和水文地质条件，且交通连接便捷，供电、供水、排水及职工生活和社会依托均较方便的地方。

站场选址应避开低洼易积水和江河的干涸滞洪区以及有内涝威胁的地段；在山区，应避开山洪及泥石流对站场造成威胁的地段，应避开窝风地段；在山地、丘陵地区采用开山填沟营造人工场地时，应避开山洪流经的沟谷，防止回填土石方塌方、流失，确保站场地基的稳定；应避开洪水、潮水或浪涌威胁的地带。

Ⅱ. 输油站场的消防

石油天然气站场消防设施的设置应根据其规模、油品性质、存储方式、储存温度、所在区域消防站布局及外部协作条件等综合因素确定。油罐区应有完备的消防系统或消防设备；罐区场地夜间应进行照明，照明应符合安全技术标准和消防标准。应按要求配备可燃气体检测仪和消防器材；站场消防设施应定期进行试运行和维护。

Ⅲ. 输油站的防雷、防静电

站场内建筑物、构筑物的防雷分类及防雷措施应按《建筑物防雷设计规范》（GB 50057—2010）的有关规定执行；装置内露天布置的塔、容器等，当顶板厚度等于或大于4 mm 时可不设避雷针保护，但应设防雷接地。设备应按规定进行接地，接地电阻应符合要求并定期检测；工艺管网、设备、自动控制仪表系统应按标准安装防雷、防静电接地设施，并定期进行检查和检测。

Ⅳ．输油站场工艺设备安全要求

工艺管道与设备投用前应进行强度试压和严密性试验，管线设备、阀件应严密无泄漏；设备运行不应超温、超压、超速、超负荷运行，主要设备应有安全保护装置；输油泵机组应有安全自动保护装置，并明确操作控制参数；定期对原油加热炉炉体、炉管进行检测，间接加热炉还应定期检测热媒性能，加热炉应有相应措施，以及减少对环境造成污染的装置与措施；储油罐的安装、位置和间距应符合设计标准；对调节阀、减压阀、安全阀、高(低)压泄压阀等主要阀门应按相应运行和维护规程进行操作和维护，并按规定定期校验；管道的自动化运行应满足工艺控制和管道设备的保护要求；应定时记录设备的运转状况，定期分析输油泵机组、加热设备、储油罐等主要设备的运行状态并进行评价；管网和钢质设备应采取防腐保护措施；根据运行压力对管道和设备配置安全泄放装置，并定期进行校验，定期测试压力调节器、限压安全切断阀、线路减压阀和安全泄放阀的设定参数；定期对自动化仪表进行检测和校验。

3) 输气站

Ⅰ．输气站的选址

输气站应选择在地势平缓、开阔的地方，且避开山洪、滑坡、地震断裂带等不良工程地质地段。站的区域布置、总平面布置应符合《石油天然气工程设计防火规范》(GB 50183—2015)和《输气管道工程设计规范》(GB 50251—2015)的规定，并满足输送工艺的要求。

Ⅱ．输气站场设备

进、出站端应设置截断阀，且压气站的截断阀前应设泄压放空阀；压缩机房的每一操作层及高出地面 3 m 以上的操作平台(不包括单独的发动机平台)，应至少有两个安全出口及通向地面的梯子，操作平台的任意点沿通道中心线与安全出口之间的最大距离不得大于25 m，安全出口和通往安全地带的通道应畅通无阻；工艺管道投用前应进行强度试压和严密性试验；输气站宜设置清管设施，并采用不停输密闭清管流程；含硫天然气管道、清管器收筒应设水喷淋装置，收清管器作业时应先减压后向收筒注水；站内管道应采用地上或地下敷设，不宜采用管沟敷设，清管作业清除的液体和污物应进行收集处理，不应随意排放。

Ⅲ．输气站场的消防

天然气压缩机厂房的设置应符合《石油天然气工程设计防火规范》(GB 50183—2015)和《输气管道工程设计规范》(GB 50251—2015)的规定；气体压缩机厂房和其他建筑面积大于或等于 150 m^2 的可能产生可燃气体的火灾危险性厂房内应设可燃气体检测报警装置；站场内建(构)筑物应配置灭火器，其配置类型和数量符合《建筑灭火器配置设计规范》(GB 50140—2005)；站内不应使用明火作业和取暖，必须使用明火作业的，应制定相应事故预案并按规定办理动火审批手续。

Ⅳ．输气站场的防雷、防静电

输气站场内建(构)筑物的防雷分类及防雷措施符合《建筑物防雷设计规范》(GB 50057—2010)；工艺装置内露天布置的塔、容器等，当顶板厚度等于或大于 4 mm 时可不设避雷针保护，但应设防雷接地；可燃气体、天然气凝液的钢罐应设防雷接地；防雷接地装置的冲击接地电阻不应大于 10 Ω，仅做防感应雷接地时冲击接地电阻不应大于 30 Ω；对爆炸、火灾危险场所内可能产生静电的设备和管道，均应采取防静电措施；每组专设的防静电接地电阻不宜大于 100 Ω。

Ⅴ．泄压保护设施

对存在超压可能的承压设备和容器应设置安全阀；安全阀、调压阀、ESD（electro-static discharge，静电释放）系统等安全保护设施及报警装置应完好，并应定期进行检测和调试；安全阀的定压应小于或等于承压管道、设备、容器的设计压力；压缩机组的安全保护应符合《输气管道工程设计规范》（GB 50251—2015）的有关规定。

8.2.2 管道线路

1）管道线路的布置及水工保护

输油气管道路由的选择应结合沿线城市、村镇、工矿企业、交通、电力、水利等建设的现状与规划，以及沿线地区的地形、地貌、地质、水文、气象、地震等自然条件，并考虑施工和日后管道管理维护的方便，确定线路合理走向。输油气管道不得通过城市水源地、飞机场、军事设施、车站、码头。因条件限制无法避开时，应采取必要的保护措施并经国家有关部门批准。输油气管道管理单位应设专人定期对管道进行巡线检查，及时处理输油气管道沿线的异常情况。

埋地输油气管道与地面建（构）筑物的最小间距应符合《输气管道工程设计规范》（GB 50251—2015）和《输油管道工程设计规范》（GB 50253—2014）的规定。埋地输油气管道与高压输电线平行或交叉敷设时，其安全间距应符合《66 kV 及以下架空电力线路设计规范》（GB 50061—2010）、《输油管道工程设计规范》（GB 50253—2014）的规定；与高压输电线铁塔避雷接地体的安全距离不应小于 20 m，因条件限制无法满足要求时，应对管道采取相应防雷保护措施，且防雷保护措施不应影响管道的阴极保护效果和管道的维修；与高压输电线交叉敷设时，距输电线 20 m 范围内不应设置阀室及可能发生油气泄漏的装置。

埋地输油气管道与通信电缆平行敷设时，其安全间距不宜小于 10 m；特殊地带达不到要求的，应采取相应保护措施；交叉时，二者净空间距不小于 0.5 m，且后建工程应从先建工程下方穿过。

埋地输油气管道与其他管道平行敷设时，其安全间距不宜小于 10 m；特殊地带达不到要求的，应采取相应保护措施，且应保持两管道间有足够的维修、抢修间距；交叉时，二者净空间距不小于 0.5 m，且后建工程应从先建工程下方穿过。

输油气管道沿线应设置里程桩、转角桩、标志桩。里程桩宜设置在管道的整数里程处，每千米一个，且与阴极保护测试桩合用。输油气管道采用地上敷设时，应在人员活动较多和易遭车辆、外来物撞击的地段采取保护措施并设置明显的警示标志。

2）线路截断阀

输油气管道应设置线路截断阀，天然气管道截断阀附设的放空管接地应定期检测。定期对截断阀进行巡检，有条件的管道宜设数据远传、控制及报警功能。天然气管道线路截断阀的取样引压管应装根部截断阀。

3）管道穿跨越

输油气管道通过河流时应根据河流的水文、地质、水势、地形、地貌、地震等自然条件，以及两岸的村镇、交通等现状，并考虑到管道的总体走向、日后管道管理维护的方便，选择合理的穿越位置。考虑到输油气管道的安全性，管道通过河流、公路、铁路时宜采用穿越方式。

输油气管道跨越河流的防洪安全要求应根据跨越工程的等级、规模及当地的水文气象资料等，合理选择设计洪水频率。位于水库下游 20 km 范围内的管道穿跨越工程应根据地形条件、水库容量等进行防洪设计。管道穿跨越工程上游 20 km 范围内若需新建水库，水库建设单位应对管道穿跨越工程采取相应安全措施。输油气管道穿跨越河流、公路、铁路的钢管、结构、材料应符合国家现行的原油和天然气输送管道穿跨越工程设计规范的有关规定。管道跨越河流的钢管、塔架、构件、缆索应选择耐大气环境腐蚀、耐紫外线、耐气候老化的材料并做好防腐。管道管理单位应根据防腐材料老化情况，制定跨越河流管道的维修计划和措施。管道穿越河流时与桥梁、码头应有足够的间距。穿越河流管段的埋深应在冲刷层以下，并留有充足的安全余量。采用挖沟埋设的管道，应根据工程等级与冲刷情况的要求确定埋深。穿越河流管段防漂管的配重块、石笼在施工时应对防腐层设置可靠的保护措施。每年汛期前后，输油气管道的管理单位应对穿跨越河流管段进行安全检查。对不满足防洪要求的穿跨越河流管段应及时进行加固或敷设备用管段；对穿跨越河流管段采用石笼保护时，石笼不应直接压在管道上方，宜排布在距穿越管段下游 10 m 左右的位置。

管道穿公路、铁路的位置应避开公路或铁路站场、有人值守道口、隧道，并应在管道穿公路、铁路的位置设立警示标志。输油气管道穿越公路、铁路应尽量垂直交叉，因条件限制无法垂直交叉时，最小夹角不小于 30°，并避开岩石和低洼地带。

输油气管道穿跨越河流上游如有水库，管道管理企业应与水利、水库单位取得联系，了解洪水情况，采取防护措施。水利、水库单位应将泄洪计划至少提前两天告知管道管理企业，且应避免大量泄洪冲毁管道。

思考题

1. 在硫化氢作业现场应安装硫化氢报警系统，该报警系统的三级报警阈限值应怎样设置？

2. 在油气井钻探过程中发现硫化氢时应采取什么措施？

3. 对井场的安全距离有何要求？

4. 射孔作业的安全要求有哪些?

5. 高温、高压、高含硫及二氧化碳的油气井应设置什么装置?

6. 天然气集输管线放空的要求是什么?

7. 石油天然气站场总平面布置应符合哪些规定?

8. 埋地输油气管道与通信电缆平行敷设时安全间距不宜小于多少米? 交叉时二者净空间距不宜小于多少米?

第9章　人工智能下的工业安全

内容导读

本章首先提出人工智能应用与工业领域安全的问题，然后详细阐述人工智能在智能制造、电力设备和特种设备三个工业关键领域的应用现状与发展趋势，分析存在的主要安全问题，并提出相应的安全风险应对策略。

本章学习要点包括人工智能在智能制造、电力设备和特种设备领域的主要安全问题及对策。

9.1　人工智能应用与工业领域安全

作为新一轮科技革命和产业变革的重要引擎，人工智能正在深刻改变工业生产的运行逻辑和组织方式，重塑制造流程、设备运维和安全管理等核心环节，成为引领工业转型升级的重要动力。特别是在我国推进新型工业化、加快建设制造强国等的指引下，人工智能与工业生产体系的深度融合正逐步重塑工业技术基础和发展路径。

在多个工业关键领域，如智能制造、电力设备、特种设备等，人工智能正广泛嵌入质量检测、运行监测、生产调度、设备维护等核心环节。通过深度学习、机器学习、图像识别、自然语言处理等技术的应用，工业系统正逐步实现从经验决策向智能决策、从人工管控向自动优化转变。这种数据驱动下的“感知—认知—反馈”闭环可显著提升工业流程的智能化水平、运行效率和资源利用率，为构建现代化产业体系提供有力支撑。可以预期，在智能制造、电力设备、特种设备等典型领域，人工智能不仅可显著提升效率和可靠性，也可为实现精细化管理、绿色低碳转型提供有力支撑。

然而，技术融合的持续推进也伴随着新的风险和挑战。在数据可信性、系统透明度、网络安全和标准适配等方面，人工智能的应用在带来效率红利的同时，也对工业安全提出了更高要求，在实践中引发了一系列新的问题和挑战。尤其是在人工智能深度嵌入工业核心环节的背景下，智能系统在透明性、可控性、适应性等方面暴露出多重不确定性，对原有的管理模式、技术体系和安全保障机制提出了更高要求。这些新出现的问题并非孤立存在，而是随着技术应用环境的差异，在不同行业表现出各具特点的复杂性。因此，在推动人工智能技术广泛应用的同时，必须同步加强制度建设、标准规范与

拓展阅读：中美人工智能战略对比

风险防控，确保其在保障安全、提升质量的基础上实现可持续发展。

为更系统地识别这些风险并探讨应对之道，下面将聚焦智能制造、电力设备和特种设备三个典型工业领域，深入分析人工智能在实际应用中的典型模式、安全隐患及治理路径，探索在高质量发展背景下构建安全可控、智能高效的工业体系的可行路径。

9.2 人工智能在智能制造领域的应用与安全分析

9.2.1 人工智能在智能制造领域的应用现状与发展趋势

当前全球制造业正处于深度变革阶段，智能化和数字化已成为引领新一轮工业革命的核心趋势。在此背景下，智能制造被广泛认为是推动制造业提质增效、优化产业结构、提升国际竞争力的重要路径。它通过将人工智能、大数据、云计算、工业互联网等前沿信息技术与先进制造工艺相融合，构建具备感知、学习、判断和执行能力的智能系统，从而提升生产的自动化水平和响应速度，增强制造过程的适应性和协同性。

我国高度重视智能制造的发展，将其作为制造强国战略的重点支撑方向。在政策推动、技术进步和市场需求的共同作用下，我国智能制造体系不断完善，智能工厂、数字化车间和工业互联网平台等关键基础设施快速建设，为企业提供了覆盖设计、生产、运维等环节的智能化解决方案。尤其是在长三角、珠三角、京津冀等重点区域，智能制造生态初步成型，涌现出一批具有行业示范效应的企业和应用案例，推动形成区域化、系统化的产业集群。

智能制造的发展历程大致可分为自动化制造、数字化智能制造和具身智能制造三个主要阶段。各阶段在功能特征和核心技术上呈现出逐步演进及深化的趋势。

(1) 自动化制造阶段。自动化制造是智能制造的起点，其主要特征是在预设控制程序和逻辑规则的驱动下，实现机械设备对特定工序的自动执行。该阶段的核心目标是以设备替代人力，完成重复性高、精度要求高的任务，从而提升生产效率、降低人为误差。例如，有的研究者针对多品类工件的柔性自动化制造单元调度问题，提出了优化调度策略以提高系统响应效率和运行质量；有的研究者提出了多嵌件复合组冲工艺，解决了电子水泵壳体中嵌件自动抓取困难、自动化程度低等问题，有效提升了制造效率。尽管如此，自动化制造仍存在系统柔性差、适应性弱等局限，难以满足多品种、小批量和快速迭代的现代制造需求。

(2) 数字化智能制造阶段。在自动化的基础上，制造系统逐步引入信息化、数字化技术，如工业互联网、传感器网络、制造执行系统(manufacturing execution system，MES)等，推动形成以数据驱动为核心的数字化智能制造模式。该阶段的制造系统不仅具备实时数据采集、分析和反馈能力，还能对生产流程进行动态优化和智能调整，显著提升系统的感知力和响应力。数字化制造标志着制造过程从可控走向可感知、可分析、可优化。例如，宝鸡石油机械有限责任公司研制的全球首台 12 000 m 特深井自动化钻机在电动化、自动化和国产化方面实现了多项突破，成功完成了“深地塔科 1 井”万米钻探任务，展现了高端装备制造的数字智能能力;中国石化机械公司也开发了基于工业互联网的石油成套装备智能化平台,实现了装备实时定位、运行状态监控、数据指标分析、运维管理等功能,有效支撑了石油工程装备的全生命周期智能管理。

(3) 具身智能制造阶段。具身智能制造代表智能制造的高级阶段。该阶段的核心是将人工智能、机器学习、类脑计算等技术深度融入制造系统,使机器不仅具备感知环境、识别状态的能力,更能模拟人类的认知模式,实现自主学习、推理判断和决策控制。具身智能强调“智能的物理实体化”,即智能不仅存在于计算层面,还通过与环境的持续交互表现出来。该阶段的智能制造系统更强调适应性、自主性和演化能力,能在复杂多变和不确定的工业场景中自主完成任务,具备类人思维和响应机制。

人工智能正推动制造业不断升级,从早期的自动化阶段逐步发展到依靠数据驱动的智能化阶段,再到具备自主判断和学习能力的具身智能制造阶段。我国智能制造在政策和技术的双重推动下取得了明显进展,形成了一定的产业基础和示范效应,但随着技术的深入应用,也带来了新的工业安全隐患。

9.2.2 人工智能在智能制造领域应用的主要安全问题分析

人工智能在我国制造业中的广泛应用仍受到多方面制约,主要体现在智能水平发展不均衡、系统集成能力不足、高端核心技术“卡脖子”问题依然突出等问题上。

(1) 智能化水平不均衡。这反映出制造业内部的结构性差异。一方面,大型企业通过技术引进或自主创新,已初步构建起基于人工智能的智能生产体系;另一方面,多数中小企业仍停留在信息化甚至半自动化阶段,缺乏高质量数据积累与智能设备基础,难以开展有效的智能化改造。这种“智能断层”现象使得人工智能技术在产业层面的渗透率偏低,制约了智能制造的规模化推广。

(2) 系统集成能力不足。这是制约人工智能深度融合的关键技术障碍。理想中的智能制造要求数据贯通、流程闭环和系统协同,但现实中许多企业仍采用“烟囱式”架构,不同系统间缺乏统一的数据接口和通信标准,导致感知层、控制层和执行层难以协同运行。人工智能模型虽在局部环节具备应用价值,但难以形成全流程联动,导致“点上智能、系统断链”问题频发。这种局部优化而非整体优化的模式,削弱了智能制造的规模效益和投资回报率。

(3) 高端核心技术“卡脖子”问题依然突出。在工业人工智能应用所依赖的关键硬件(如高性能传感器、工业芯片、数控系统)和基础软件(如工业建模、人工智能平台、仿真引擎)方面,我国仍严重依赖国外供应,部分核心部件国外市场被垄断。一旦外部供应中断,将对制造系统的稳定运行和升级路径造成直接影响,带来较大的技术安全和经济风险。

9.2.3 人工智能在智能制造领域的安全风险应对策略

针对当前智能制造发展中存在的问题,需要有针对性地提出解决方案。从整体来看,应从提升整体智能化水平、加强系统集成协同能力、突破核心技术依赖三方面入手，推动人工智能更安全、更高效地融入制造业，确保产业升级的稳定性和可持续性。

(1) 提升整体智能化水平，缩小“智能鸿沟”。为解决制造业智能水平发展不均的问题，应推动人工智能应用从少数领先企业向中小企业普及。一方面，要依托龙头企业建设智能制造示范工厂，推动人工智能在关键工艺和核心环节的深入应用，通过产业链协同将经验复制推广，带动上下游企业共同转型。另一方面，可通过财政补贴、税收优惠和金融支持等帮助中小企业部署基础智能系统，如边缘计算设备、视觉识别模块、轻量级工业互联网平台等，逐步建立数字化和自动化能力。与此同时，还需加强职业教育与技能培训，推动复合型技术人才队伍建设，提升企业基层员工对智能系统的操作及维护能力，从而为智能制造的全面落地打下人力基础。

(2) 优化系统架构和数据标准，增强集成协同能力。系统集成不足是当前智能制造发展的突出瓶颈。解决这一问题需要推进企业信息系统架构的升级改造，推动“烟囱式”孤立系统向平台化、模块化转型，鼓励企业建立统一的数据中台，实现各系统间的数据互通和流程联动。同时，应加快工业数据标准化建设，制定统一的数据接口、通信协议和语义规范，解决数据孤岛和系统兼容性问题。支持建设开放的工业人工智能平台，实现感知、传输、分析、决策、执行的全流程闭环，提高人工智能模型与 MES 及 ERP(enterprise resource planning)等系统的融合能力。此外，还应推广“数字孪生＋人工智能”架构，实现制造过程的实时监控和动态优化，推动人工智能能力从局部应用向系统集成演进。

(3) 加强核心技术攻关，推进国产替代和技术自主。面对关键技术“卡脖子”问题，必须加快实现核心技术的自主可控。重点应聚焦高端传感器、人工智能芯片、数控系统、工业操作系统等关键领域，设立专项科研计划，推动企业、高校与研究机构的协同创新，加快实现技术突破。特别是在工业人工智能芯片设计、高精度感知控制、边缘计算平台等方面，要加强前沿布局和应用转化，确保供应链安全。同时，应鼓励发展自主工业人工智能平台和数据中台，打造拥有自主知识产权的人工智能模型和工具链。通过推动产学研用一体化和开源生态建设，逐步构建安全、稳定、可持续的智能制造技术体系，提升我国在全球制造业竞争中的主动权。

9.3 人工智能在电力设备领域的应用与安全分析

9.3.1 人工智能在电力设备领域的应用现状与典型场景

近年来，随着我国新型电力系统建设的不断推进，人工智能在电力设备领域的应用逐步深化。南方电网 2021 年发布的《数字电网白皮书》提出加快数字电网建设，提升智能化运营能力。2022 年，国家电网也提出构建数字智能电网，推动电力系统数字技术体系建设。2023 年，国家能源局进一步提出加快能源装备的智能感知、状态识别和故障诊断等关键技术的发展。

当前人工智能在电力系统中的应用已取得初步成果，尤其是在设备监测、智能巡检、运维管理等方面成效明显。例如，输变电设备通过智能传感器实现远程监控，巡检机器人和无人机替代人工执行高风险作业，人工智能算法可对异常状态提前预警，数字孪生系统可构建设备运行的虚拟映射，辅助故障预测和优化运维。

在应用过程中，电力设备的智能化主要围绕状态智能感知、数据互联、建模评估等三个关键环节展开。

(1) 电力设备状态智能感知。状态感知是实现电力设备智能化的基础。它依靠安装在设备上的各类传感器和智能终端，实时采集和分析设备运行状态、环境参数和工作负荷等信息。高质量的感知数据是后续建模分析和运维决策的前提。为确保数据的准确性和长期稳定性，当前重点是研发适用于电力环境的高精度、强适应性专用传感技术，并提升其在高温、高湿、高电磁干扰等复杂工况下的可靠性。例如，有的研究者探讨了多功能柔性传感器，这些传感器的防水、自愈、电磁屏蔽等特性使其能在高温、高湿等极端环境中稳定运行；有的研究者设计了新型全绝缘光纤温度-磁场双参数传感器，可准确测量 0.04～50 mT 范围内的磁场，并在 0～10 kHz 内表现出出色的动态响应性能；有的研究者提出了双层环形传感器阵列拓扑结构，利用高灵敏度的隧道磁阻元件制成电流传感器，抗干扰能力强且无需复杂算法。此外，智能终端也在不断演进，具备本地数据处理、异常识别和预警响应等功能，能在设备侧实现初步分析，减少无效数据上传，提升整体响应效率。

(2) 泛在电力物联网。泛在电力物联网是国家电网提出的“三型两网”战略中的第二张网，具体是指围绕电力系统各环节，充分运用大数据、云计算、物联网、移动互联网、智慧城市等先进智能通信技术，实现各种信息传感设备与互联网和电力通信专网的结合，从而形成具有自我标识、感知和智能处理的物理实体，实现电力系统各环节万物互联、人机交互。

(3) 电力设备数字孪生建模仿真和状态精准评估诊断。状态感知和数据平台可为电力设备建模及诊断提供数据基础。数字孪生技术通过将感知数据与设备模型深度融合，在虚拟空间构建与现实设备同步运行的“数字映射体”。该模型不仅能真实还原设备当前的运行状态，还可用于运行推演、故障模拟和未来状态预测。另外，为提升模型的准确性和实用性，需要结合人工智能算法，挖掘电力设备在复杂工况下的运行特征和故障模式，实现更精准的健康评估和智能诊断。例如，通过卷积神经网络、深度置信网络等深度学习算法分析设备历史故障数据和实时监测信息，可识别潜在风险，预测可能的异常演化路径，并辅助制定运维策略。针对设备结构复杂、运行环境多变的情况，还可结合声学图像、热成像等多模态数据提升模型的感知深度。

9.3.2 人工智能在电力设备领域应用的安全隐患与挑战

人工智能已成为构建安全可靠新型电力系统的新路径。但要清醒认识到，人工智能在电力设备运维中的应用尚处于积极探索和深化认识阶段，在更深层的智能化、自动化层面仍存在诸多突出问题，制约着数字化成果的真正落地和转化。

(1) 感知数据质量与设备可靠性风险。电力设备的智能化高度依赖传感器和智能终端对运行状态的准确感知。然而,复杂电力环境(如高压、强电磁干扰、极端气候等)容易导致传感器失灵、漂移或数据异常,进而影响故障识别和健康评估的准确性。此外,部分传感器部署后缺乏有效的运维机制,长时间运行易出现精度下降、采样丢失等问题。一旦前端感知数据出现偏差,将对后续建模和决策产生误导,可能导致误报警或漏诊断,影响系统运行安全。

(2) 数据网络安全与隐私保护挑战。泛在电力物联网连接了大量终端设备、传感器和数据平台,以实现电力系统各环节的互联互通。但随着设备数量激增、网络边界扩展,网络攻击风险也随之上升。数据在传输和交换过程中可能面临被篡改、监听或非法获取的风险。此外,终端设备安全防护能力参差不齐,部分边缘节点存在固件漏洞或缺乏加密机制,可能成为攻击者入侵系统的薄弱点。如果关键信息遭泄露或篡改,可能导致控制指令异常或运行数据失真,影响整个电网的稳定运行。

(3) 建模偏差与决策误导风险。数字孪生模型依赖历史数据、传感输入和算法训练结果来模拟设备状态和预测运行趋势。若输入数据存在误差,或模型训练时未能充分覆盖极端工况,则容易产生模型偏差,导致评估结果失真。尤其是在使用深度学习模型进行状态评估时,其"黑箱"特性使得预测结果难以解释和验证。一旦模型输出被直接用于运维决策或自动控制而未经过人工校核,则可能引发误操作甚至设备误保护,带来潜在的运行风险。

9.3.3 人工智能在电力设备领域应用的提升路径与安全风险应对策略

面对电力设备智能化过程中数据质量不稳、网络安全风险加剧、模型偏差误导等关键问题,需要在技术、管理和制度层面同步发力,构建更加可靠、安全、可持续的智能化体系。

(1) 提升传感和终端设备的可靠性及适应性。为保障感知数据的准确性和长期稳定性,应优先加强传感器与智能终端的适应性设计,特别是在高压、高湿、高温等电力设备典型工况下的稳定运行能力。可通过引入自校准机制提升感知系统对故障的容忍度。同时,建立定期检测和替换机制,确保感知设备在全生命周期内持续发挥作用。对智能终端而言,还需提升本地数据处理和异常判断能力,减少不必要的数据上传,提升系统实时响应效率。

(2) 构建电力物联网多层级安全防护体系。物联网平台作为数据传输和设备互联的核心,应从系统架构层强化"纵深防御"理念,即通过终端认证、通信加密、访问控制等方式分层设防,减少攻击面。同时,应建立设备身份管理机制和数据追溯机制,提升网络透明度和可控性。特别是在边缘设备层,应推广轻量级加密技术和固件远程升级机制,堵住"软肋"。此外,还应加强对运维人员的数据安全培训,提升全链条的防护意识。

(3) 推动模型透明化建设与人工校核机制融合。为减少模型误判带来的运行风险,应在模型设计阶段注重可解释性,采用规则嵌入、可视化分析等方式提高算法输出的透明度。此外,数字孪生系统应融入专家知识库和人工校核机制,实现"模型+专家"的双重判别体系,避免系统对模型结果的盲目依赖。在模型训练和验证阶段,应增加异常工况和极端事件的模拟数据,提升模型的稳健性和泛化能力。

9.4 人工智能在特种设备领域的应用与安全分析

9.4.1 人工智能在特种设备领域的应用现状与探索实践

特种设备作为国民经济和民生安全的重要支撑，广泛应用于工业生产、交通运输、城市建设等关键领域，其运行安全直接关系人民群众的生命财产安全，出现事故往往容易产生较大影响。为加强特种设备全生命周期的安全保障和监管能力，2022 年国家市场监督管理总局在《"十四五"市场监管科技发展规划》中明确提出加快推进特种设备智慧监管和追溯体系建设，强化技术支撑能力。

近年来，随着人工智能、大数据、物联网等新一代信息技术的快速发展，特种设备的智能化应用逐步从概念走向实践。特别是在特种设备的检验检测、运行监测和节能管控等关键环节，智能化手段正不断拓展应用深度和广度，推动特种设备管理模式向高效、精准、可追溯方向积极转型。

1）检验检测技术智能化

特种设备通常运行在高温、高压、强腐蚀等极端环境中，传统依赖人工的检测方式不但效率较低，而且存在较高的安全风险。为提升检测质量和作业安全性，近年来，智能化检验检测技术在特种设备领域逐步推广应用。该技术主要通过人工智能算法和智能检测机器人两大方向协同推进，实现对设备的自动化或半自动化检测，助力行业从人力依赖走向智能驱动。

（1）算法驱动：基于人工智能的高精度识别。在特种设备无损检测中，如何快速、准确识别设备表面及内部缺陷是检测质量的核心。随着图像识别、深度学习和数据挖掘等算法的不断进步，检测系统已能模拟人工分析的过程，自动完成缺陷识别、分类和定位。例如，有的研究者提出了多尺度采样分析方法，能有效识别焊缝中的复杂缺陷，图像识别准确率超过 91.71%；有的研究者通过递归定量分析模型显著提升了管道缺陷的检测精度，可在现场测试中将缺陷轴向定位误差控制在 10%内；有的研究者研究了基于分布式光纤测温系统的漏损检测技术，实现了对合成气管道的精准定位。这些算法不仅可提高检测效率，还可减少人为判断的偏差，提升数据的完整性和可追溯性，为特种设备风险评估提供更可靠的技术支撑。

（2）机器人辅助：复杂场景下的自动化执行。除算法提升检测"脑力"外，智能检测机器人还承担了执行"体力"的角色，尤其适用于人难以进入或危险性高的检测环境。近年来，众多研究人员在智能检测机器人研发方面取得了多项突破。例如，有的研究者系统梳理了输油气管道检测机器人技术，分析了其在不同工况下的适应性和工程应用价值；有的研究者设计了模块化、具备自适应变形能力的管道检测机器人，适用于管径 175～440 mm 的复杂三维管网环境；有的研究者研发了可用于核设施通风管道在役或退役阶段检测的自适应机器人；有的研究者提出了变螺旋角过弯策略，提升了机器人在矿用弯管中的平稳性和适应性。这类机器人集成了多种检测传感器和定位装置，不仅能稳定地穿越狭窄、复杂的空间，还能高效完成图像采集、缺陷识别和数据上传等任务，为后端数据分析提供高质量资料。

检验检测技术的智能化发展正通过“算法＋机器人”的双轮驱动，逐步实现从人工依赖向自动识别、远程执行、智能判断的转变。未来，随着算法模型的不断优化和机器人系统的成熟集成，特种设备的安全检测将更精准、高效及可靠，为智能监管和事故预防提供坚实技术保障。

2）监测监管智能化

随着大数据、人工智能和物联网技术的不断发展和应用，对特种设备监测与监管正逐步由传统模式向智能化转型。2015 年国务院办公厅印发的《关于运用大数据加强对市场主体服务和监管的若干意见》提出充分运用大数据技术，强化重点领域、重要产品的质量监管，尤其对涉及人民群众生命财产安全的特种设备，要建立产品信息可追溯制度，推动监管方式现代化。

我国特种设备监测监管智能化的发展主要体现在三个方面：

（1）检测信息可追溯。实现特种设备检测信息可追溯是推进智能化监管的核心目标之一。面对特种设备种类多、使用周期长、环节复杂等特点，传统依赖纸质记录和人工统计的管理模式已难以满足现代安全管理的需求。通过引入云计算、物联网、大数据等信息技术，可对设备从设计、制造、安装、运行、维护到退役的各环节实现全过程信息采集及留痕，确保每项操作有据可查、每个环节可追可溯。具体来看，检测信息可追溯体系不仅能记录设备的检验、维护和使用记录，还能关联人员操作、环境参数和设备状态等关键要素，实现来源可查、去向可追、责任可究的闭环管理。例如，有的研究者基于信息化平台构建了特种设备全生命周期管理系统，实现了设备状态的动态跟踪和实时查询，大大提升了监管效率和应急响应能力；有的研究者提出以大数据为基础，构建融合质量、检验、运行等多维度信息的追溯平台，使设备失效风险、故障隐患可被及时发现和处理；有的研究者针对追溯系统的数据处理能力，设计了具有高稳定性和高实时性的通信架构，确保关键数据在传输和存储过程中的时效性和完整性。

（2）质量管理智能化。智能化质量管理是借助大数据、人工智能和物联网等技术，实现特种设备全生命周期质量水平的动态监控，推动从传统事后检验向过程监管、提前预警转变。目前我国质量管理仍多依赖对少量样品的随机抽检，覆盖面有限且易受人员主观因素影响，导致质量控制效果不稳定。利用大数据和人工智能等技术，可实现从设计、生产、安装到使用各阶段的全程监控，不仅能全面采集设备状态和检验信息，还能自动识别异常趋势并发出预警，及时纠偏。在设计阶段，人工智能系统可结合历史缺陷模型进行智能风险评估，自动检查设计文件并验证安全性，保障设计质量全覆盖。在材料采购环节，可通过联网系统实时追溯供应商资质和材料批次，确保原材料质量可控。在生产制造过程中，借助视觉检测和质量监控平台可实时监视工艺执行并自动校正偏差，减少人为抽检带来的遗漏。在检验试验阶段，智能检测系统凭借算法自动分析数据，生成标准化报告，从而提高检测速度和准确性。这些智能化手段可显著提升监管效率和可靠性，为特种设备质量管理提供坚实技术保障。

(3) 风险监控实时化。随着物联网、智能传感器、大数据等技术的发展，特种设备的风险监测正从定期检查向实时感知加速转型。通过在设备上加装智能终端，可实现关键参数的实时采集、远程传输和集中处理，对运行状态、环境变化及潜在异常进行动态感知和精准识别，从而构建全天候、全链条的风险监控系统。例如，有的研究者基于特种设备监督检验大数据，通过对单台设备运行数据的深入挖掘，构建了微观风险因子分析模型，进而扩展到整类设备的宏观安全风险识别，实现从局部到整体的预警能力提升；有的研究者提出了"区域特种设备宏观安全风险"的概念，基于多个省级行政区域的实际数据对不同地区风险等级进行量化评估，为分区分级监管提供理论支持。

此外，通过构建覆盖设备设计、制造、使用、检验、故障等全生命周期的大数据平台，还能实现跨时间尺度(如日常、周期性)、跨空间维度(如单位、行业、区域)及跨应用场景(如政府监管、社会治理、技术检测)的多层次风险监控。当系统识别出风险水平接近阈值或即将突破预警线时，可自动触发预警机制，向监管部门或使用单位发出提示，辅助开展现场排查和处置。有的研究者提出，应结合当前监管形势推动"多元共治"模式建设，将风险预警信息共享至政府部门、检验机构、使用单位等多方主体，明确责任分工，协同响应，形成由数据驱动的联动应急体系。一旦发生突发事故，还能基于历史数据快速追溯设备运行轨迹和维护记录，辅助事故研判及应急决策。

3) 节能监管智能化

推动特种设备节能监管的智能化是实现绿色低碳转型和支撑"双碳"目标的重要路径。截至 2023 年底，全国特种设备总量达 2 128 万台，广泛应用于锅炉、压力容器、电梯、特种车辆等领域。庞大的设备基数和广泛的应用领域使特种设备节能监管成为推动节能减排、促进产业绿色转型的重要突破口。近年来，国家相继出台多项政策，强化节能降碳技术研发和高耗能设备智能化改造。2021 年，中共中央、国务院发布的《关于完整准确全面贯彻新发展理念　做好碳达峰碳中和工作的意见》明确提出，到 2025 年单位国内生产总值能耗将比 2020 年下降 13.5%，单位国内生产总值二氧化碳排放比 2020 年下降 18%。2023 年，国家发展改革委和市场监管总局联合发布的《关于进一步加强节能标准更新升级和应用实施的通知》再次强调了高耗能设备节能改造和高效运行的紧迫性。

节能监管的智能化主要体现在以下三个方面：

(1) 通过智能控制优化设备运行过程，降低能源消耗。借助人工智能、传感器网络和智能控制系统，可实现设备运行状态的实时监测与动态调节，从而提升能效水平。例如，有的研究者提出了基于强化学习的能源成本驱动的供热控制系统，可通过实时监测和动态调节显著降低能源消耗；有的研究者针对井下特种车辆高能耗问题，提出了优化运行策略以降低能源消耗；有的研究者基于燃烧建模，优化了特种车辆燃油适应性，以应对燃料供应不稳定问题。

(2) 提升余热回收效率，实现能源再利用。以工业锅炉为代表的高耗能设备的能效不仅取决于燃料种类和负荷波动，还受操作方式和维护水平的影响。通过引入"互联网+"、物联网和人工智能等技术，可提升锅炉运行数据的采集、分析和智能决策能力，实现燃烧过程的自动优化和余热的高效回收。例如，有的研究者对多阶段高炉渣余热回收系统的生命周期和经济性进行了评估，发现通过优化余热回收系统的设计和运行可显著降低能源消耗和生产成本；有的研究者构建了配备电锅炉蓄热装置的热电联产模型，用于优化系统在供电经济性与环保性之间的综合表现；有的研究者提出了快速变负荷供热调节策略，以提高系统的响应能力和热能利用率；有的研究者从系统角度分析了锅炉烟气余热回收的可行性，以有效减少能源浪费和燃煤使用。

（3）建设能耗监测与监管平台，实现全流程能效管理。通过构建统一的数据平台，打通生产现场、企业管理系统与政府监管部门的信息通道，可实现设备运行状态、能耗水平和节能潜力的可视化分析。该平台具有能耗实时监测、历史数据追踪、能效对比评估等功能，可为节能改造、运行优化和政策制定提供有力的数据支持。

9.4.2　人工智能在特种设备领域应用的问题与安全挑战

随着人工智能、大数据、物联网等新兴技术在特种设备领域的深入应用，设备的智能化水平不断提升，在提升运行效率、强化安全管理、推动节能减排等方面取得了显著成效。然而，在技术融合和产业转型过程中，也暴露出一系列关键问题和现实挑战。

（1）标准体系滞后，智能化发展缺乏制度支撑。当前，我国虽已建立涵盖特种设备设计、制造、使用和检验等环节的监管制度，但相关标准多是在传统人工或半自动化背景下制定的，尚未适应智能制造和数字化监管的现实需求。尤其是在智能感知、自动诊断、数据融合等新技术应用方面，还缺乏系统性的国家标准和技术导则，导致智能化实践在各地呈现“各自为政”的碎片化局面。一些地方和企业虽有探索性尝试，但由于缺乏统一技术框架和上位法规支撑，难以复制推广，影响了监管一致性和产业协同发展。

（2）核心技术仍受制于人，传感器国产化能力不足。高性能传感器是特种设备实现智能监测与诊断的核心部件。目前我国在温度、压力、腐蚀、振动等基础参数传感器方面已取得一定成果，但在声发射、超声相控阵、电磁导波、涡流检测等高端无损检测领域仍高度依赖进口，关键技术被国外企业长期垄断。此外，在高温、高压、高腐蚀等极端应用环境下，国产传感器可靠性不足、适应性不强，限制了其在复杂工况下的广泛部署。近年来部分企业虽已在管道机器人、微型传感器等领域实现突破，但整体研发能力与国际先进水平相比仍存在差距。

（3）数据碎片化严重，智能监管系统集成困难。特种设备覆盖种类广泛，生命周期长，涉及的参与主体多，运行、检测、维护等各阶段会产生大量结构化和非结构化数据。然而，目前设备生产单位、使用单位、检验机构与政府监管部门之间缺乏统一的数据接口和标准，数据采集方式各异、平台孤立、标准不一，形成了严重的信息孤岛。这种分散的数据状态不仅加大了监管协同和数据治理的成本，也严重削弱了智能监管系统对运行状态、隐患风险等的感知和判断能力，难以支撑实时监控、精准预警和科学决策。

9.4.3 人工智能在特种设备领域应用的提升路径与安全风险应对策略

针对当前特种设备智能化发展中面临的制度、技术和监管方面存在的难题，需从标准建设、核心技术突破和数据治理等方面系统发力，推动构建更加高效、安全、智能的特种设备治理体系。

(1) 健全特种设备全生命周期智能化标准和规范体系。标准体系是智能化实施的基础。应从国家层面着手，推动制定覆盖特种设备"设计—制造—安装—运行—维护—退役"全过程的智能化标准和技术规范，填补制度空白。2021年中共中央、国务院发布的《国家标准化发展纲要》提出加快智能制造、绿色制造等重点领域的标准体系建设，为特种设备智能化标准提供了政策支撑。在具体实施上，可优先在锅炉、电梯、压力容器等重点设备领域开展标准试点，制定一批通用性基础标准和重点场景应用规范。同时，鼓励行业龙头企业、高校科研院所深度参与标准研制和验证，推动形成"标准制定—示范应用—监管跟进"的闭环机制。此外，还应探索建立标准"沙盒机制"，为新技术的测试应用提供合法合规空间，增强标准体系的包容性和前瞻性。

(2) 提升先进传感器自主研发能力和产业化水平。传感器是特种设备智能感知的"神经末梢"，其性能决定着数据采集质量和系统响应能力。应设立专项支持计划，围绕声发射、超声相控阵、电磁导波等关键技术，构建从基础研发到工程应用的完整创新链。同时，应推动产学研用深度融合，通过联合实验室、测试验证平台等方式，加快科研成果向工程产品的转化。借鉴《新一代人工智能发展规划》(国务院2017年7月发布)中以应用带动技术的思路，可在重大项目和关键工程中加大国产传感器的应用试点，提升行业信心和技术成熟度。此外，应完善相关检测、认证及准入机制，提升国产传感器的市场竞争力和用户认可度，从根本上提高特种设备智能感知的自主可控水平。

(3) 推进特种设备全生命周期数据融合和智能监管能力建设。实现设备智能化监管的核心是数据的统一采集、融合分析及智能决策。目前，监管主体多元、数据标准不一、平台未联通等问题导致数据分散孤立，难以支持实时分析与风险预警。为此，应以"统一标准、互联互通"为方向，加快建设特种设备行业级数据平台。具体来说，一是制定设备运行、检验检测、维护记录等关键数据的统一接口标准和结构规范，实现跨机构、跨设备类型的数据打通。二是依托"工业互联网+监管"模式，推动建立数据归集、共享与应用平台，实现设备状态、异常行为、风险隐患等信息的实时动态更新。例如，电梯、锅炉等设备领域已初步探索基于大数据和人工智能的状态评估与预警机制，未来可推广至其他设备类别。三是研究面向风险识别的智能算法模型，构建多维度、可视化的动态监管系统，辅助政府和企业进行科学决策及应急响应。另外，为保障数据安全，应引入区块链、数据加密等技术，加强数据使用过程中的合规性和隐私保护，确保在推动智能化监管的同时不引发新的风险隐患。

思考题

1. 智能制造的发展历程大致可划分为哪几个主要阶段？
2. 我国现阶段制造业的主要安全问题有哪些？有何应对策略？
3. 电力设备的智能化主要围绕哪几个关键环节展开？
4. 我国现阶段电力设备领域的主要安全问题有哪些？有何提升路径与应对策略？
5. 特种设备监测监管智能化的发展主要体现在哪几个方面？
6. 我国现阶段特种设备领域的主要安全问题有哪些？有何提升路径与应对策略？

参考文献

[1] 何际泽,张瑞明.安全生产技术[M].北京:化学工业出版社,2008.

[2] 张乃禄.安全评价技术[M].3 版.西安:西安电子科技大学出版社,2016.

[3] 姜威.重大危险源辨识与控制[M].2 版.北京:冶金工业出版社,2023.

[4] 崔政斌,张卓.机械安全技术[M].3 版.北京:化学工业出版社,2020.

[5] 石一民,冯武卫.机械电气安全技术[M].北京:海洋出版社,2016.

[6] 夏洪永,伍波.电气安全技术[M].2 版.北京:化学工业出版社,2023.

[7] 郭在华,胡如江.雷电灾害风险评估[M].北京:电子工业出版社,2019.

[8] 徐腾,张兆杰.起重机械安全技术[M].郑州:黄河水利出版社,2008.

[9] 国家市场监督管理总局.起重机械安全技术规程:TSG 51—2023 [S].北京:新华出版社,2023.

[10] 潘功年.起重机械安全管理与事故预防[J].石油化工建设,2017,39(2):61-62,70.

[11] 崔政斌,吴进成.锅炉安全技术[M].2 版.北京:化学工业出版社,2009.

[12] 教育部高等学校安全工程学科教学指导委员会.锅炉压力容器安全[M].2 版.北京:中国劳动社会保障出版社,2023.

[13] 孔凡玉,朱凯,王强.承压设备安全技术[M].北京:化学工业出版社,2021.

[14] 国家市场监督管理总局.锅炉安全技术规程:TSG 11—2020[S].北京:新华出版社,2021.

[15] 中华人民共和国国家质量监督检验检疫总局.固定式压力容器安全技术监察规程:TSG 21—2016[S].修订第 2 版.北京:新华出版社,2016.

[16] 樊越胜.工业通风[M].北京:机械工业出版社,2020.

[17] 王志.工业通风与除尘[M].北京:中国质检出版社,2015.

[18] 王来忠,史有刚.油田生产安全技术[M].北京:中国石化出版社,2007.

[19] 段礼祥.油气装备安全技术[M].北京:石油工业出版社,2017.

[20] 刘祎.天然气集输与安全[M].北京:中国石化出版社,2010.

[21] ZHOU J, LI P G, ZHOU Y H, et al. Toward new-generation intelligent manufacturing[J]. Engineering, 2018, 4(1): 11-20.

[22] DONG X T, WAN G X, ZENG P, et al. Hierarchical online automated planning for a flexible manufacturing system[J]. Robotics and Computer-Integrated Manufacturing,2024,90:102807.

[23] 方海峰,吴浩达,蔡李花,等.电子水泵多嵌件壳体自动化制造工艺研究[J].机床与液压,2021,49(4):83-88.

[24] 屈力刚,黎鑫,张丹雅,等.面向智能制造的数字化检测车间构建关键技术[J].机床与液压,2023,51(10):31-34.

[25] REN L, DONG J B, LIU S, et al. Embodied intelligence toward future smart manufacturing in the era of AI foundation model[J]. IEEE/ASME Transactions on Mechatronics, 2024: 1-11.

[26] 中华人民共和国国务院.国家中长期科学和技术发展规划纲要(2006—2020)[R/OL].(2006-3-30) [2024-05-15]. https://www.gov.cn/gongbao/content/2006/content_240244.htm.

[27] 国家能源局.国家能源局关于加快推进能源数字化智能化发展的若干意见[EB/OL].(2023-03-28) [2024-05-17]. https://www.gov.cn/zhengce/zhengceku/2023-04/02/content_5749758.htm.

[28] CHEN S F, ZHANG Y, LI Y Y, et al. Recent development of flexible force sensors with multiple environmental adaptations[J]. Nano Energy, 2024, 124: 109443.

[29] 欧阳希,陈明浩,周淥,等.一种新型全绝缘光纤温度-磁场双参数传感器[J].中国电机工程学报,2023,43(20):8114-8124.

[30] 周秀,吴旭涛,周童浩,等.TMR 传感器阵列测量电流的新型拓扑研究[J].高压电器,2022,58(6):228-236.

[31] 彭永磊,赵忠亮,吴杰,等.智能变电站中物联网技术的应用[J].电子技术与软件工程,2019(8):250.

[32] YANG C, CAI B P, ZHANG R, et al. Cross-validation enhanced digital twin driven fault diagnosis methodology for minor faults of subsea production control system[J]. Mechanical Systems and Signal Processing, 2023, 204: 110813.

[33] CHEN R X, HUANG X, YANG L X, et al. Intelligent fault diagnosis method of planetary gearboxes based on convolution neural network and discrete wavelet transform[J]. Computers in Industry, 2019, 106: 48-59.

[34] LI Y B, ZOU L, JIANG L, et al. Fault diagnosis of rotating machinery based on combination of deep belief network and one-dimensional convolutional neural network[J]. IEEE Access, 2019, 7: 165710-165723.

[35] 张娜,段礼祥,李肇阳,等.声学和电流特征融合的行星齿轮箱诊断方法[J].石油机械,2023,51(9):76-86.

[36] 朱日兴,朱兆优.温度传感器失效对航空发动机温度限制保护的影响分析[J].科学技术与工程,2021,21(12):5144-5150.

[37] SUN S P, QIU Z H, SONG S J, et al. Research on voltage self-calibration sensing technology based on measurement circuit topology changes[J]. Energies, 2024, 17(22): 5672.

[38] 张冬阳.基于工业互联网的矿山企业网络与信息安全纵深防御体系研究与构建[J].中国煤炭,2024,50(8):142-151.

[39] WANG W H, CHEN J G, HAN G S, et al. Application of object detection algorithms in non-destructive testing of pressure equipment: a review[J]. Sensors,2024,24(18):5944-5971.

[40] 尹立航,孙士保,许烨,等.基于改进多尺度采样算法的焊缝缺陷图像识别[J].计算机工程与设计,2019,40(4):1196-1201.

[41] 李新茂,王基生,朱波,等.核设施管道检测机器人系统研究[J].机械设计与制造,2019(11):163-166.

[42] 赵鹏洋,闫宏伟,张登峤,等.一种矿用管道检测机器人设计及牵引性能分析[J].工矿自动化,2024,50(1):122-130,162.

[43] 宁信,虞俊超,王满意,等.高校特种设备全生命周期管理系统的建立及实践[J].实验室研究与探索,2021,40(10):285-288.

[44] 刘三江,陈祖志,黄强华,等.智能网联特种设备科技与标准化需求分析——以移动式承压设备为例[J].中国特种设备安全,2019,35(4):5-12,33.

[45] 樊辉锦,欧阳中辉,陈青华,等.特种车辆状态监管系统中通信服务器的设计[J].计算机应用与软件,2023,40(8):67-71,91.

[46] 刘三江,陈祖志,石坤,等.基于智能网联的特种设备智能制造发展思路分析[J].中国工程科学,2020,22(6):143-150.

[47] 王新浩,罗云,李桐,等.基于大数据的特种设备宏观安全风险预警方法研究[J].中国安全生产科学技术,2018,14(4):160-166.

[48] 张倩倩,张亦冰,丁日佳.基于监管视角的区域特种设备宏观安全风险预警[J].安全与环境学报,2020,20(2):397-405.

[49] 郝素利.特种设备安全监管新模式:多中心治理[J].中国科技论坛,2018(7):9-17.

[50] KANNARI L, KANTOROVITCH J, PIIRA K, et al. Energy cost driven heating control with reinforcement learning[J]. Buildings, 2023,13(2):427.

[51] 姚志功.煤矿井下特种车辆节能方法研究[J].煤炭工程,2016,48(3):133-135.

[52] 孙志新,钟海波,王宪成.特种车辆柴油机喷气燃料燃烧节能设计研究[J].计算机仿真,2017,34(3):133-137.

[53] 王伟.锅炉烟气余热回收系统研究[J].工程抗震与加固改造,2024,46(6):198.

[54] DUAN W J, YU Q B, WANG Z M, et al. Life cycle and economic assessment of multi-stage blast furnace slag waste heat recovery system[J]. Energy, 2018,142:486-495.